常用家电维修实用技术

第 2 版

邱勇进　刘　丛　宋兆霞　编著

U0310686

机械工业出版社

本书详细介绍了电磁炉、微波炉、电饭锅、电子消毒柜、电热水器、洗衣机、电冰箱、空调器、传真机、打印机等常用家电产品的结构、原理、常见故障及检修顺序。此外，还介绍了各种常用家电产品典型故障的检修实例、检修方法和检修技巧。

本书通俗易懂，具有直观性、实用性、启发性和资料性强的特点，对家电维修人员及职业学校在校学生均有指导作用和参考价值，也可作为大、中专院校相关专业的辅导教材。

图书在版编目（CIP）数据

常用家电维修实用技术/邱勇进，刘丛，宋兆霞编著. —2 版 .—北京：机械工业出版社，2012.6
ISBN 978-7-111-38572-1

Ⅰ.①常… Ⅱ.①邱…②刘…③宋… Ⅲ.①日用电气器具-维修 Ⅳ.①TM925.07

中国版本图书馆 CIP 数据核字（2012）第 111728 号

机械工业出版社（北京市百万庄大街22 号 邮政编码100037）
策划编辑：朱 林 责任编辑：朱 林
责任校对：张玉琴 封面设计：陈 沛
责任印制：杨 曦
北京四季青印刷厂印刷
2012 年 7 月第 2 版第 1 次印刷
184mm×260mm · 14.25 印张 · 349 千字
0001—3000 册
标准书号：ISBN 978-7-111-38572-1
定价：39.90 元

前　言

随着人民生活水平的提高，各种家用电器已大量进入千万个城乡家庭之中，成为人们生活的好帮手。家用电器种类牌号繁多，结构有繁有简，技术含量有高有低，工作原理不尽相同，而故障率高、维修资料少是广大维修人员共同关注的问题。本书选编了普及率高的微波炉、电磁炉、电饭锅等家电以及打印机、传真机等办公自动化设备的工作原理及故障检修实例，每一例都介绍了故障现象和分析检修方法。

本书旨在使学习者掌握电工电子类工作岗位所需要的理论知识和操作技能，能够从事电子电器维修、电子产品装配、电器设备安装调试、办公自动化设备故障维修等工作，以适应相关岗位的需要。

本书详细介绍了常用仪器仪表、电饭锅、电磁炉、微波炉、消毒柜、电热水器、洗衣机、电冰箱、空调器、传真机、打印机等家电设备的结构、原理、常见故障及检修方法。还介绍了各种常用家电典型故障的检修实例、检修方法和检修技巧。

本书通俗易懂，图文并茂，具有直观性、实用性、启发性和资料性强的特点。知识讲解结合大量的实物图、电路图和多个小电路，形象生动地介绍家电设备电路组成；检修步骤配有大量实操图片，直观演示操作过程，便于学生理解和实际动手操作。同时，本书内容融入了新知识、新技术、新工艺和新方法，贯彻了以就业为导向、以突出职业岗位能力培养为主的职业教育思想。

本书由具有丰富教学经验和生产实践经验的"双师型"教师团队编写，其中，第2、3、6、7、8章由邱勇进编写，第1、4章由刘丛编写，第5、9章由宋兆霞编写，孔杰和张艳兵参与了编写，本书的编写同时得到了企业工程师的大力支持，他们积极参与本书的指导和编写工作，从生产实际和职业岗位人才培养需求出发，为本书的编写提出了宝贵的指导性意见。本书适合作为职业学校机电类专业的教学用书，也适合作为相关工种的职业技能培训教材和相关工程技术人员参考用书。

由于作者水平有限，书中难免有不妥之处，敬请读者批评指正。

作　者

目　　录

前言

第1章　常用材料及元器件 …………………… 1
1.1　电热基础知识 …………………… 1
1.1.1　电与热能量转换的基本理论 …… 1
1.1.2　电热器具的类型与基本组成
部件 …………………… 1
1.2　电热元件 …………………… 2
1.2.1　电阻式电热元件的材料、性能及
类型 …………………… 2
1.2.2　PTC电热元件 …………………… 4
1.2.3　红外线电热元件 …………………… 4
1.3　电热控制元件 …………………… 5
1.3.1　温度控制元件 …………………… 5
1.3.2　时间控制元件 …………………… 6
1.4　小型交、直流电动机 …………………… 8
1.4.1　永磁式电动机 …………………… 8
1.4.2　励磁式直流电动机 …………………… 9
1.4.3　单相异步交流电动机的结构 …… 11
1.4.4　单相异步交流电动机的工作
原理 …………………… 13
1.4.5　交、直流两用串励电动机 …… 13
1.5　常用电子元件的测量与判断 …… 14
技能训练　电子元器件的识别与
检测 …………………… 18
思考与练习 …………………… 20
第2章　电器维修常用工具与仪表的
使用 …………………… 21
2.1　电器维修常用工具的使用 …… 21
2.2　指针式万用表的使用 …………………… 26
2.2.1　MF-47型普通万用表的结构
组成 …………………… 27
2.2.2　MF-47型普通万用表的使用
方法 …………………… 29
2.3　数字万用表的使用 …………………… 33
2.3.1　数字万用表的结构组成 …… 33
2.3.2　数字万用表的应用 …………………… 34

2.4　电子示波器 …………………… 36
2.4.1　UC8040双踪示波器的外形结构和
面板 …………………… 37
2.4.2　UC8040双踪示波器测量实例 … 38
2.4.3　UC8040双踪示波器使用注意
事项 …………………… 42
2.5　绝缘电阻表的使用 …………………… 42
2.5.1　绝缘电阻表的组成及工作原理 … 42
2.5.2　绝缘电阻表的结构 …………………… 43
2.5.3　绝缘电阻表的使用 …………………… 44
2.5.4　绝缘电阻表的使用注意事项 … 47
技能训练一　万用表的操作使用 …… 47
技能训练二　电子示波器的应用 …… 49
思考与练习 …………………… 52
第3章　厨房煮烤用具 …………………… 53
3.1　自动保温电饭锅 …………………… 53
3.1.1　电饭锅的种类 …………………… 53
3.1.2　自动保温电饭锅的电路原理 … 54
3.1.3　电子保温电饭锅 …………………… 54
3.1.4　电饭锅的日常保养知识 …… 55
技能训练一　美的PCJ405电饭锅温度
控制器的故障检修 …… 55
技能训练二　奔腾电饭锅的故障
检修 …………………… 57
3.2　电磁炉 …………………… 61
3.2.1　电磁炉的分类与结构 …………………… 61
3.2.2　电磁炉的加热原理 …………………… 62
3.2.3　特殊零件简介 …………………… 63
3.2.4　电路框图 …………………… 65
3.2.5　主电路原理分析 …………………… 65
3.2.6　电磁炉常见故障的分析与维修
方法 …………………… 71
技能训练一　电磁炉检锅但不
加热 …………………… 75
技能训练二　电磁炉电路板的简单
维修 …………………… 76

3.3 微波炉 ································· 78
　3.3.1 微波炉的基本结构 ··············· 78
　3.3.2 工作原理 ····················· 80
　3.3.3 微波炉的机电控制工作原理 ······· 80
　3.3.4 微波炉的使用与维护 ············· 81
　3.3.5 微波炉常见故障的分析与维修
　　　　方法 ························· 82
　技能训练一　格兰仕微波炉高压熔丝熔
　　　　　　　断故障 ··············· 83
　技能训练二　格兰仕 WP700 微波炉不
　　　　　　　能加热食物的故障检修 ··· 86
　思考与练习 ························· 91
第4章　电子消毒柜 ····················· 92
　4.1 低温型电子消毒柜的结构与工
　　　作原理 ························· 92
　4.2 高温型电子消毒柜的结构与工
　　　作原理 ························· 93
　4.3 双功能型电子消毒柜的结构、工
　　　作原理及检修 ··················· 94
　4.4 电子消毒柜的使用 ··············· 96
　技能训练　科凌 ZTP-63A 型电子消毒
　　　　　　柜温控器的故障检修 ······· 97
　思考与练习 ························· 98
第5章　电热水器 ······················· 99
　5.1 电热水器的结构 ················· 99
　5.2 电热水器的工作原理 ············· 100
　5.3 电热水器的安装、使用与
　　　保养 ·························· 101
　技能训练　海尔小海象电热水器控制
　　　　　　系统的故障检修 ··········· 101
　思考与练习 ························ 104
第6章　洗衣机 ························· 105
　6.1 波轮式全自动洗衣机 ············· 105
　技能训练一　小天鹅全自动洗衣机不
　　　　　　　工作故障检修 ········· 113
　6.2 滚筒式全自动洗衣机 ············· 118
　技能训练二　小鸭滚筒式全自动洗衣
　　　　　　　机故障检修 ··········· 121
　思考与练习 ························ 129

第7章　电冰箱、空调器 ················· 130
　7.1 电冰箱的结构 ··················· 130
　7.2 电冰箱的工作原理 ··············· 133
　7.3 电冰箱维修技术 ················· 138
　7.4 电冰箱故障维修实例 ············· 140
　7.5 空调器的结构 ··················· 142
　7.6 空调器的工作原理 ··············· 146
　7.7 空调器维修技术 ················· 157
　7.8 空调器故障维修实例 ············· 159
　7.9 制冷系统维修基本操作 ··········· 160
　技能训练一　电冰箱起动器、过载保护
　　　　　　　器检测 ··············· 170
　技能训练二　四通换向阀的诊断与
　　　　　　　拆装 ················· 172
　思考与练习 ························ 175
第8章　传真机 ························· 176
　8.1 传真机的种类 ··················· 176
　8.2 传真机的特性 ··················· 178
　8.3 检修传真机的准备工作 ··········· 181
　8.4 传真机的基本结构和工作
　　　原理 ·························· 181
　技能训练一　松下 KX-FP82CN 传
　　　　　　　真机故障检修（一）····· 183
　技能训练二　松下 KX-FP82CN 传
　　　　　　　真机故障检修（二）····· 189
　思考与练习 ························ 192
第9章　打印机 ························· 193
　9.1 针式打印机 ···················· 193
　技能训练一　EPSON LQ-1600KIII 针
　　　　　　　式打印机故障检修 ····· 196
　9.2 喷墨打印机 ···················· 203
　技能训练二　EPSON PHOTO 830U 喷
　　　　　　　墨打印机故障检修 ····· 205
　9.3 激光打印机 ···················· 212
　技能训练三　HP Laser Jet 2200 激光打
　　　　　　　印机故障检修 ········· 214
　思考与练习 ························ 220
参考文献 ····························· 221

第1章　常用材料及元器件

1.1　电热基础知识

电热元件是电热器具的主要部件，它是由电热材料制成的。

1.1.1　电与热能量转换的基本理论

在物理学中，热现象是物质中大量分子的无规则运动的具体表现，热是能量的一种表现形式。电能和热能可以互相转换，如电热器具是将电能转换为热能。电能与热能的转换关系可以用焦耳－楞次定律来表述。电流通过导体时产生的热量（Q）跟电流强度的二次方（I^2）、导体的电阻（R）以及通电的时间（t）成正比。用公式表示就是

$$Q = KI^2Rt$$

式中　K——比例恒量，又叫做电热当量，它的数值由实验中得到的数值算出。

当热量用卡、电流强度用安培、电阻用欧姆、时间用秒作单位时，于是上式可以写作

$$Q = 0.24I^2Rt$$

上述公式表达了电能与热量之间的数量变换关系，它是电热器具工作原理的基本理论。

在我国法定计量单位制中，热量的单位为 J（焦耳）

$$1J = 1N \cdot m = 1W \cdot s = 1V \cdot A \cdot s$$

非法定计量单位制中，热量单位也有用 cal（卡），它是指 1g 水的温度升高 1℃所需的热量。另外，还有 kcal（千卡），俗称大卡。它们之间的关系是

$$1kcal = 1000cal$$

焦耳换算成卡时，需要乘以常数 0.24，即 1J≈0.24cal。

1.1.2　电热器具的类型与基本组成部件

1. 类型

（1）电阻式电热器具

用电阻发热原理制成的电热器具就称为电阻式电热器具。如电炉、电熨斗、电吹风、电热毯、电热杯、电烤箱、电饭锅、电咖啡壶、电炒锅、电暖器等，均是利用这一原理。这是目前电热器具中使用最为广泛的一种形式。

（2）远红外线辐射式电热器具

在电热元件（金属管、石英管、电热板）的表面直接涂上远红外线辐射涂料，当给电热元件通电后，产生的热量加热了远红外线辐射物质，使其发射远红外线对物体进行加热。它具有热效率高、省时、节约能源、卫生等优点，但由于高温易使远红外线涂料脱落，从而导致远红外线辐射能力减弱，影响加热的效果。使用远红外线辐射的电热器具有远红外线电烤炉、远红外线电暖器、远红外线医用理疗器等。

（3）感应式电热器具

闭合导体在交变磁场中会产生感应电流（即涡流），由此而产生热，利用电磁感应原理制成的电热器具就称为感应式电热器具。应用这种原理的电热器具有电磁炉等。

（4）微波式电热器具

当微波照射物体时，使物体内部的分子加速运动而产生热，利用微波加热的原理制成的电热器具称为微波式电热器具。微波炉就是其中一种，它具有加热速度快、加热均匀、节能、清洁卫生等优点。

2. 电热器具的基本组成部件

（1）发热部件

发热部件的主要功能是将电能转换成热能，它由各类电热元件构成。常见的有电热丝、电热合金发热盘、电阻发热体、管状电热元件、PTC 电热元件、远红外线辐射器等。此外，还有高频加热线圈和微波介质加热部件。

（2）温控部件

温控部件的主要功能是对发热部件的温度、发热功率、通电时间进行控制，满足使用的需要。常用的温控部件有双金属片、磁性体、PTC、热敏电阻、热电偶、电子元件、电脑温度控制器等。

（3）保护部件

保护部件的主要功能是当电热器具发热温度超过正常范围时，自动切断电源，防止器具过热损坏，起到保护作用。常用的器件有温度熔丝、热熔断体、热继电器等。

1.2 电热元件

电热元件是电热器具的核心，功能是将电能转换为热能。根据其发热原理的不同，电热元件可分为以下几种形式。

1.2.1 电阻式电热元件的材料、性能及类型

1. 电阻式电热元件的材料及性能

合金电热材料除了具备一般力学、物理学性能外，还具有电和热等方面的特殊性能，电阻式电热元件使用的材料就是合金电热材料。

（1）合金电热材料的分类

合金电热材料的种类较多，按材料的性质分贵金属及其合金、重金属及其合金、镍基合金、铁基合金、铜基合金等几种。其中镍基合金及铁基合金在电热元件中应用最为广泛。

（2）合金电热材料的特性

1）物理和机械性能。主要包括电热材料的导热系数、电阻率、密度、熔点、膨胀系数、伸长率等。

2）使用温度。是指电热元件在工作时，本身所允许达到的最高温度。电热器具的最高温度至少应低于元件最高使用温度100℃左右。

3）电阻温度系数。合金电热材料的电阻值随着温度的变化而变化，电阻率也随着温度的变化而变化，这个变化的数值称为电阻温度系数。电阻温度系数有正负之分，正值（以

PTC 表示）表示电阻随着温度的升高而增大，负值（以 NTC 表示）表示电阻随着温度的升高而减小。在电热器具中，大部分是应用有正温度系数（PTC）的电热材料。

4）表面负荷。是指电热合金元件表面上单位面积所散发的功率（W/cm^2），它是关系到电热元件使用寿命的一个重要参数。在相同的条件下，如果选用的元件表面负荷值越小，则其功率越小，电热元件的温度越低；如果选择的电热元件的表面负荷值越大，则功率越大，电热元件的温度越高。但如果表面负荷值取得过大，会使元件的使用寿命降低，严重时会导致电热材料熔化。因此，在维修电热器具时，应正确合理地选取。

电热器具中合金电热材料的表面负荷的经验数据见表 1-1。

表 1-1　电热器具中合金电热材料的表面负荷的经验数据

名　　称	结　构　形　式		表面负荷/（W/cm^2）
电炉	开启式		4 ~ 7
电熨斗	封闭式	不带温控	8 ~ 15
		带温控	15 ~ 25
	云母骨架		5 ~ 8
	管状元件带温控		6 ~ 8
电热水器	电热丝直接浸入水中		30 ~ 40
	管状元件		10 ~ 20
电饭锅	铸铝管状元件		10 ~ 20

2. 电阻式电热元件的类型

电热器具中，除微波炉和电磁炉外，都是以电阻式元件作为主要的发热元件。按装配结构分为开启式电热元件、半封闭式电热元件和封闭式电热元件。

（1）开启式电热元件

裸露的电阻丝就是其中之一。电炉的电阻丝放置在由绝缘材料制成的盘状凹槽里；电吹风的电阻丝安装在绝缘架上形成螺旋状；它们发出的热能由辐射和对流两种方式传递给加热物体。这种电热元件的优点是结构简单、成本低、加热速度快、易于安装和维修。其缺点是由于电阻丝裸露和带电，易于氧化，使用寿命短，易引起局部短路，工作不安全。

（2）半封闭式电热元件

这种电热元件是将电热丝绕在绝缘骨架上制成，使用时将它安装在特殊的保护罩内。如电熨斗就是使用这种半封闭式电热元件制成的。电热元件发出的热量经过云母传给底板，达到熨烫衣物的目的，其结构如图 1-1 所示。电炉的发热体也采用这种元件，它是先加热灶盖再传给被加热物。半封闭式电热元件的安全性好，但热效率低。

（3）封闭式电热元件

封闭式电热元件可以弯曲成 U 形、单管形、W 形等多种形式，以适应不同的需要。其结构如图 1-2 所示。它是一种技术上比较成熟、使用安全可靠的电热元件。这种电热元件是在钢管或磁管内放入螺旋状的电阻丝，并用氧化镁等耐热的绝缘粉末灌满其间隙，再经端头封堵和表面处理等工艺制成，在管口端引出接线端子，以供接电源用。

电热板也属于封闭式电热元件的一种，电热元件铸在铝合金制成的凸面圆形板内。与其他电热元件相比，封闭式电热元件具有结构简单、成本低、使用寿命长、机械强度高、使用安全等优点。因此，被广泛应用在电磁炉、电烤箱、电炒锅、电热水器、电熨斗等家用器具中。

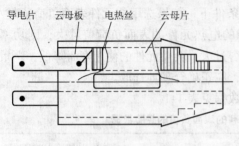

图1-1 半封闭式电热元件

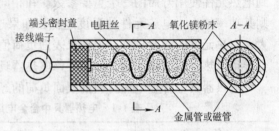

图1-2 封闭式电热元件

1.2.2 PTC 电热元件

PTC 电热元件的主体材料是钛酸钡（$BaTiO_3$）中掺入微量的稀土元素，经研磨、压形、高温烧结成的陶瓷半导体发热材料。它是具有正温度系数的热敏电阻，其电阻—温度特性如图1-3所示。PTC 电热元件具有独特的电阻温度特性，从图中可以看出，在特定的温度内，PTC 电热元件的电阻值随着温度的升高变化非常缓慢，当超过这个温度时，电阻值急剧增大，发生温度变化的温度点叫居里点，一般此点的温度为220℃。PTC 电热元件的温度可以自动调节。同时在超出温度范围时可以限制电流，使温度恒定在一定的范围。它具有加热与自身温控的双重功能，PTC 电热元件特性曲线的斜

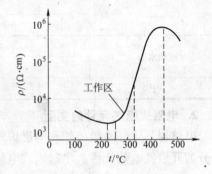

图1-3 PTC 电热元件的电阻—温度特性

率、居里点的位置以及本身的电阻值，取决于掺入钛酸钡中微量元素的品种多少和结构等。如在钛酸钡中加入锡（Sn）、锶（Sr）等可使居里点向低温侧移动；而加入铅（Pb）则可以使居里点向高温侧移动。利用这种温度点的可变性，可以将居里点控制在 20～300℃ 的范围内。

1.2.3 红外线电热元件

红外线是一种电磁波，是人眼看不见的光线。当辐射光谱与被加热物体的振动光谱波长一致时，辐射才能被吸收，被加热物体吸收后转变为热能。因此，利用红外线加热或干燥物品，被广泛地应用在日常生活中。

常用的红外线电热元件有以下几种。

1. 管状红外线辐射元件

管状红外线辐射元件有金属管、石英管、陶瓷管等。金属管与石英管是表面上涂敷红外线涂料，陶瓷管是将红外线辐射物质直接掺入泥料中烧制或涂敷在陶瓷的表面上，如图1-4所示。

2. 板状远红外线辐射元件

板状远红外线辐射元件是由在碳化硅或耐热金属板的表面涂敷一层远红外线涂料，中间

装上合金电热元件制成的。这种电热板有单面辐射和双面辐射两种形式，如图1-5所示。

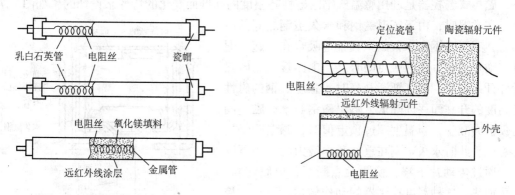

图1-4 管状红外线辐射元件

图1-5 板状远红外线辐射元件

3. 电热合金型远红外线辐射元件

电热合金型远红外线辐射元件是在电热合金元件的表面上直接涂敷远红外线涂料制成。这种元件结构简单，易于加工。缺点是由于电热合金通电后机械强度降低以及由热胀冷缩引起的变形，易产生涂料脱落，导致红外线的辐射强度减弱。

1.3 电热控制元件

电热器具在加热过程中，需要对温度、时间和功率进行控制。这就需要在电热器具中设置温度、时间和功率控制装置，由此要采用电热控制元件。

1.3.1 温度控制元件

1. 金属片温度控制器

将两种膨胀系数不同的金属片锻压或轧制在一起，其中膨胀系数大的金属片为主动层，膨胀系数小的为被动层。双金属片的结构如图1-6所示。在常温下，双金属片的长度相同并保持平直，内部没有内应力。当温度升高时，主动层的金属片伸长较多，使双金属片向膨胀被动层的那一面弯曲。温度越升高，弯曲越大。所以在电热器具中常用双金属片作为温控元件。

双金属片有常开触点型和常闭触点型两种形式。在常温下两触点为闭合，称为常闭触点，断开的触点则称为常开触点。

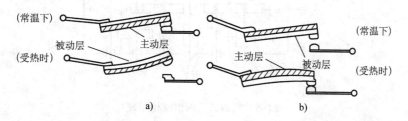

图1-6 双金属片的结构

a) 常闭触点型 b) 常开触点型

2. 磁控式温控器

磁控式温控器是利用感温磁钢的磁性随温度的高低而变化的特性来设计的，如图1-7所示。在常温时，由于感温磁钢和永久磁钢之间的吸引力，感温磁钢和永久磁钢紧紧地吸合在一起，通过传动片上移，使两触点闭合。当电路接通，电热元件开始发热，温度渐渐升高时，感温磁钢的磁性随温度的升高而逐渐降低，感温磁钢与永久磁钢间的吸引力减小，当温度超过预定值时，感温磁钢失去磁性，此时永久磁钢在重力和弹簧力的作用下跌落，通过传动片下移，使两触点断开，电路切断，停止加热。这种温度控制器的动作敏捷、可靠，控温准确，但结构较双金属片温控器复杂，且温度降低后不能自动再供电，普遍地应用于自动电饭锅中。

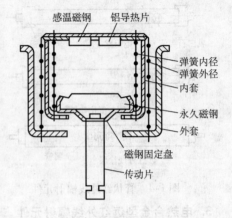

图1-7　磁控式温控器

1.3.2　时间控制元件

电热器具工作时间由定时器控制，定时器可分为机械（发条）式、电动式和电子式3种。

1. 机械式定时器

机械式定时器是利用钟表机构的原理制成的，它由发条、齿轮传动机构和时间控制组件等3部分构成。

（1）发条

由弹性的钢带卷制而成。使用时靠人力通过旋钮卷紧钢带，贮存能量，向齿轮传动机构和时间控制组件传送动力。

（2）齿轮传动机构

如图1-8所示，机械式定时器由头轮、主轴、开关凸轮、摩擦片、盖碗、棘爪、棘爪轮、棘轮、振子等组成。

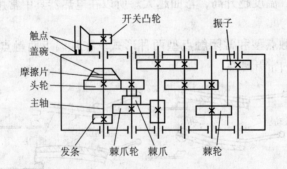

图1-8　机械式定时器结构原理

（3）时间控制组件

各种机械式定时器的时间控制组件结构基本相同，都是采用一组或两组凸轮来分配时间，当控制凸轮转动时，不断改变其凸凹位置，使相关接触簧片的触点按设计要求接通或断开，以控制电动机（或其他电器）的起动和停止。

（4）机械式定时器的工作原理

从图1-8中可以看出来，开关凸轮和主轴铆接一起，当主轴反转时，靠盖碗与头轮之间的摩擦片一起滑动将发条松开，并不影响齿轮系的转动。当主轴正转上发条时，靠棘爪轮的第二轮上的棘爪轮滑脱而与其后齿轮系离开，当自然放开发条时，整个轮系转动，靠振子调速。这种定时器的结构特点是摩擦力矩大，动作可靠。

2. 电动式定时器

电动式定时器的轮系结构及时间控制组件与机械式定时器基本相同。所不同的是由微电动机代替发条作为动力源，其结构原理如图1-9所示。电动式定时器的凸轮一般控制着两组簧片的触点，作定时控制时，凸轮控制点同时接通被控负载电源和定时器本身的微电动机电源，不作定时控制时，只接通被控负载的电源。定时时

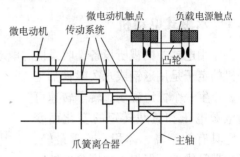

图1-9 电动式定时器结构原理

间长短则由控制凸轮的转动角速度决定。微电动机的转速和传动轮系的速比是经过推算的。

3. 电子式定时器

电子式定时器是由阻容元件、半导体器件组成的时间控制电路。与机械式定时器相比，它不仅体积小、重量轻、使用可靠，而且易于实现集成化、无触点化，并能完成相当复杂的时间程序控制。随着电子技术的发展，电子式定时器必将逐步取代机械式定时器。

电子式定时器的电路形式有多种。如图1-10所示是一种简单的延时关机电路，它由电源和延时开关电路两部分组成。交流电经电源按钮S_{1-1}和继电器开关K对用电器供电；另一路经电容降压、桥式整流和滤波稳压后，输出直流电压15V给定时电路供电，电路中开关S作定时和不定时转换。

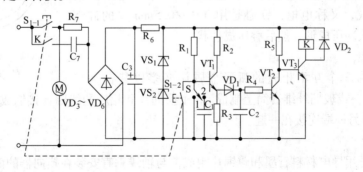

图1-10 电子式定时器原理

工作时，将开关S拨到"2"定时档，按下联动开关即S_{1-1}、S_{1-2}同时闭合，电容C_1对地短路单结晶体管VT_1无脉冲输出，VT_2截止，VT_3饱和导通，继电器常开触点K闭合，用电器通电工作。当按钮S_{1-1}断开后，由于继电器常开触点K已闭合，所以用电器仍能正常工作，S_{1-2}断开后，电源通过R_1向C_1充电，当电压上升到VT_1管的峰值电压后，VT_1、VT_2由截止转入导通，VT_3由饱和导通转为截止，继电器K断电释放，用电器和定时电路均断开，整个电路停止工作。

电路的延时工作时间由 R_1 和 C_1 的数值决定，若将 S 拨到 "1" 不定时档，C_1 对地短路，VT_1、VT_2 截止，VT_3 饱和导通，用电器长时间工作，需要时再将 S 拨到定时档，用电器延时工作一段时间后自行停止。

1.4　小型交、直流电动机

1.4.1　永磁式电动机

在家用电器中的视听设备、收录机、电动剃须刀、电动玩具均采用这种电动机。永磁式电动机的定子是用磁钢或永久磁铁加工成形，产生一个恒定磁场。转子转速可以随电源电压和负载转矩的变化而变化。它具有效率高、体积小、重量轻、便于携带等优点。但加工精度高，结构比交流电动机复杂，成本高。它的结构如图 1-11 所示。

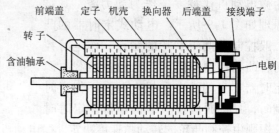

图 1-11　永磁式电动机结构

1. 永磁式电动机的结构

由图 1-11 可知，永磁式电动机是由定子、转子、换向器、前端盖、后端盖、含油轴承、电刷等组成的。

（1）定子

定子是产生静止磁场的部件，并与外壳紧压配合（过盈配合），采用磁钢、薄膜合金加工成环形，如图 1-12 所示。

（2）转子

转子是直流电动机的转动部分，它是由铁心、绕组、换向器、转轴等组成，又称电枢。铁心是用 $0.3 \sim 0.5$ mm 厚的硅钢片，按一定形状冲压成形，然后叠压成柱状。

（3）换向器

换向器是由 3 个互不相通的弧形金属片（多以紫铜为材料），嵌置在塑料或玻璃纤维套筒上制成。3 个换向片和相应的线圈连接制成，如图 1-13 所示。3 个线圈的另一端连接在一起。

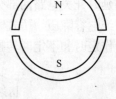

图 1-12　永磁式电动机的定子磁环

（4）电刷

电刷通常是用导电材料石墨和磷铜片制成，与轴线垂直安装在换向器的两侧，并依靠电刷的弹性与换向器保持良好的接触，电刷的另一端与电源相接。当电源接通时，直流电流通过电刷和换向器片将电流送入电枢绕组，其结构如图 1-13 所示。

2. 永磁式电动机的工作原理

永磁式电动机的工作原理如图 1-14 所示。由图可知电枢处在一个静止磁场中，当电枢绕组加上直流电压，则有直流电流。由左手定则可以判断，线圈的两边均受到力的作用，两个力的大小相等、方向相反，但不作用在同一条直线上，形成偶力矩使电枢转动。电枢上的绕组是按一定的规律排列，电枢中所产生的转动力矩足以带动负载机械运转，从而使电动器具工作。

※注意：电刷和换向器在直流电动机里有着十分巧妙的作用。其作用是使流过电枢绕组的电流方向，随着线圈的转动进行相应的正负切换。如果没有这种方向的切换，电枢绕组便不会转动，只能左右来回摇动。

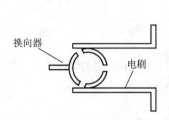

图 1-13　永磁式电动机的电刷

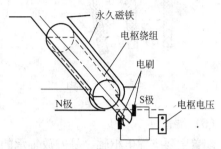

图 1-14　永磁式电动机的工作原理

1.4.2　励磁式直流电动机

励磁式直流电动机的定子恒定磁场是由定子绕组通上直流电流建立。通常称为励磁绕组。根据励磁绕组和电枢绕组之间连接的方式不同，又可分为他励式、复励式、并励式、串励式 4 种。

1.　励磁式直流电动机的结构

励磁式直流电动机由定子、转子（也称电枢）、励磁绕组、电枢绕组、换向器、电刷装置、风扇叶片、端盖等组成，如图 1-15 所示。

（1）定子和转子

均由 0.35～0.5mm 厚的硅钢片（矽钢片）按设计好的槽形冲压成形，然后叠压成柱状；励磁绕组和电枢绕组嵌在槽内。

（2）励磁绕组和电枢绕组

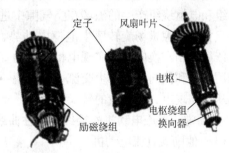

图 1-15　励磁式直流电动机的结构

绕组的构成主要从电动机参数指标及制造、安装、检修等方面考虑。微型直流电动机绕组一般是由圆形高强度漆包线绕制。

（3）换向器

由环氧树脂将铜材导电片、绝缘云母片黏合成一体，其形状和构造如图 1-16 所示。微型直流电动机常用紧固式和塑料式换向器，其结构如图 1-17 所示。

（4）电刷装置

电刷装置是由电刷、刷架、刷握、弹簧等组成。电刷尺寸及公差和构造均按有关标准制造。在合适的换向区宽度下，电刷宽度应覆盖适当数量的换向片。常用的刷握有直、斜两种。刷架在微型直流电动机中是固定的。

（5）风扇叶片

作为驱使冷却介质循环所需的动力部件，它能产生足够的压力以克服电动机冷却通道中的压力降落，并驱送足够的冷却介质流量通过电动机，以达到散热目的。扇叶一般由工程塑料 ABS 按设计好的形状压制而成。微型直流电动机大部采用轴流式。

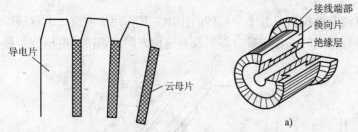

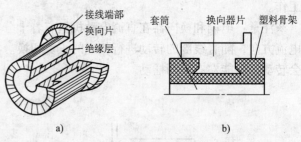

图 1-16 导电片和云母片结构

图 1-17 换向器的结构
a）紧固式 b）塑料式

（6）端盖

端盖主要支撑电枢轴，是安放轴承的部件。为保证定子和电枢之间的空气隙尺寸，在微型直流电动机中一般由铝合金铸压、薄铁板冲压制成。

2. 励磁式直流电动机的工作原理

直流电动机除永磁电动机工作时定子磁场由永久磁铁产生外，励磁式直流电动机的定子磁场是励磁绕组产生；其他形式直流电动机的工作原理都与励磁式直流电动机的工作原理一样。

直流电动机的定子磁轭、定子铁心、定子与转子之间的空气隙和电枢铁心构成磁路。励磁绕组和电枢绕组产生的磁场在空气隙中进行合成（或者说相互作用），形成气隙磁场。电枢绕组相对气隙磁场旋转感生电枢电动势，载流电枢绕组与气隙磁场相互作用产生电磁转矩。依靠电刷和换向器以实现电枢电路的直流电与电枢绕组中交流电之间的相互变换，或者说利用电刷和换向器来产生交流，即直流→交流。电功率从电刷输入，通过转轴输出机械功率，从而实现电、机能量的转换。

3. 励磁式直流电动机的接线及特性曲线

（1）他励式直流电动机

让电流通过定子绕组产生磁场，叫做励磁。所谓他励，是指除了给电枢绕组提供电流的直流电源电压 U_2 之外，另外用一个直流电源 U_1 为励磁绕组提供电流，其接线如图 1-18 所示。工作时，在不同的转速下，转速与励磁电流 I_f 成反比，如图 1-19 所示。从图中可知改变励磁电流的大小，也可以改变电动机的转速；同时励磁电流存在上限、下限两个临界值。

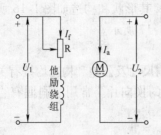

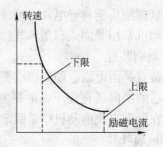

图 1-18 他励式直流电动机的接线

图 1-19 励磁电流与转速的关系

（2）并励式直流电动机

励磁电路和电枢电路是并联连接。这种并联连接方式如图 1-20 所示。由图可知，保持电枢电压一定，通过改变励磁电阻 R 的大小，可以改变励磁电流 I_f 的变化，这时空载转速 n_0 的特性与图 1-19 相同。改变励磁电阻 R 大小的另一个作用，是防止起动电流过大，以防换向器与电刷之间产生强火花而损坏电动机。

保持他励式、并励式电动机在空载状态下的端电压为常值，改变励磁电流 I_f 时得到转速与励磁电流 I_f 的关系曲线，即空载励磁转速特性。励磁电流很小，转速会上升到不安全的高速，故励磁回路绝不允许断路。

（3）串励式直流电动机

它的励磁电路和电枢电路是串联连接。这种串联连接方式如图 1-21 所示。由图可知，励磁电流和电枢电流是一样的。特性曲线如图 1-19 所示。从图中特性曲线分析可知，串励直流电动机没有空载状态。因为在空载时，电枢电流如果等于零，电动机的转速会变得无限大，将会导致电动机损坏。所以，串励式直流电动机同负载之间不能用传送带转动，而必须借助齿轮，以防电动机无空载而损坏。同时我们可以看出另一个重要特性，在包括起动在内转速比较低的时候，电动机产生很大转矩，随着转速上升，转矩随之减小。因此，串励式直流电动机可用在需要很大起动转矩的场合。

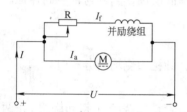

图 1-20　并励式直流电动机的接线

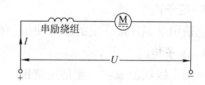

图 1-21　串励式直流电动机的接线

（4）复励直流电动机

所谓复励直流电动机，其特点是励磁绕组分两部分：一部分与电枢电路串联，另一部分与电枢电路并联，如图 1-22 所示。与电枢电路串联的励磁称为串励励磁，与电枢电路并联的励磁称为并励励磁。由于两种不同的励磁方式，它兼有串励式、并励式电动机的优点，既有良好的起动性能，又有一定的超载能力和运转平稳性能。复励直流电动机的特性曲线如图 1-23 所示。

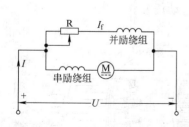

图 1-22　复励直流电动机的接线

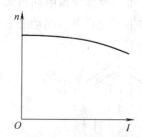

图 1-23　复励直流电动机电枢电流与转速的关系

1.4.3　单相异步交流电动机的结构

单相异步交流电动机由前端盖、后端盖、轴承、定子铁心、定子绕组、转子、起动元件等部分组成，其结构如图1-24所示。

1. 前、后端盖

它是用铸铁、铝合金、薄铁板制作而成。为了保证安装精度，家用电器中电动机的前、后端盖大部分用薄铁板冲压成形。

2. 轴承

微型电动机中的轴承有两种类型：一种是滚珠轴承，另一种是含油轴承，它们有高强度、耐磨性好，尺寸精度高、稳定性好的优点。前者是用轴承钢加工而成，工艺复杂、成本高；后者是用粉末冶金构件加工而成，避免了很多机械加工上的麻

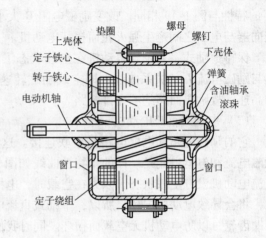

图1-24 单相异步交流电动机的结构

烦，它有多孔，使用前在热油中浸润，使微小孔中充满润滑油，当轴与轴承高速运转、摩擦发热时，油自动渗出。

3. 定子铁心

它是用硅钢片按一定的形状冲压、叠压成圆柱形，圆柱内侧均匀分布有线槽。

4. 定子绕组

由两套线圈组成：一套是主绕组（运行绕组），一套是副绕组（起动绕组），两套绕组沿定子的内圆相间嵌放，并错开一定的空间角度。主、副绕组同槽嵌放时，则副绕组在上，主绕组在下。绕组之间的连线，应按定子绕组展开图接线。绕组嵌放一般有两种方式：一种是同心排列，如图1-25所示；另一种是等距排列。

5. 转子

单相异步交流电动机均采用笼型转子，其结构如图1-26所示，它包括转子铁心、转轴、笼型转子（转子绕组）3部分。转子铁心与定子铁心材料相同，线槽形状和位置不同，在圆柱外侧。转子铁心与转轴是过盈配合。转子绕组是用铝锭熔化后，采用离心浇铸，形成笼型转子。由于单相异步交流电动机无起动转矩，所以不能自行起动。除了电动机装有起动绕组外，还需要借助电容器、起动继电器和离心开关完成起动任务。

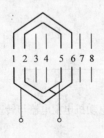

图1-25 同心式绕组

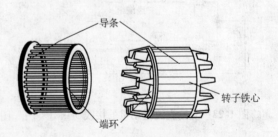

图1-26 笼型转子的结构

1.4.4 单相异步交流电动机的工作原理

单相异步交流电动机的工作绕组接通电源后，就会在气隙内产生一个大小相等、方向相反的脉振磁场，当该磁场切割转子导条后，将在导条中感应出相应的电动势和电流，当转子电流与磁场作用时产生相应的电磁转矩。最终转矩等于零（即转子不转），必须借助起动绕组和电容器，来削弱其中一个方向的磁场，使在起动时气隙中能够形成一个旋转磁场。从而驱动转子顺着增强磁场的旋转方向转动。

1. 单相电容起动异步交流电动机

电容起动电动机在副绕组串接一个离心开关和电容器与主绕组并接到单相电源上。电容的作用是使副绕组的电流相位接近超前于主绕组电流相位90°电角度，有利于电动机起动。当转子的转速达到额定转速的75%左右时，由于离心力作用，离心开关被打开，副绕组支路开路，主绕组工作，维持电动机运行。

2. 单相电容运转异步交流电动机

电容运转电动机无论在起动或运转时，其副绕组都与电容器串联并接到电源两端。这种运行方式实质上是一台两相异步电动机，其两个绕组在空间相隔90°电角度，绕组中的电流在时间上也相差90°相角。定子绕组在气隙中产生的磁场接近圆形旋转磁场，使电动机的性能有较大的改善。这种电

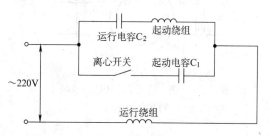

图1-27　电容起动运转的工作原理

动机的功率因数、效率及过载能力都比普通单相异步交流电动机高。由于电动机在运行时需要的电容比起动时小，所以在电动机起动后，必须利用离心开关把多余的电容 C_1（起动电容）切除，而另一电容 C_2（运行电容）仍与副绕组接通，如图1－27所示。

3. 罩极式单相异步交流电动机

罩极式电动机的定子铁心多数做成凸极式，亦有做成隐极式的。在每个主磁极极面约1/3部分嵌放短路环或短路线圈，将这部分磁极罩住，如图1－28所示。当定子绕组接通电源时，将产生脉振磁通，其中一部分磁通不穿过短路铜环，另一部分磁通穿过短路铜环。由于短路环的作用，通过被罩部分的磁通将与未罩部分的磁通之间形成一定的时间相位差，加上被罩部分和未罩部分磁极在空间又有一定的相位差，于是穿过短路铜环的磁通和没有穿过短路铜环的磁通，合成的磁场将是一个具有一

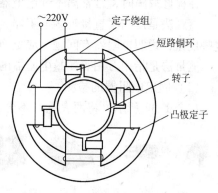

图1-28　罩极式电动机的结构

定推移速度的"移行磁场"，在该磁场的作用下，电动机便将产生一定的起动转矩。

1.4.5　交、直流两用串励电动机

可以使用直流电又可以使用交流电的电动机称为交直流两用电动机。其结构与串励直流

电动机的结构相似，也是由电枢、电枢绕组、定子、励磁绕组、换向器、电刷、机壳等部分组成，但在定子上增设了补偿绕组和换向绕组，并且定子多为一对凸极。这类电动机具有体积小、起动转矩大、转速高、调速方便等特点，常用在吸尘器、电动工具上。

其工作原理与串励直流电动机基本上相同。但在实际运行工作状况中，由于接线方式不同，可以改变电动机的转向，但与两接线端的极性无关，如图 1-29 所示。当接通交流电时，由于电流同时改变电动机的励磁绕组和电枢绕组，磁极的极性和电流的方向同时发生变化，因此电磁转矩的方向一直不变，使电动机保持运转。同时励磁绕组和电枢绕组上产生较大的电压降，并在磁极铁心产生涡流损耗，换向器中的短路电动势得不到补偿，引起换向困难，同时产生火花，因此在定子上增设了补偿绕组和换向绕组，如图 1-30 所示。

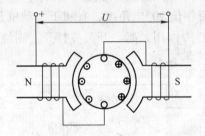

图 1-29　交、直流两用串励电动机
的工作原理

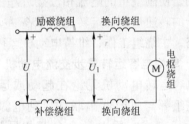

图 1-30　交、直流两用串励电动机的补偿电路

1.5　常用电子元件的测量与判断

1. 电阻器的检测

常用电阻器的外形如图 1-31 所示。

在检修故障时，常常离不开电阻器的检测。检测电阻器的方法有直观法和测量法。

直观法是用肉眼直接观察电阻器，看有无烧焦、烧黑、断脚以及帽头松脱现象，若出现这些现象，说明电阻器有问题，应更换。

测量法是指用万用表测量电阻器的阻值，看其阻值是否正常。

（1）固定电阻器的检测

如图 1-32 所示，将两表笔（不分正负）分别与电阻器的两端引脚相接即可测出实际

图 1-31　常用电阻器的外形

图 1-32　固定电阻器的检测

电阻值。为了提高测量精度，应根据被测电阻器标称值的大小来选择量程。由于欧姆档刻度的非线性关系，它的中间一段分度较为精细，因此应使指针指示值尽可能落到刻度的中段位置，即全刻度起始的20%～80%弧度范围内，以使测量更准确。根据电阻误差等级不同。

读数与标称阻值之间分别允许有±5%、±10%或±20%的偏差。如不相符，超出偏差范围，则说明该电阻值变值了。

※注意：测试时，特别是在测几十千欧以上阻值的电阻器时，手不要触及表笔和电阻器的导电部分；被检测的电阻器从电路中焊下来，至少要焊开一个头，以免电路中的其他元件对测试产生影响，造成测量误差；色环电阻器的阻值虽然能以色环标志来确定，但在使用时最好还是用万用表测试一下其实际阻值。

(2) 电位器的检测

1) 标称阻值的检测。测量时，选用万用表欧姆档的适当量程，将两表笔分别接在电位器两个固定引脚焊片之间，先测量电位器的总阻值是否与标称阻值相同。若测得的阻值为无穷大或较标称阻值大，则说明该电位器已开路或变值损坏。

然后再将两表笔分别接电位器中心头与两个固定端中的任一端，慢慢转动电位器手柄，使其从一个极端位置旋转至另一个极端位置，正常的电位器，万用表指针指示的电阻值应从标称阻值（或0Ω）连续变化至0Ω（或标称阻值）。整个旋转过程中，指针应平稳变化，而不应有任何跳动现象。若在调节电阻值的过程中指针有跳动现象，则说明该电位器存在接触不良的故障。直滑式电位器的检测方法与此相同。

2) 带开关电位器的检测。对于带开关的电位器，除应按以上方法检测电位器的标称阻值及接触情况外，还应检测其开关是否正常。先旋转电位器轴柄，检查开关是否灵活，接通、断开时是否有清脆的"喀哒"声。用万用表 $R \times 1$ 档，两表笔分别在电位器开关的两个外接焊片上，旋转电位器轴柄，使开关接通，万用表上指示的电阻值应由无穷大（∞）变为0Ω。再关断开关，万用表指针应从0Ω返回"∞"处。测量时应反复接通、断开电位器开关，观察开关每次动作的反应。若开关在"开"的位置阻值不为0Ω，在"关"的位置阻值不为无穷大，则说明该电位器的开关已损坏。

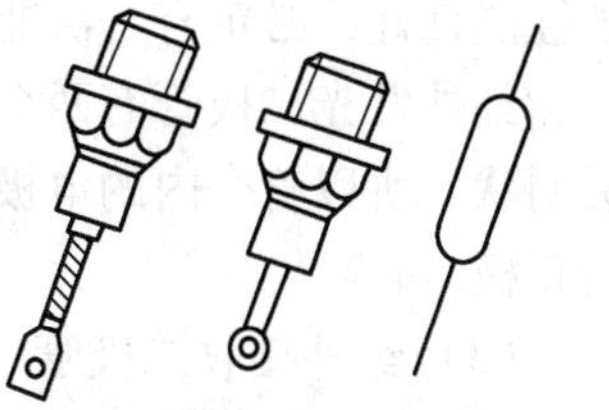

2. 常见二极管的极性判断

常见二极管外形如图1-33所示。

通常可根据二极管上标志的符号来判断，如标志不清或无

图1-33　二极管外形

标志时，可根据二极管的正向电阻小、反向电阻大的特点，利用万用表的欧姆档来判断极性，具体的方法是：

1) 观察外壳上的符号标记。通常在二极管的外壳上标有二极管的符号，带有三角形箭头的一端为正极，另一端是负极。

2) 观察外壳上的色点。在点接触二极管的外壳上，通常标有极性色点（白色或红色）。一般标有色点的一端即为正极。还有的二极管上标有色环，带色环的一端则为负极。

3) 如图1-34所示，将万用表拨到欧姆档的 $R \times 100$ 或 $R \times 1k$ 档上，将万用表的两个表笔分别与二极管的两个管脚相连，正反测量两次，若一次电阻值大，一次电阻值小，说明二极管是好的，以阻值较小的一次测量为准，黑表笔所接的一端为正极，红表笔所接的一端则为负极。

因为二极管是单向导通的电子器件，因此测量出的正反向电阻值相差越大越好。如果相差不大，说明二极管的性能不好或已经损坏，如果测量时万用表指针不动，说明二极管内部已断路。如果所测量的电阻值为零，说明二极管内部短路。

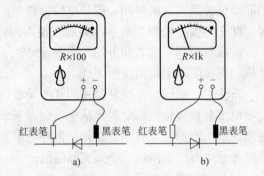

图 1-34 用万用表判断二极管的极性
a) 电阻值小 b) 电阻值大

3. 特殊用途的二极管

（1）稳压二极管

稳压二极管又称齐纳二极管，通过半导体体内特殊工艺的处理之后，使它能够得到很陡峭的反向击穿特性，在电路中需要反接且在电源电压高于它的稳压值时才能稳压，加正向电压时性质与普通二极管相同。

稳压二极管的检测可通过使用万用表 $R \times 100$ 或 $R \times 1k$ 档测量，正向电阻小、反向电阻接近或为无穷大；对于稳压值小于 9V 的稳压二极管，用万用表 $R \times 10k$ 档测反向电阻时，稳压二极管会被击穿，测出的阻值会变小。

（2）发光二极管

发光二极管在日常生活电器中无处不在，它能够发光，有红色、绿色和黄色等，有直径为 3mm 或 5mm 圆形的，也有规格为 2mm×5mm 长方形的。与普通二极管一样，发光二极管也是由半导体材料制成的，也具有单向导电的性质，即只有接对极性其才能发光。

发光二极管的检测可通过使用万用表 $R \times 10k$ 档。测量红外发光二极管的正、反向电阻，通常，正向电阻应在 $30k\Omega$ 左右，反向电阻要在 $500k\Omega$ 以上，这样的管子才可正常使用。要求反向电阻越大越好。检测时，用万用表两表笔轮换接触发光二极管的两管脚。若管子性能良好，必定有一次能正常发光，此时，黑表笔所接的为正极，红表笔所接的为负极。

红外发光二极管有两个管脚，通常长管脚为正极，短管脚为负极。因红外发光二极管呈透明状，所以管壳内的电极清晰可见，内部电极较宽较大的一个为负极，而较窄且小的一个为正极。

（3）红外接收二极管

红外接收二极管的检测方法：

1）识别管脚极性

①从外观上识别。常见的红外接收二极管外观颜色呈黑色。识别引脚时，面对受光窗口，从左至右，分别为正极和负极。另外，在红外接收二极管的管体顶端有一个小斜切平面，通常带有此斜切平面一端的引脚为负极，另一端为正极。

②将万用表置于 $R \times 1k$ 档，用来判别普通二极管正、负电极的方法进行检查，即交换红、黑表笔两次测量管子两管脚间的电阻值，正常时，所得阻值应为一大一小。以阻值较小的一次为准，红表笔所接的管脚为负极，黑表笔所接的管脚为正极。

2）检测性能好坏。用万用表欧姆档测量红外接收二极管正、反向电阻，根据正、反向电阻值的大小，即可初步判定红外接收二极管的好坏。

（4）激光二极管的检测

激光二极管的检测可通过把万用表置于 $R \times 1k$ 档，按照检测普通二极管正、反向电阻的方法，即可将激光二极管的管脚排列顺序确定。但检测时要注意，由于激光二极管的正向压降比普通二极管要大，所以检测正向电阻时，万用表指针仅略微向右偏转而已，而反向电阻则为无穷大。

（5）双向触发二极管

双向触发二极管的检测可通过把万用表置于 $R \times 1k$ 档，测双向触发二极管的正、反向电阻值都应为无穷大。若交换表笔进行测量，万用表指针向右摆动，说明被测管有漏电性故障。

将万用表置于相应的直流电压档。测试电压由绝缘电阻表提供。测试时，摇动绝缘电阻表，万用表所指示的电压值即为被测管子的 V_{BO} 值。然后调换被测管子的两个管脚，用同样的方法测出 V_{BR} 值。最后将 V_{BO} 与 V_{BR} 进行比较，两者的绝对值之差越小，说明被测双向触发二极管的对称性越好。

4. 晶体管的管脚与管型的判断

晶体管的外形如图 1-35 所示。

晶体管有 NPN 型和 PNP 型两种，用万用表的 $R \times 100$ 档或 $R \times 1k$ 档，可测量其好坏。

（1）NPN 型和 PNP 型晶体管的判别

如果能够在某个晶体管上找到一个管脚，将黑表笔接此

图 1-35　常用晶体管的外形

管脚，将红表笔依次接另外两脚，万用表指针均偏转，而反过来，却不偏转，说明此管是 NPN 型管，且黑表笔所接的那一脚为基极。

如果能够在某个晶体管上找到一个脚，将红表笔接此脚，将黑表笔依次接另外两脚，万用表指针均偏转，而反过来，却不偏转，说明此管是 PNP 型管，且红表笔所接的那一脚为基极。

（2）晶体管各电极的判别

按图 1-36 所示的原理图进行判别。也可用舌头来替代手指，舔一下基极和集电极，此时，指针偏转角度更大。

（3）晶体管好坏的判断

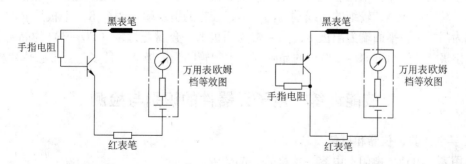

图 1-36　晶体管各电极的判别

晶体管好坏的判断可在 $R \times 100$ 或 $R \times 1k$ 档上进行，如果按照上述方法无法判断出一个晶体管的管型及基极，说明此管损坏。

5. 晶闸管的测量

常见晶闸管的外形如图 1-37 所示。

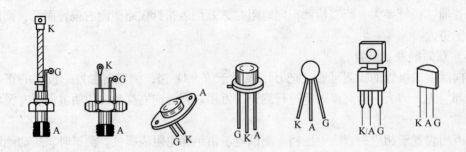

图 1-37　常见晶闸管的外形

晶闸管有阳极、阴极和门极。测量时可用万用表的 $R \times 1k$ 档来测量阳极和阴极的正、反向电阻值，指针指示应保持不动。门极和阴极间是一个 PN 结，故可以用判断二极管的方法来测量。

（1）电极判别

将万用表 $R \times 1k$ 档，测量三脚之间的阻值，阻值小的两脚分别为门极和阴极，所剩的一脚为阳极。再将万用表置于 $R \times 10k$ 档，用手指捏住阳极和另一脚，且不让两脚接触，黑表笔接阳极，红表笔接剩下的一脚，如指针向右摆动，说明红表笔所接为阴极，不摆动则为门极。

（2）判别各电极的好坏

由晶闸管的结构可知，门极 G 和阴极 K 之间是一个 PN 结，由 PN 结的单向导电特性可知，其正、反电阻值相差很大。而门极 G 和阳极 A 之间有两个反向串联的 PN 结，因此无论 A、G 两个电极的电位谁高谁低，两极间总是呈高阻值。所以用万用表可以很方便地测出其电极管脚。将万用表打在 $R \times 100$ 档上，分别测量晶闸管任意两引出脚间的电阻值。随两表笔的调换共进行 6 次测量，其中 5 次万用表的读数应为无穷大，一次读数为几十欧姆。读数为几十欧姆的那一次，黑表笔接的是门极 G，红表笔接的是阴极 K，剩下的管脚便为阳极 A。若在测量中不符合以上规律，说明晶闸管损坏或不良。

※重点提示：单向晶闸管也可以根据其封装形式来判断出各电极。例如，螺栓形晶闸管的螺栓一端为阳极 A，较细的引线端为门极 G，较粗的引线端为阴极 K。平板形晶闸管的引出线端为门板 G，平面端为阳极 A，另一端为阴极 K。金属壳封装（TO－3）的晶闸管，其外壳为阳极 A。塑封（TO－220）的晶闸管的中间管脚为阳极 A，且多与自带散热片相连。

技能训练　电子元器件的识别与检测

1. 实训工具、仪器和设备
万用表、电池、电阻、电容、二极管、晶体管。

2. 实训目标
1）学会常用电子元器件的识别。
2）学会用万用表测量电阻、电容、二极管、晶体管。

3. 实训内容
（1）用万用表测量电阻

1）将6只电阻插在硬纸板上，根据电阻上的色环，读出它们的标称值。

2）将万用表按要求调整好，并置于$R \times 100$档，用欧姆档零位调整旋钮进行调零。

3）分别测量6只电阻，将电阻测量值填在表1-2中，测量时注意读数应乘倍率。

4）若测量时指针偏转角太大或太小，应换档后再测，换档后应再次调零才能使用。

5）相互检查，6只电阻中测量正确的有几只？将测量值和标称值相比较了解各电阻的误差。

6）按要求收好万用表。

表1-2　电阻测量值

电阻的色环						
标称值/Ω						
标称误差						
测量值/Ω						
实测误差						

（2）用万用表测量电容

1）将万用表调整好，置于$R \times 1k$档，用欧姆档零位调整旋钮进行调零。

2）测量1000pF、0.1μF、22nF 3只电容器的绝缘电阻，将测量值填在表1-3中，并观察万用表指针的摆动情况（测量时练习用右手单手持表笔，左手拿电容器）。

3）测量47μF、220μF电解电容器绝缘电阻，将测量值填在表1-3，并观察指针的摆动情况（注意正负表笔的正确接法，每次测试后应将电容器放电）。

表1-3　电容测量值

电容器的标注	1000	104	223	47μF/16V	220μF/50V
电容器标称值					
电容器测量值					
实测误差					

（3）用万用表测量二极管

1）将万用表调整好，置于$R \times 1k$档。用欧姆档零位调整旋钮进行调零。

2）测量二极管的正、反向电阻，将测量值填在表1-4中。

根据测量数据，想一想，什么样的二极管质量较好？

表1-4　二极管测量值

二极管的型号			
正向电压值			
材料类型			

（4）用万用表测量晶体管

1）测CE两极之间电阻。注意表笔接法（NPN型晶体管：黑表笔接C，红表笔接E。PNP型晶体管相反）此值应较大（大于几百千欧）。同时，用手握住管壳，使其升温，这时，电阻值要变小，变化越大，晶体管稳定性越差。将测量值填在表1-5中。

2）在上一步基础上，在BC两极间加接100kΩ电阻（也可用手同时捏住BC两极），观察指针右摆幅度，指针向右摆动幅度越大，晶体管放大能力越大。

表 1 – 5　晶体管测量值

晶体管	9013（NPN）				9012（PNP）			
测量电压值	V_{BE}	V_{BC}	V_{EB}	V_{CB}	V_{BE}	V_{BC}	V_{EB}	V_{CB}
			超量程	超量程	超量程	超量程		
h_{FE}								

思考与练习

1. 常见电阻式电热元件类型有哪些？
2. 简述电子式定时器原理。
3. 简述电容启动运转工作原理。
4. 如何用万用表检测开关电位器？

第2章 电器维修常用工具与仪表的使用

2.1 电器维修常用工具的使用

1. 低压验电器的使用

低压验电器又称试电笔、测电笔（简称电笔）。按其结构形式分为钢笔式和螺钉旋具式两种，按其显示元件不同分为氖管发光指示式和数字显示式两种。

氖管发光指示式验电器由氖管、电阻、弹簧、笔身和笔尖等部分组成，如图 2-1a、b 所示；数字显示式验电器如图 2-1c 所示。

使用低压验电器，必须按图 2-2 所示正确姿势握笔，以食指触及笔尾的金属体，笔尖触及被测物体，使氖管小窗背光朝向测试者。当被测物体带电时，电流经带电体、电笔、人体到大地构成通电回路。只要带电体与大地之间的电位差超过 60V，电笔中的氖管就发光，电压高发光强，电压低发光弱。用数字显示式测电器验电，其握笔方法与氖管指示式相同，但带电体与大地间的电位差在 2～500V 之间，电笔都能显示出来。由此可见，使用数字式测电笔，除了能知道线路或电气设备是否带电以外，还能够知道带电体电压的具体数值。

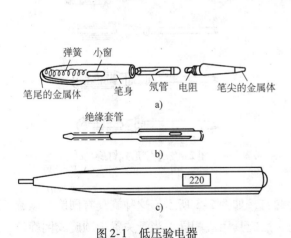

图 2-1 低压验电器

a) 钢笔式 b) 螺钉旋具式 c) 数字显示式

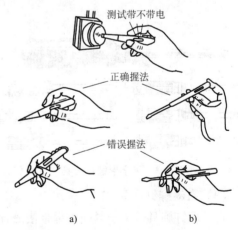

图 2-2 低压验电器的正确握法

a) 钢笔式验电器 b) 螺钉旋具式验电器

※注意：

1) 使用以前，先检查电笔内部有无柱形电阻（特别是借来的、别人借后归还的或长期未使用的电笔更应检查），若无电阻，严禁使用。否则，将发生触电事故。

2) 一般用右手握住电笔，左手背在背后。

3) 人体的任何部位切勿触及与笔尖相连的金属部分。

4) 防止笔尖同时搭在两根电线上。

5）验电前，先将电笔在确实有电处试测，只有氖管发光，才可使用。

6）在明亮光线下不易看清氖管是否发光，应注意避光。

2. 紧固工具

紧固工具用于紧固和拆卸螺钉和螺母。它包括螺钉旋具、螺母旋具和各类扳手等。螺钉旋具俗称螺丝刀、改锥或起子，常用的有一字形、十字形两类，并有自动、电动、风动等形式。

（1）一字形螺钉旋具

这种旋具用来旋转一字槽螺钉，如图 2-3 所示。选用时，应使旋具头部的长短和宽窄与螺钉槽相适应。若旋具头部宽度超过螺钉槽的长度，在旋沉头螺钉时容易损坏安装件的表面；若头部宽度过小，则不但不能将螺钉旋紧，还容易损坏螺钉槽。

头部的厚度比螺钉槽过厚或过薄也不好，通常取旋具刃口的厚度为螺钉槽宽度的0.75～0.8倍。此外，使用时旋具不能斜插在螺钉槽内。

（2）十字形螺钉旋具

这种旋具适用于旋转十字槽螺钉，如图 2-4 所示。选用时应使旋杆头部与螺钉槽相吻合，否则易损坏螺钉槽。十字形螺钉旋具的端头分 4 种槽型：1 号槽型适用于 2～2.5mm 螺钉，2 号槽型适用于 3～5mm 螺钉，3 号槽型适用于 5.5～8mm 螺钉，4 号槽型适用于 10～12mm 螺钉。

使用一字形和十字形螺钉旋具时，用力要平稳，压和拧要同时进行。

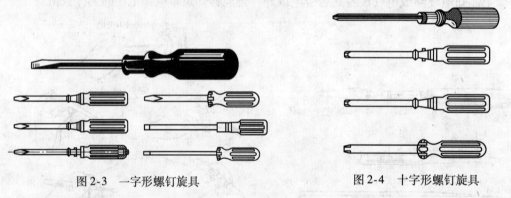

图 2-3　一字形螺钉旋具　　　　　图 2-4　十字形螺钉旋具

（3）自动螺钉旋具

自动螺钉旋具适用于紧固头部带槽的各种螺钉，如图 2-5 所示。这种旋具有同旋、顺旋和倒旋 3 种动作。当开关置于同旋位置时，与一般旋具用法相同。当开关置于顺旋或倒旋位置，在旋具刃口顶住螺钉槽时，只要用力顶压手柄，螺旋杆通过来复孔而转动旋具便可连续顺旋或倒旋。这种旋具用于大批量生产中，效率较高，但使用者劳动强度较大，目前已逐渐被机动螺钉旋具所代替。

图 2-5　自动螺钉旋具

（4）机动螺钉旋具

机动螺钉旋具有电动和风动两种类型，广泛用于流水生产线上小规格螺钉的装卸。小型机动螺钉旋具如图 2-6 所示。这类旋具的特点是体积小、重量轻、操作灵活方便。

机动螺钉旋具设有限力装置，使用中超过规定扭矩时会自动打滑。这对在塑料安装件上装卸螺钉极为有利。

（5）螺母旋具

螺母旋具如图 2-7 所示。它用于装卸六角螺母，使用方法与螺钉旋具相同。

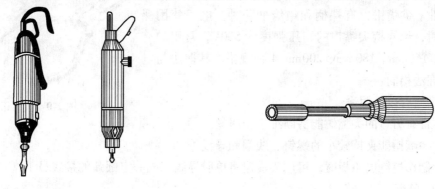

图 2-6　机动螺钉旋具　　　　　　　　　　　图 2-7　螺母旋具

※注意：

1）电器维修时不可使用金属杆直通柄顶的螺钉旋具，否则，很容易造成触电事故。

2）使用螺钉旋具紧固或拆卸带电的螺钉时，手不得触及螺钉旋具的金属杆，以免发生触电事故。

3）为了防止螺钉旋具的金属杆触及皮肤或触及邻近带电体，应在金属杆上套上绝缘管。

3. 钢丝钳

钢丝钳有绝缘柄和裸柄两种，如图 2-8 所示。绝缘柄钢丝钳为电工专用钳（简称电工钳），常用的有 150mm、175mm、200mm 3 种规格。电工禁用裸柄钢丝钳。

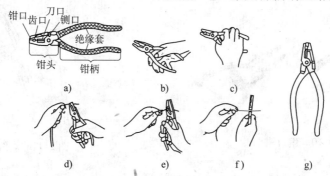

图 2-8　钢丝钳使用方法

a）构造　b）握法　c）紧固螺母　d）绞弯导线　e）剪切导线

f）侧切钢丝　g）裸柄钢丝钳（电工禁用）

电工钳的用法可以概括为 4 句话：剪切导线用刀口，剪切钢丝用侧口，扳旋螺母用齿口，弯绞导线用钳口。

※注意：

1）使用前，应检查绝缘柄的绝缘是否良好。

2）用电工钳剪切带电导线时，不得用钳口同时剪切相线和零线，或同时剪切两根相线。

3）钳头不可代替手锤作为敲打工具使用。

4. 尖嘴钳

尖嘴钳的头部尖细如图 2-9 所示，适于在狭小的工作空间作业。尖嘴钳也有裸柄和绝缘柄两种。电工禁用裸柄尖嘴钳，绝缘柄尖嘴钳的耐压强度为 500V，常用的有130mm、160mm、180mm、200mm 4 种规格。其握法与电工钳的握法相同。

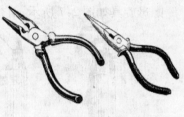

图 2-9　尖嘴钳

尖嘴钳有以下用途：

1）带有刃口的尖嘴钳能剪断细小金属丝。

2）尖嘴钳能夹持较小的螺钉、线圈和导线等。

3）制作控制电路板时，可用尖嘴钳将单股导线弯成一定圆弧的接线鼻子（接线端环）。

5. 偏口钳

偏口钳又称斜口钳，如图 2-10 所示。它主要用于剪切导线，尤其适合用来剪除网绕后元器件多余的引线。剪线时，要使钳头朝下，在不变动方向时可用另一只手遮挡，防止剪下的线头飞出弄伤人的眼睛。

6. 剥线钳

剥线钳是剥削小直径导线接头绝缘层的专用工具。使用时，将要剥削的导线绝缘层长度用标尺定好，右手握住钳柄，用左手将导线放入相应的刃口槽中（比导线直径稍大，以免损伤导线），用右手将钳柄向内一握，导线的绝缘层即被割破拉开自动弹出，如图 2-11 所示。

图 2-10　偏口钳

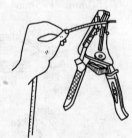

图 2-11　剥线钳

7. 电工刀

电工刀是用来剖削导线线头、切割木台缺口、削制木榫的专用工具，其外形如图 2-12 所示。

※注意：

1）剖削导线绝缘层时，刀口应朝外，刀面与导线应成较小的锐角。

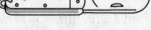

图 2-12　电工刀

2）电工刀刀柄无绝缘保护，不可在带电导线或带电器材上剖削，以免触电。

3）电工刀不许代替手锤敲击使用。

4）电工刀用毕，应随即将刀身折入刀柄。

8. 活扳手的规格

活扳手是用来紧固和拧松螺母的一种专用工具。它由头部和柄部组成，而头部则由活扳唇、呆扳唇、扳口、蜗轮和轴销等构成，如图 2-13 所示。旋动蜗轮就可调节扳口的大小。常用扳手有 150mm、200mm、250mm、300mm 4 种规格。由于它的开口尺寸可以在规定范围内任意调节，所以特别适于在螺栓规格多的场合使用。

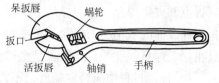

图 2-13　活扳手

使用时应握在接近头部的位置，施力时手指可随时旋调蜗轮，收紧活扳唇，以防打滑。

活扳手的使用注意事项如下：

1）活扳手不可反用，以免损坏活扳唇，也不可用钢管接长手柄来施加较大的力矩。

2）活扳手不可当作撬棒或手锤使用。

9. 电烙铁

电烙铁是钎焊（也称锡焊）的热源，其规格有 15W、25W、35W、75W、100W、300W 等多种。功率在 35W 以上的电烙铁通常用于强电元件的焊接，弱电元件的焊接一般使用功率为 15W、25W 等级的电烙铁。

（1）电烙铁的分类

电烙铁有外热式和内热式两种，如图 2-14 所示。内热式的发热元件在烙铁头的内部，其热效率较高；外热式电烙铁的发热元件在外层，烙铁头置于中央的孔中，其热效率较低。电烙铁的功率应选用适当，功率过大不但浪费电能，而且会烧坏弱电元件；功率过小，则会因热量不够而影响焊接质量（出现虚焊、假焊）。在混凝土和泥土等导电地面使用电烙铁，其外壳必须可靠接地，以免触电。

a)　　　　　　　　　　　　　　　　　b)

图 2-14　电烙铁

a）外热式　b）内热式

（2）钎焊材料的分类

钎焊材料分为焊料和焊剂两种。

1）焊料是指焊锡或纯锡，常用的有锭状和丝状两种。丝状焊料称为焊锡条，通常在其中心包有松香，使用很方便。

2）焊剂有松香、松香酒精溶液（松香 40%、酒精 60%）、焊膏和盐酸（加入适量锌，经过化学反应才可使用）等几种。松香适用于所有电子元器件和小线径线头的焊接；松香酒精溶液适用于小线径线头和强电电路中小容量元件的焊接；焊膏适用于大线径线头的焊接和大截面导体表面或连接处的加固搪锡；盐酸适用于钢制件连接处表面搪锡或钢之间的连接焊接。

（3）电烙铁基本操作方法

1）焊接前用电工刀或纱布清除连接线断的氧化层，然后在焊接处涂上适量的焊剂。

2）将含有焊锡的烙铁焊头先沾一些焊剂，然后对准焊接点下焊，焊头停留时间随焊件大小而定。

3）焊接点必须焊牢焊透，锡液必须充分渗透，焊接处表面应光滑并有光泽，不得有虚假焊点和夹生焊点。虚假焊是指焊件表面没有充分镀上锡，焊件之间没有被锡固定，其原因是焊件表面的氧化层未清除干净或焊剂用得过少。夹生焊是指锡未充分熔化，焊件表面的锡点粗糙，焊点强度低，其原因是烙铁温度不够和烙铁焊头在焊点停留时间太短。

4）使用过程中应轻拿轻放，不得敲击电烙铁，以免损坏内部发热元件。

5）烙铁头应经常保持清洁，使用时可常在石棉毡上擦几下以除去氧化层。使用一段时期后，烙铁头表面可能出现不能上锡（"烧死"）现象，此时可先用刮刀刮去焊锡，再用锉刀清除表面黑灰色的氧化层，重新浸锡。

6）烙铁使用日久，烙铁头上可能出现凹坑，影响正常焊接。此时可用锉刀对其整形，加工到符合要求的形状再浸锡。

7）使用中的电烙铁不可搁在木架上，而应放在特制的烙铁架上，以免烫坏导线或其他物件引起火灾。

8）使用烙铁时不可随意甩动，以免焊锡溅出伤人。

10. 镊子

镊子主要用于电路维修中夹持小型元器件。要求尖端啮合好、弹性好。

11. 钢锯

用来切割各种金属板、敷铜板、绝缘板。安装锯条时，锯齿尖端要朝前方，松紧要适度，太紧太松都易使锯条折断。

12. 手电钻

用于印制电路板或绝缘板上钻孔。常用钻头各种规格的直径一般为 0.08 ~ 6.3mm。

13. 钢锉

用来锉平金属板或绝缘板上的毛刺，锉掉电烙铁头上的氧化物等。

14. 锤子

用于铆钉的铆接等。

15. 剪刀

用于薄板材料的剪切加工。

2.2 指针式万用表的使用

万用表是最常见的电器测量仪表，它既可测量交、直流电压和交、直流电流，又可测量电阻、电容和电感等，用途十分广泛。由于万用表具有功能多、量程宽、灵敏度高、价格低和使用方便等优点，所以它是电工必备的电工仪表之一。

指针式万用表也有很多类型，功能各异，但它们的基本原理和结构及使用方法大同小异。我们现在常用的主要是 MF – 47 型指针式万用表，本节将以 MF – 47 型指针式万用表为例介绍指针式万用表的有关结构组成、使用方法及注意事项。

2.2.1   MF – 47 型普通万用表的结构组成

MF – 47 型普通万用表面板如图 2-15 所示。从图 2-15 可以看出，指针式万用表面板上主要由刻度盘、档位选择开关、旋钮和一些插孔组成。

MF – 47 型普通万用表是磁电系多量程万用表，能测量直流电流、直流电压、交流电压以及直流电阻等多种基本电量，被广泛地应用于电子实验技术和电器的维修和测试之中。

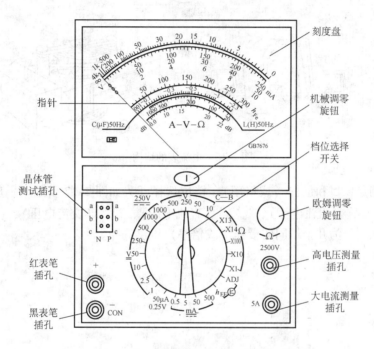

图 2-15   MF – 47 型普通万用表面板

指针式万用表的形式很多，但基本结构是类似的。指针式万用表的结构主要由表头、转换开关（又称选择开关）、测量线路、表笔和表笔插孔 4 部分组成。

1. 表头

采用高灵敏度的磁电系机构，是测量的显示装置。万用表的表头实际上是一个灵敏电流表，测量电阻、电压和电流都经过电路转换成驱动电流表的电流。电流表的结构如图 2-16 所示。表头上的表盘印有多种符号，刻度线和数值。符号 A – V – Ω 表示这只电表是可以测量电流、电压和电阻的多用表。表盘上印有多条刻度线，其中右端标有"Ω"的是电阻刻度线，其右端为零，左端为 ∞，刻度值分布是不均匀的。符号 "==" 或 "DC" 表示直流，"～" 或 "AC" 表示交流，"～" 表示交流和直流共用的刻度线。刻度线下的几行数字是与选择开关的不同档位相对应的刻度值。另外表盘上还有一些表示表头参数的符号：如 DC 20kΩ/V、AC 9kΩ/V 等。表头上还设有机械零位调整旋钮（螺钉），用以校正指针在左端指零位。

2. 转换开关

用来选择被测电量的种类和量程（或倍率），万用表的选择开关是一个多档位的旋转开

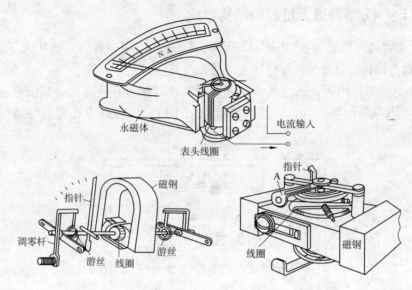

图 2-16　电流表的结构

关，用来选择测量项目和量程（或倍率）。档位选择开关如图 2-17 所示，一般的万用表测量项目包括："mA"（直流电流）、"$\underline{V}$"（直流电压）、"V"（交流电压）、"Ω"（电阻）。每个测量项目又划分为几个不同的量程（或倍率）以供选择。

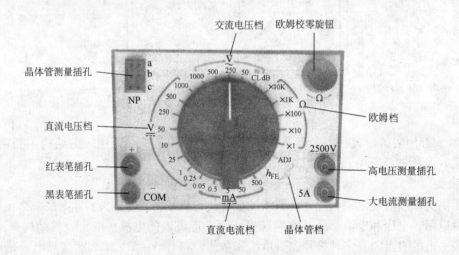

图 2-17　档位选择开关及插孔

3. 测量线路

将不同性质和大小的被测电量转换为表头所能接受的直流电流。图 2-15 为 MF－47 型万用表外形图，该万用表可以测量直流电流、直流电压、交流电压和电阻等多种电量。当转换开关拨到直流电流档，可分别与 5 个接触点接通，用于 500mA、50mA、5mA 、0.5mA 和 50μA 量程的直流电流测量。同样，当转换开关拨到欧姆档，可用×1、×10、×100、×1k、×10k 倍率分别测量电阻；当转换开关拨到直流电压档，可用于 0.25V、1V、2.5V、10V、

50V、250V、500V 和 1000V 量程的直流电压测量；当转换开关拨到交流电压档，可用于10V、50V、250V、500V、1000V 量程的交流电压测量。

4. 表笔和表笔插孔

表笔分为红、黑两只。使用时应将红色表笔插入标有"＋"号的插孔中，黑色表笔插入标有"－"号的插孔中。另外 MF－47 型万用表还提供 2500V 交直流电压扩大插孔以及5A 的直流电流扩大插孔。使用时分别将红表笔移至对应插孔中即可。

2.2.2 MF－47 型普通万用表的使用方法

1. 测量电阻

1）机械调零：将万用表按放置方式（MF－47 型是水平放置）放置好（一放）；看万用表指针是否指在左端的零刻度上（二看）；若指针不指在左端的零刻度上则用一字形螺钉旋具调整机械调零螺钉，使之指零（三调节）。

2）初测（试测）：把万用表的转换开关拨到 $R \times 100$ 档。红、黑表笔分别接被测电阻的两引脚，进行测量。观察指针的指示位置。

3）选择合适倍率：根据指针所指的位置选择合适的倍率。

① 合适倍率的选择标准：使指针指示在中值附近（指针指在中间30°角的位置），这时的读数较精确。最好不使用刻度左边 1/3 的部分，这部分刻度密集，读数偏差较大。即指针尽量指在欧姆档刻度尺的数字 5～50 之间。

② 快速选择合适倍率的选择方法：示数偏大，倍率增大；示数偏小，倍率减小。

※注意：示数偏大或偏小是指相对刻度尺上数字 5～50 的区间而言。在指针指在 5 的右边时称为示数偏小；指针指在 50 的左边时称为示数偏大。

4）欧姆调零：倍率选好后要进行欧姆调零，将两表笔短接后，转动 0Ω 调节旋钮，使指针指在电阻刻度尺右边的"0"Ω 处。

5）测量手势：测量电阻时，用左手握电阻的一端，右手用握筷子的姿势握表笔，使表笔的金属杆与电阻的引脚良好接触，测量时注意手不能同时接触电阻器的两引脚，以免人体电阻的接入影响电阻的测量精度。

6）读数：读数时查看第一条刻度线，观察指针指在何数值上，仔细观察万用表指针指示的刻度值，观察时视线应与表盘垂直，正确读取刻度示值，然后将该数值与档位数相乘，得到的结果就是该电阻的阻值（单位为 Ω），即

$$被测电阻值 = 刻度示值 \times 倍率$$

例如选用 $R \times 100$ 档测量，指针指示 40，则被测电阻值为 $40 \times 100 = 4000\Omega = 4\text{k}\Omega$。

7）欧姆档测量注意事项如下。

① 当电阻连接在电路中时，首先应将电路的电源断开，绝不允许带电测量；若带电测量则容易烧坏万用表，而且也会使测量结果不准确。

② 万用表内干电池的正极与面板上"－"号插孔相连，干电池的负极与面板上的"＋"号插孔相连。在测量电解电容和晶体管等元器件的电阻时要注意极性。

③ 每换一次倍率档，都要重新进行欧姆调零。

④ 不允许用万用表欧姆档直接测量高灵敏度表头内阻。因为这样做可能使流过表头的电流超过其承受能力（微安级）而烧坏表头。

⑤ 不准用两只手同时捏住表笔的金属部分测电阻，否则会将人体电阻并接于被测电阻而引起测量误差，因为这样测得的阻值是人体电阻与待测电阻并联后的等效电阻的阻值，而不是待测电阻的阻值。

⑥ 电阻在路测量时可能会引起较大偏差，因为这样测得的阻值是部分电路电阻与待测电阻并联后的等效电阻的阻值，而不是待测电阻的阻值。最好将电阻的一只引脚焊开进行测量。

⑦ 用万用表不同倍率的欧姆档测量非线性元件的等效电阻时，测出的电阻值是不相同的。这是由于各档位的中值电阻和满度电流各不相同所造成的，机械表中，一般倍率越小，测出的阻值越小（具体内容见二极管、晶体管部分内容）。

⑧ 测量晶体管、电解电容等有极性元器件的等效电阻时，必须注意两支表笔的极性（具体内容见电容器质量判别部分）。

⑨ 测量完毕，将转换开关置于交流电压最高档或空档，如 AC 1000V 档。

2. 测量直流电压

MF-47 型万用表的直流电压档主要有 0.25V、1V、2.5V、10V、50V、250V、500V、1000V、2500V 共 9 档。测量直流电压时首先估计一下被测直流电压的大小，然后将转换开关拨至适当的电压量程（万用表直流电压档标有 "V" 或标 "DCV" 符号），将红表笔接被测电压 "+" 端即高电位端，黑表笔接被测量电压 "−" 端即低电位端。然后根据所选量程与标直流符号 "DC" 刻度线（刻度盘的第二条线）上的指针所指数字，来读出被测电压的大小。例如，用直流 500V 档测量时，被测电压的大小最大可以读到 500V 的指示数值。如用直流 50V 档测量时，这时万用表所测电压的最大值只有 50V 了。

万用表测直流电压的具体操作步骤如下：

1）更换万用表转换开关至合适档位。弄清楚要测的电压性质是直流电，将转换开关转到对应的直流电压最高档位。

2）选择合适量程。根据待测电路中电源电压的大小大致估计一下被测直流电压的大小选择量程。若不清楚电压大小，应先用最高电压档试触测量，后逐渐换用低电压档直到找到合适的量程为止。

电压档合适量程的标准是指针尽量指在刻度盘的满偏刻度的 2/3 以上位置（与欧姆档合适倍率标准有所不同，要注意）。

3）测量方法。万用表测电压时应使万用表与被测电路相并联。将万用表红表笔接被测电路的高电位端即直流电流流入端，黑表笔接被测电路的低电位端即直流电流流出端。例如测量干电池的电压时，我们将红表笔接干电池的正极，黑表笔接干电池的负极。

4）正确读数。

① 找到所读电压刻度尺：仔细观察表盘，直流电压档刻度线应是表盘中的第二条刻度线。表盘第二条刻度线下方有 V 符号，表明该刻度线可用来读交直流电压。

② 选择合适的标度尺：在第二条刻度线的下方有 3 个不同的标度尺，0−50−100−150−200−250、0−10−20−30−40−50、0−2−4−6−8−10。根据所选用不同量程选择合适标度尺，例如：0.25V、2.5V、250V 量程可选用 0−50−100−150−200−250 这一标度尺来读数；1V、10V、1000V 量程可选用 0−2−4−6−8−10 标度尺；50V、500V 量程可选

用 0 – 10 – 20 – 30 – 40 – 50 这一标度尺。因为这样读数比较容易、方便。

③ 确定最小刻度单位：根据所选用的标度尺来确定最小刻度单位。例如，用 0 – 50 – 100 – 150 – 200 – 250 标度尺时，每一小格代表 5 个单位；用 0 – 10 – 20 – 30 – 40 – 50 标度尺时，每一小格代表 1 个单位；用 0 – 2 – 4 – 6 – 8 – 10 标度尺时，每一小格代表 0.2 个单位。

④ 读出指针示数大小：根据指针所指位置和所选标度尺读出示数大小。例如，指针指在 0 – 50 – 100 – 150 – 200 – 250 标度尺的 100 向右过 2 小格时，读数为 110。

⑤ 读出电压值大小：根据示数大小及所选量程读出所测电压值大小。例如：所选量程是 2.5V，示数是 110（用 0 – 50 – 100 – 150 – 200 – 250 标度尺读数的），则该所测电压值是 $110/250 \times 2.5V = 1.1V$。

⑥ 读数时，视线应正对指针：即只能看见指针实物而不能看见指针在弧形反光镜中的像所读出的值。如果被测的直流电压大于 1000V 时，则可将 1000V 档扩展为 2500V 档。方法很简单，转换开关置 1000V 量程，红表笔从原来的"＋"插孔中取出，插入标有 2500V 的插孔中即可测 2500V 以下的高电压了。

3. 测量交流电压

MF – 47 型万用表的交流电压档主要有 10V、50V、250V、500V、1000V、2500V 共 6 档。交流电压档的测量方法同直流电压档测量方法相同，不同之处就是转换开关要放在交流电压档处以及红黑表笔搭接时不需再分高、低电位（正负极）。

万用表测直流电压的具体操作步骤如下：

1）更换万用表转换开关至合适档位。弄清楚要测的电压性质是交流电，将转换开关转到对应的交流电压最高档位。

2）选择合适量程。根据待测电路中电源电压大小大致估计一下被测交流电压的大小选择量程。若不清楚电压大小，应先用最高电压档试触测量，后逐渐换用低电压档直到找到合适的量程为止。

电压档合适量程的标准是指针尽量指在刻度盘的满偏刻度的 2/3 以上位置（与欧姆档合适倍率标准有所不同，要注意）。

3）测量方法。万用表测电压时应使万用表与被测电路相并联，红、黑表笔分别接被测电压两端（交流电压无正负之分，故红、黑表笔可随意接）。

4）正确读数：读数时查看第二条刻度线，读数方法与直流电压的测量读数相同，此处不再重复讲述交流电压读数方法了。

4. 测量直流电流

MF – 47 型万用表的直流电流档主要有 500mA、50mA、5mA、0.5mA 和 50μA 共 6 档。测量直流电流时首先估计一下被测直流电流的大小，然后将转换开关拨至适当的电流量程。

万用表测直流电流的具体操作步骤如下：

1）机械调零。和测量电阻、电压一样，在使用之前都要对万用表进行机械调零。机械调零的方法同前面测电阻、测电压的机械调零操作一样。此处不再重复述说，一般经常用的万用表不需每次都进行机械调零。

2）选择量程。根据待测电路中电源的电流大致估计一下被测直流电流的大小，选择量程。若不清楚电流的大小，应先用最高电流档（500mA 档）测量，逐渐换用低电流档，直至找到合适的电流档（标准同测电压）。

3）测量方法。使用万用表电流档测量电流时，应将万用表串联在被测电路中，因为只有串联连接才能使流过电流表的电流与被测支路电流相同。测量时，应断开被测支路，将万用表红、黑表笔串接在被断开的两点之间。特别应注意电流表不能并联接在被测电路中，这样做是很危险的，极易使万用表烧毁。同时注意红、黑表笔的极性，红表笔要接在被测电路的电流流入端，黑表笔接在被测电路的电流流出端（同直流电压极性选择一样）。

4）正确使用刻度和读数。万用表测直流电流时选择表盘刻度线同测电压时一样，都是第二条（第二条刻度线的右边有 mA 符号）。其他刻度特点、读数方法同测电压一样。如果测量的电流大于 500mA 时，可选用 5A 档。将转换开关置于 500mA 档量程，红表笔从原来的"+"插孔中取出，插入万用表右下角标有 5A 的插孔中即可测 5A 以下的大电流了。

5. 测量晶体管放大倍数

晶体管具有放大功能，它的放大能力用数值表示就是放大倍数。如果想知道一个晶体管的放大倍数，可以用万用表进行检测。

晶体管类型有 PNP 型和 NPN 型两种，它们的检测方法是一样的。晶体管的放大倍数测量主要分为以下几步。

1）欧姆校零：将档位选择开关拨至"ADJ"档位，然后调节欧姆校零旋钮，让指针指到标有"h_{FE}"刻度线的最大刻度"300"处，实际上指针此时也指在欧姆刻度线"0"刻度处。

2）档位选择：将档位选择开关置于"h_{FE}"档。

3）根据晶体管的类型和引脚的极性将晶体管插入相应的测量插孔，PNP 型晶体管插入标有"P"字样的插孔，NPN 型晶体管插入标有"N"字样的插孔。

4）读数：读数时查看标有"h_{FE}"字样的第四条刻度线，观察指针所指的刻度数，如发现指针指在第四条刻度线的"230"刻度处，则该晶体管放大倍数为 230 倍。

注意事项：

1）每次测量前对万用表都要做一次全面检查，以核实表头各部分的位置是否正确。

2）测量时，应用右手握住两支表笔，手指不要触及表笔的金属部分和被测元器件。

3）测量过程中不可转动转换开关，以免转换开关的触头产生电弧而损坏开关和表头。

4）使用 $R \times 1$ 档时，调零的时间应尽量缩短，以延长电池使用寿命。

5）在万用表使用后，应将转换开关旋至空档或交流电压最大量程档。

6）切勿带电测量，否则不仅测量结果不准确，而且还可能烧坏万用表。若电路中有电容，则应先放电。

7）使用间歇中，不可使两表笔短接，以免浪费电池的电能。

8）不可用欧姆档直接测量检流计、标准电池等的内阻。

9）使用欧姆档判别仪表的正负端或半导体器件的正、反向电阻时，万用表的"+"端应与内附干电池的负极相连，而"-"端或"*"端则应与内附干电池的正极相连。也就是说，黑色表笔为正端，红色表笔为负端。

10）测量时，要注意其两端有无并联电阻，若有，应先断开一端再进行测量。

2.3 数字万用表的使用

2.3.1 数字万用表的结构组成

1. 数字万用表的面板介绍

数字万用表的种类很多，但使用方法基本相同，本节就以 VC9805A$^+$ 型数字万用表为例来说明数字万用表的使用方法。VC9805A$^+$ 型数字万用表面板如图 2-18 所示。

从图 2-18 可以看出，数字万用表面板上主要由液晶显示屏、按键、档位选择开关和各种插孔组成。

（1）液晶显示屏

在测量时，数字万用表是依靠液晶显示屏（简称显示屏）显示数字来表明被测对象的量值大小的。图中的液晶显示屏可以显示 4 位数字和一个小数点，选择不同档位时，小数点的位置会改变。

（2）按键

VC9805$^+$ 型数字万用表面板上有 3 个按键，左边标"POWER"的为电源开关键，按下时内部电源启动，万用表可以开始测量；弹起时关闭电源，万用表无法进行测量。中间标"HOLD"的为锁定开关键，

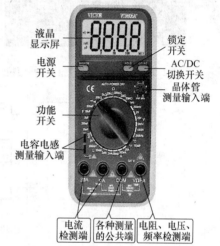

图 2-18　VC9805A$^+$ 型数字万用表面板

当显示屏显示的数字变化时，可以按下该键，显示的数字保持稳定不变。右边标"AC/DC"的为 AC/DC 切换开关键。

（3）档位选择开关

在测量不同的量时，档位选择开关要置于相应的档位。档位选择开关如图 2-19 所示，档位有直流电压档、交流电压档、交流电流档、直流电流档、温度测量档、容量测量档、二极管测量档和欧姆档及晶体管测量档。

（4）插孔

面板上的插孔如图 2-20 所示。标"VΩHz"的为红表笔插孔，在测电压、电阻和频率时，红表笔应插入该插孔；标"COM"的为黑表笔插孔；标"mA"为小电流插孔，当测 0 ~ 200mA 电流时，红表笔应插入该插孔；标"20A"为大电流插孔，当测 200mA ~ 20A 电流时，红表笔应插入该插孔。

2. 数字万用表的组成

数字万用表的组成框图如图 2-21 所示。

从图中可以看出，数字万用表是由档位选择开关、功能转换电路和数字电压表组成。数字电压表只能测直流电压，由 A - D 转换电路、数据处理电路和显示器构成。它通过 A - D 转换电路将输入的直流电压转换成数字信号，再经数据处理电路处理后送到显示器，将输入的直流电压的大小以数字的形式显示出来。

图 2-19 档位选择开关及各种档位

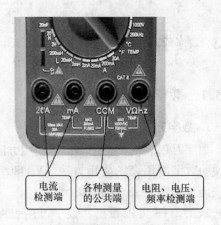

图 2-20 面板上的插孔

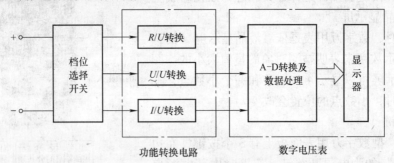

图 2-21 数字万用表的组成框图

2.3.2 数字万用表的应用

1. 测量电压

1）打开数字万用表的开关后，将红、黑表笔分别插入数字万用表的电压检测端 VΩHz 插孔与公共端 COM 插孔，如图 2-22 所示。

2）旋转数字万用表的功能旋钮，将其调整至直流电压检测区域的 20 档，如图 2-23 所示。

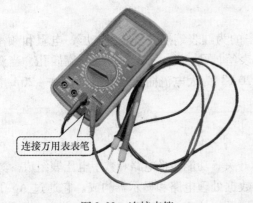

图 2-22 连接表笔

图 2-23 调整功能旋钮至电压档

3）将数字万用表的红表笔连接待测电路的正极，黑表笔连接待测电路的负极，如图 2-24所示，即可检测出待测电路的电压值。

2. 测量电流

1）打开数字万用表的电源开关，如图 2-25 所示。

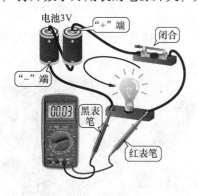

图 2-24　检测电压

图 2-25　打开电源开关

2）将数字万用表的红、黑表笔分别连接到数字万用表的负极性表笔连接插孔和"10A MAX"表笔插孔，如图 2-26 所示，以防止电流过大无法检测数值。

3）将数字万用表功能旋钮调整至直流电流档最大量程处，如图 2-27 所示。

图 2-26　连接表笔

图 2-27　调整数字万用表量程

4）将数字万用表串联入待测电路中，红表笔连接待测电路的正极，黑表笔连接待测电路的负极，如图 2-28 所示，即可检测出待测电路的电流值。

3. 测量电容器

1）打开数字万用表的电源开关后，将数字万用表的功能旋钮旋转至电容检测区域，如图 2-29 所示。

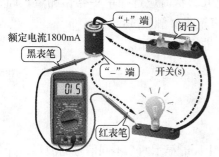

图 2-28　检测电流

图 2-29　调整电容检测档

2）将待测电容器的两个引脚，插入数字万用表的电容检测插孔，如图2-30所示，即可检测出该电容器的容量值。

4. 测量晶体管

1）将数字万用表的电源开关打开，并将数字万用表的功能旋钮旋转至晶体管检测档，如图2-31所示。

图2-30　检测电容器　　　　　　　图2-31　功能开关调整至晶体管检测档

2）将已知的待测晶体管，根据晶体管检测插孔的标识插入晶体管检测插孔中，如图2-32所示，即可检测出该晶体管的放大倍数。

5. 数字万用表的使用注意事项

1）在测量电阻时，应注意一定不要带电测量。

2）在刚开始测量时，数字万用表可能会出现跳数现象，应等到LCD（液晶显示屏）上所显示的数值稳定后再读数，这样才能确保读数的正确。

3）注意数字万用表的极限参数。掌握出现过载显示、极限显示、低电压指示以及其他声光报警的特征。

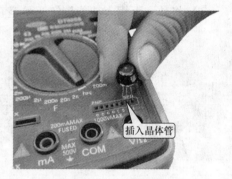

图2-32　检测晶体管

4）在更换电池或熔丝前，请将测试表笔从测试点移开，再关闭电源开关。

5）严禁在测量的同时拨动量程开关，特别是在高电压、大电流的情况下，以防产生电弧烧坏将转换开关的触点烧毁。

6）在测量高压时要注意安全，当被测电压超过几百伏时应选择单手操作测量，即先将黑表笔固定在被测电路的公共端，再用一只手持红表笔去接触测试点。

7）在电池没有装好和电池后盖没安装时，不要进行测试操作。

8）换功能和量程时，表笔应离开测试点。

2.4　电子示波器

双踪示波器具有两个信号输入端，可以在显示屏上同时显示两个不同信号的波形，并且可以对两个信号的频率、相位、波形等进行比较。普通示波器通常指中频示波器，一般适合于测量中高频信号，在1～40MHz之间，常见的类型有20MHz、30MHz、40MHz信号示波器。

2.4.1　UC8040 双踪示波器的外形结构和面板

UC8040 双踪示波器的外形结构和面板如图 2-33 所示。

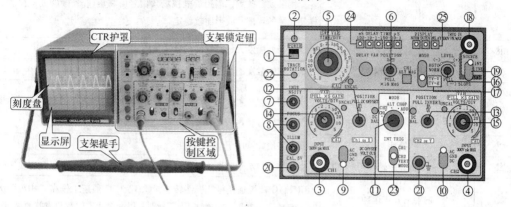

图 2-33　UC8040 双踪示波器的外形结构和面板

各控制旋钮和按键的功能列于表 2-1 中。

表 2-1　UC8040 面板介绍

序号	控制件名称	功　　能
①	电源开关	按下开关键，电源接通；弹起开关键，断电
②	指示灯	按下开关键，指示灯亮；弹起开关键，灯灭
③	CH1 信号输入端	被测信号的输入端口：左为 CH1 通道
④	CH2 信号输入端	被测信号的输入端口：右为 CH2 通道
⑤	扫描速度调节旋钮	用于调节扫描速度，共 20 档
⑥	水平移位旋钮	用于调节轨迹在屏幕中的水平位置
⑦	亮度旋钮	调节扫描轨迹亮度
⑧	聚焦旋钮	调节扫描轨迹清晰度
⑨	耦合方式选择键	用于选择 CH1 通道被测信号馈入的耦合方式，有 AC、GND、DC 3 种方式
⑩	耦合方式选择键	用于选择 CH2 通道被测信号馈入的耦合方式，有 AC、GND、DC 3 种方式
⑪	方式（垂直通道的工作方式选择键）	CH1 或 CH2：通道 CH1 或通道 CH2 单独显示； 交替（ALT）：两个通道交替显示； 断续（CHOP）：两个通道断续显示，用于在扫描速度较低时的双踪显示； 相加（ADD）：用于两个通道的代数和或差的显示
⑫	垂直移位旋钮	用于调整 CH1 通道轨迹的垂直位置
⑬	垂直移位旋钮	用于调整 CH2 通道轨迹的垂直位置
⑭	垂直偏转因数旋钮	用于 CH1 通道垂直偏转灵敏度的调节，共 10 档
⑮	垂直偏转因数旋钮	用于 CH2 通道垂直偏转灵敏度的调节，共 10 档
⑯	触发电平旋钮	用于调节被测信号在某一电平触发扫描

（续）

序号	控制件名称	功　　能
⑰	电视场触发	专用触发源按键，当测量电视场频信号时将旋钮置于 TV – V 位置，这样使观测的场信号波形比较稳定
⑱	外触发输入	在选择外触发方式时触发信号输入插孔
⑲	触发源选择键	用于选择触发的源信号，从上至下依次为：INT、LINE、EXT
⑳	校准信号	提供幅度为 0.5V、频率为 1kHz 的方波信号，用于检测垂直和水平电路的基本功能
㉑	接地	安全接地，可用于信号的连接
㉒	轨迹旋转	当扫描线与水平刻度线不平行时，调节该处可使其与水平刻度线平行
㉓	内触发方式选择	CH1、CH2 通道信号的极性转换，CH1、CH2 通道工作在"相加"方式时，选择"正常"或"倒相"可分别获得两个通道代数和或差的显示
㉔	延迟时间选择	设置了 5 个延迟时间档位供选择使用
㉕	扫描方式选择键	自动：信号频率在 20Hz 以上时选用此种工作方式 常态：无触发信号时，屏幕无光迹显示，在被测信号频率较低时选用 单次：只触发一次扫描，用于显示或拍摄非重复信号

2.4.2　UC8040 双踪示波器测量实例

1）首先将示波器的电源线接好，接通电源，其操作如图 2-34 所示。

图 2-34　接通电源

2）开机前检查键钮，键钮初始设置如图 2-35 所示。

3）按下示波器的电源开关（POWER），电源指示灯亮，表示电源接通，其操作如图 2-36 所示。

4）调整扫描线的亮度，其操作如图 2-37 所示。

5）调整显示图像的水平移位旋钮，使示波器上显示的波形在水平方向，其操作如图 2-38 所示。

6）调整垂直移位旋钮，使示波器上显示的波形在垂直方向，其操作如图 2-39 所示。

7）将示波器的探头（BNC 插头）连接到 CH1 或 CH2 垂直输入端，另一端的探头接到示波器的标准信号端口，显示窗口会显示出方波信号波形，检查示波器的准确度，其操作如图 2-40 所示。

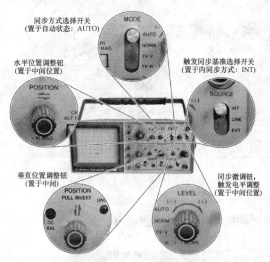

图 2-35　开机前检查键钮

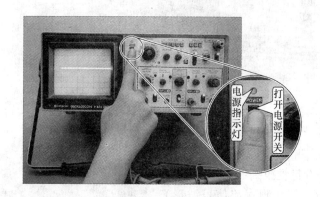

图 2-36　按下示波器的电源开关

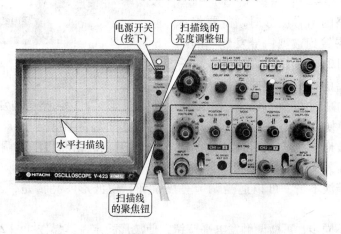

图 2-37　示波器各个键钮初始状态示意图

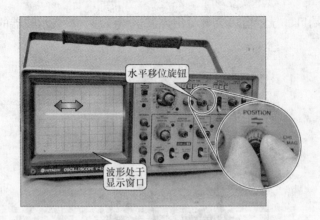

图 2-38　调整水平移位旋钮

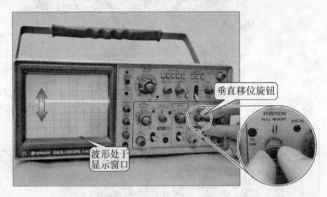

图 2-39　调整垂直移位旋钮

8）估计被测信号的大小，初步确定测量示波器的档位，操作如图 2-41 所示。

9）将耦合方式选择键拨到"AC"（测交流信号波形）或"DC"（测直流信号波形）位置，其操作如图 2-42 所示。

10）测量电路的信号波形时，需要将示波器探头的接地夹接到被测信号发生器的地线上，其操作如图 2-43 所示。

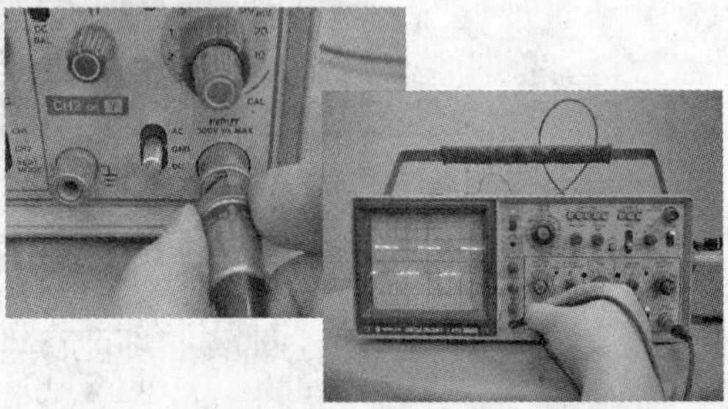

图 2-40　检测示波器的准确度

11）将示波器的探头（带挂钩端）接到被测信号发生器的高频调幅信号的输出端，一边观察波形，一边调整信号发生器的幅度调整钮、频率调整钮，使波形大小适当，便于读数，其操作如图 2-44 所示。

12）若信号波形有些模糊，可以适当调节示波器聚焦旋钮和幅度微调旋钮、频率微调旋钮，使波形清晰，其操作如图 2-45 所示。

13）若波形暗淡不清，可以适当调节亮度旋钮，使波形明亮清楚，其操作如图 2-46 所示。

14）若波形不同步，可微调触发电平旋钮，使波形稳定，其操作如图 2-47 所示。

15）观察波形，读取并记录波形相关的参数，图 2-48 所示为利用示波器测量信号发生器高频调幅信号的波形。

图 2-41　确定测量示波器的档位

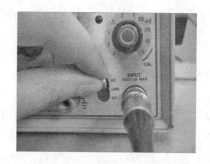

图 2-42　选择耦合方式

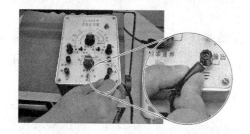

图 2-43　示波器探头的连接

图 2-44　示波器的探头与信号发生器连接

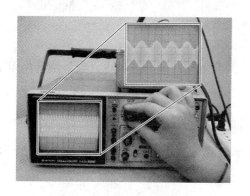

图 2-45　波形调整

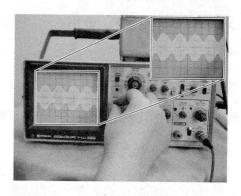

图 2-46　调节亮度旋钮

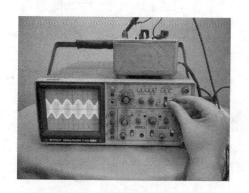

图 2-47　微调触发电平旋钮

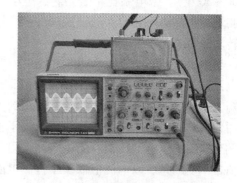

图 2-48　信号发生器高频调幅信号

2.4.3 UC8040 双踪示波器使用注意事项

关于电子示波器的维护应做到如下几点。

1）使用时不要把"辉度"调得太亮，也不要使光点长久停在一点上。

2）暂不使用时，可不必关断电源，只需把辉度调暗一些。

3）探头使用时，不能用力拉扯，以免损坏。

4）示波器面板上各旋钮及开关，尽量减少拨动次数，以免缩短寿命。

5）使示波器在正常的、符合产品技术指标规定的环境条件下工作。通常示波器应在20℃、室内无阳光或无强光直射、附近无强电磁场等环境中进行测试工作。

6）在使用过程中，不要频繁开机与关机，并检查所用电源电压指标及使用的熔丝是否符合规定，防止仪器的电气损坏。

7）不要打开示波器机箱，将其裸露电路板、示波管或显示器时进行工作或放置，这样既不安全，又容易使仪器内的元器件、部件附着尘土或机械撞损，尤其是大多数以 CRT 为显示器的电子示波器。加速阳极电压都在千伏以上到万伏级，更应注意保管和安全操作。

8）较长时间不经使用的示波器应定期对示波器进行吹风除尘并通电几小时，进行检验性的调节和测试，在通电工作的过程中，可达到驱除仪器内潮气、水分和保持仪器具有良好的电气性能与绝缘强度的目的，并可以防止开关、按键锈蚀。

2.5 绝缘电阻表的使用

绝缘电阻表，曾称兆欧表、摇表，是专门用来测量电气线路和各种电气设备绝缘电阻的便携式仪表，它的计量单位是兆欧（MΩ）。

2.5.1 绝缘电阻表的组成及工作原理

绝缘电阻表的主要组成部分是一个磁电系比率表和一只手摇发电机，如图 2-49 所示。发电机是绝缘电阻表的电源，可以采用直流发电机，也可以用交流发电机与整流装置配用。直流发电机的容量很小，但电压很高（100～500V）。磁电系比率表是绝缘电阻表的测量机构，由固定的永久磁铁和可在磁场中转动的两个线圈组成。

当用手摇动发电机时，两个线圈中同时有电流通过，在两个线圈上产生方向相反的转矩，指针就随这两个转矩的合成转矩的大小而偏转某一角度，这个偏转角度取决于上述两个线圈中电流的比值。由于附加电阻的阻值是不变的，所以电流值取决于待测电阻值的大小。

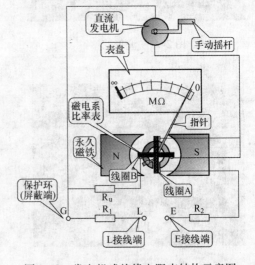

图 2-49　发电机式绝缘电阻表结构示意图

2.5.2 绝缘电阻表的结构

绝缘电阻表的结构图如图 2-50 所示。

1. 手动摇杆

绝缘电阻表的手动摇杆如图 2-50 所示。

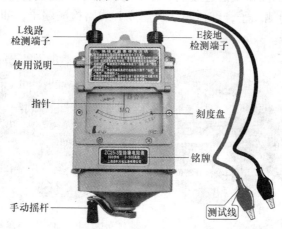

图 2-50 绝缘电阻表的结构

2. 刻度盘

绝缘电阻表的刻度盘如图 2-51 所示。

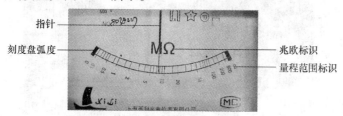

图 2-51 绝缘电阻表的刻度盘

3. 检测端子

绝缘电阻表的检测端子如图 2-52 所示。

图 2-52 检测端子

4. 测试线

绝缘电阻表的测试线如图 2-53 所示。

2.5.3　绝缘电阻表的使用

1. 绝缘电阻表的使用方法

1）拧松绝缘电阻表的 L 线路检测端子和 E 接地检测端子，如图 2-54 所示。

2）将绝缘电阻表的测试线的连接端子分别连接到绝缘电阻表的两个检测端子上，即黑色测试线连接 E 接地检测端子，红色测试线连接 L 线路检测端子，如图 2-55 所示，并拧紧绝缘电阻表的检测端子。

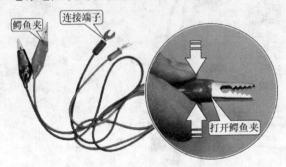

图 2-53　测试线

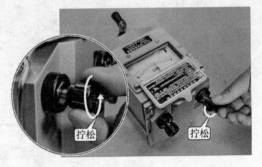

图 2-54　拧松绝缘电阻表检测端子

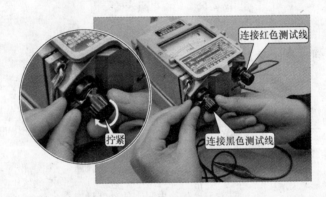

图 2-55　连接绝缘电阻表与测试线

3）连接被测设备，顺时针摇动摇杆，观察被测设备的绝缘电阻值，如图 2-56 所示。

图 2-56　观察设备的绝缘电阻

4）检测电力/电器设备（如三相电动机、洗衣机、电冰箱等）的绝缘电阻时，将红色测试线连接待测设备的电源线，黑色测试线连接待测设备的外壳（接地）线，如图2-57所示。

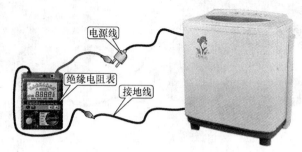

图 2-57　检测洗衣机的绝缘性能

2. 绝缘电阻表的应用

（1）检测电动机的绝缘电阻

1）将高压电动机放置在地面上，并连接绝缘电阻表与测试线，如图2-58所示。

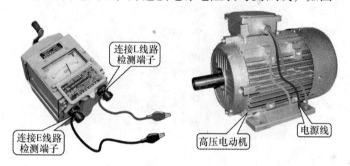

图 2-58　连接绝缘电阻表与测试线

2）使用绝缘电阻表的红色测试线与电动机的一根电源线连接，黑色测试线连接电动机的外壳（接地线），如图2-59所示。

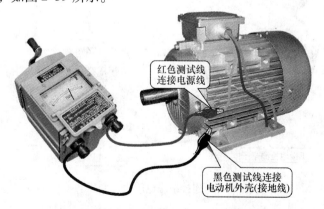

图 2-59　连接绝缘电阻表与电动机

3）用力按住绝缘电阻表，顺时针由慢渐快地摇动摇杆，如图2-60所示，此时，即可检测出高压电动机的绝缘电阻值为500MΩ左右，若测得电动机的阻抗远小于500MΩ，则表明该电动机已经损坏，需要及时进行检测或更换。

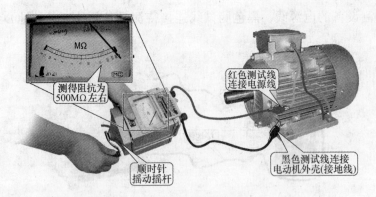

图 2-60　检测高压电动机绝缘电阻

（2）检测变压器的绝缘电阻（见图 2-61）

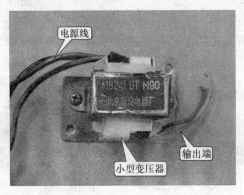

图 2-61　小型变压器

1）将绝缘电阻表与测试线连接完成后，使用绝缘电阻表的红色测试线，连接变压器电源线的其中一根电线，黑色测试线连接变压器的外壳（接地线），如图 2-62 所示。

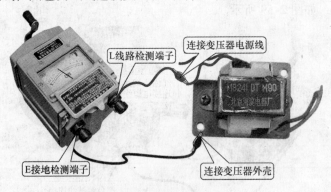

图 2-62　连接绝缘电阻表与变压器

2）按住绝缘电阻表，按顺时针的旋转方向由慢渐快地摇动绝缘电阻表摇杆，如图 2-63 所示。

若检测出变压器的绝缘电阻趋于无穷大，表明该变压器的绝缘性能良好；若检测测得的绝缘电阻值接近于零，则表明该变压器已经损坏，需要进行更换。

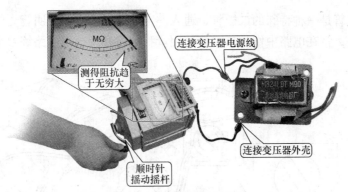

图 2-63　检测变压器绝缘电阻

2.5.4　绝缘电阻表的使用注意事项

1）绝缘电阻表在不使用时应放置于固定的地点，环境气温不宜太冷或太热。切忌将绝缘电阻表放置在潮湿、脏污的地面上，并避免将其置于有害气体的空气中，如酸碱等蒸气。

2）应尽量避免剧烈、长期的振动，防止表头轴尖受损，影响仪表的准确度。

3）接线柱与被测量物体间连接的导线不能用绞线，应分开单独连接，以防止因绞线绝缘不良而影响读数。

4）用绝缘电阻表测量含有较大电容的设备，测量前应先进行放电，以保障设备及人身安全。测量后应将被测设备对地放电。

5）在雷电及临近带高压导电的设备时，禁止用绝缘电阻表进行测量，只有在设备不带电又不可能受其他电源感应而带电时，才能使用绝缘电阻表进行测量。

6）在使用绝缘电阻表进行测量时，用力安装绝缘电阻表，防止绝缘电阻表在摇动摇杆时晃动。

7）转动摇手柄时由慢渐快，如发现指针指零时，则不要继续用力摇动，以防止绝缘电阻表内部线圈损坏。

8）测量设备的绝缘电阻时，必须先切断设备的电源。

9）测量时，切忌将两根测试线绞在一起，以免造成测量数据的不准确。

10）测量完成后应立即对被测设备进行放电，并且绝缘电阻表的摇杆未停止转动和被测设备未放电前，不可用手去触及被测物的测量部分或拆除导线，以防止触电。

技能训练一　万用表的操作使用

1. 实训工具、仪器和设备

万用表、螺钉旋具、尖嘴钳、电子元器件。

2. 实训目标

1）掌握万用表的使用方法和操作技巧。

2）能够使用万用表完成检测操作。

3. 实训内容

（1）测量直流电压

将发光二极管和电阻、电位器接成图 2-64 所示的电路，旋转电位器使发光二极管正常发光。发光二极管是一种特殊的二极管，通入一定电流时，它的透明管壳就会发光。发光二极管有多种颜色，常在电路中作为指示灯使用。我们将利用这个电路练习用万用表测量电压和电流。

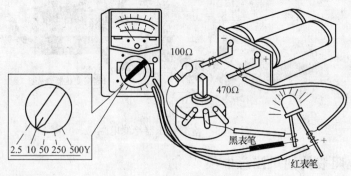

图 2-64　用万用表测电压

测量步骤：

1）按图 2-64 连接电路。电路不做焊接。可采用图 2-65 所示方法将导线两端绝缘皮剥去，缠绕在元器件接点或引线上。注意相邻接点间引线不可相碰。

2）检查电路无误后接通电源，旋转电位器发光二极管亮度将发生变化。使发光二极管亮度适中。

3）将万用表按前面讲的使用前应做到的要求准备好，并将选择开关置于 10V 档。

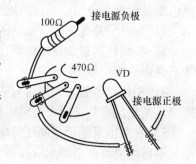

图 2-65　电路的连接方法

4）手持表笔绝缘杆，将红、黑表笔分别接触电池盒正、负两极引出焊片，测量电源电压，正确读出电压数值。

记录：电源电压为_____ V。

5）将万用表红、黑表笔按图 2-64 接触发光二极管两引脚，测量发光二极管两极间电压，正确读出电压数值。

记录：发光二极管两端电压为_____ V。

6）用万用表测量固定电阻器两端电压。首先判断红、黑表笔应接触的位置，然后测量。

记录：固定电阻器两端电压为_____ V。

在以上测量中，哪一项电压值若小于 2.5V，可将万用表选择开关换为 2.5V 档再测量一次，比较两次测量结果（换量程后应注意刻度线的读数）。

7）测量完毕，断开电路电源。按前面讲的万用表使用后应做到的要求收好万用表。

(2) 测量直流电流

1）选择量程：万用表直流电流档标有 "mA"，有 1mA、10mA、100mA 3 档量程。选择量程，应根据电路中的电流大小。如不知电流大小，应选用最大量程。

2）测量方法：万用表应与被测电路串联。应将电路相应部分断开后，将万用表表笔接在断点的两端。红表笔应接在和电源正极相连的断点，黑表笔接在和电源负极相连的断点（见图 2-66）。

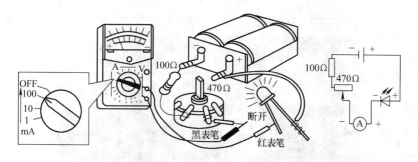

图2-66　用万用表测电流

3）正确读数：直流电流档刻度线仍为第二条，如选100mA档时，可用第三行数字，读数后乘10即可。

测量步骤

1）按图2-65连接电路，使发光二极管正常发光。

2）按前面讲的使用前的要求准备好万用表并将选择开关置于mA档100mA量程。

3）如图2-66所示，断开电位器中间接点和发光二极管负极间引线，形成"断点"。这时，发光二极管熄灭。

4）将万用表串接在断点处。红表笔接发光二极管负极，黑表笔接电位器中间接点引线。这时，发光二极管重新发光。万用表指针所指刻度值即为通过发光二极管的电流值。

5）正确读出通过发光二极管的电流值。

记录：通过发光二极管的电流为_____mA。

6）旋转电位器转柄，观察万用表指针的变化情况和发光二极管的亮度变化，可以看出：_____。

记录：通过发光二极管的最大电流是_____mA。最小电流是_____mA。

通过以上操作，我们可以进一步体会电阻器在电路中的作用。

7）测量完毕，断开电源，按要求收好万用表。

技能训练二　电子示波器的应用

1. 实训工具、仪器和设备

电子示波器、电磁炉、螺钉旋具、尖嘴钳

2. 实训目标

1）掌握示波器的使用方法和操作技巧。

2）能够使用示波器完成检测操作。

3. 实训内容

1）按下示波器的电源开关（POWER），电源指示灯亮，表示电源接通，其操作如图2-67所示。

2）调整显示图像的水平移位旋钮，使示波器上显示的波形在水平方向，其操作如图2-68所示。

3）调整垂直移位旋钮，使示波器上显示的波形在垂直方向，其操作如图2-69所示。

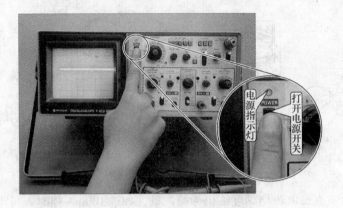

图 2-67 按下示波器的电源开关

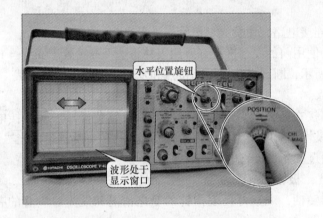

图 2-68 调整水平位置旋钮

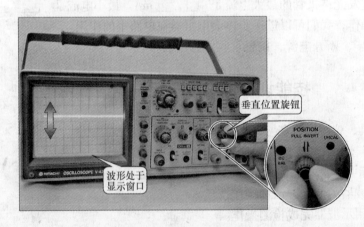

图 2-69 调整垂直位置旋钮

4）将示波器探头连接在示波器自身的基准 0.5V 信号输出端，显示窗口会显示出 1000Hz 的方波信号波形，可以使用螺钉旋具调整示波器探头上的校正螺钉对探头进行校正，使显示器波形正常，其操作如图 2-70 所示，该项调整完成后即可对实际电路进行检测。

5）检测电磁炉的控制电路，把示波器探极鱼夹端接电路板地。如图 2-71 所示。

6）检测操作显示电路板上的集成电路 74H164 的引脚波形时，可在电路板背面的引脚

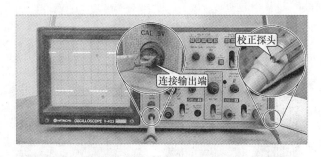

图 2-70 示波器探头的校正

焊点处进行检测。74H164 集成电路的①脚和②脚为输入脉冲信号（以检测①脚波形为例），两引脚波形相似，其操作如图 2-72 所示。

图 2-71 进行接地保护

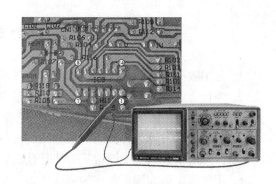

图 2-72 检测①脚的波形

7）检测 74H164 集成电路的③脚、④脚、⑤脚的信号波形（以检测③脚的波形为例）。③脚、④脚、⑤脚的信号波形虽有不同之处，但在示波器上不易观察出来，都属于集成电路输出信号的波形，其操作如图 2-73 所示。

8）检测 74H164 集成电路的⑥脚、⑩脚的信号波形（以检测⑩脚的波形为例），属于集成电路输出的信号波形，其操作如图 2-74 所示。

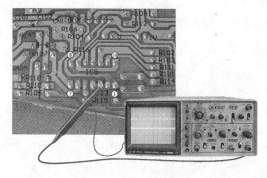

图 2-73 检测③脚的波形

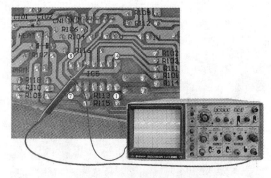

图 2-74 检测⑩脚的波形

9）检测⑪脚、⑫脚、⑬脚的波形（以检测⑫脚的波形为例），这些波形也都是输出信号的波形，只是波形形状有所变化，其操作如图 2-75 所示。

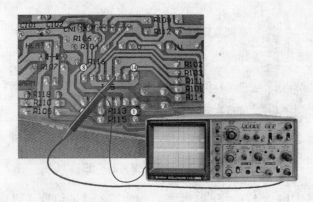

图 2-75　检测⑫脚的波形

思考与练习

1. 万用表一般由哪几部分组成？各部分的作用是什么？
2. 为什么万用表的欧姆档不能带电测量电阻？
3. 用数字万用表测量交流电压的操作步骤及注意事项是什么？
4. 用双踪示波器怎样测量信号电压的幅值？怎样测量信号的周期？
5. 钳形电流表测量交流电流方法是什么？
6. 用绝缘电阻表测量前应做哪些准备工作？

第3章 厨房煮烤用具

3.1 自动保温电饭锅

电饭锅是家庭中最常用的电热炊具之一。目前，电饭锅国内生产品种较多，已形成国家标准。

3.1.1 电饭锅的种类

按其加热方式的不同，可分为直接加热式（发热元件发出的热量直接传递给内锅）和间接加热式（将外锅水加热产生蒸汽，再利用蒸汽蒸饭）两种。

按其结构形式的不同，可分为整体式（分为单层、双层和三层）和组合式。若按控制方式的不同，可分为自动保温式，定时启动保温式和电脑控制式。目前普遍使用的多是双层自动保温式电饭锅和电子保温电饭锅。

电饭锅的结构形式虽多，但主要是由外壳、内锅、锅盖、电热管、温控元件、指示灯、开关及电源插座等几部分组成。图 3-1 所示为自动保温式电饭锅结构示意图。

各部分的作用如下：

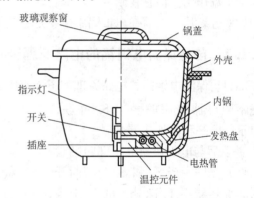

图 3-1 自动保温式电饭锅结构图

1. 外壳

外壳一般用冷轧钢板一次拉伸成形，表面再经喷漆、电镀、烤花等工艺处理，达到美观耐用等要求。

2. 内锅

一般用薄铝板一次拉伸成形。底部成球面状，以保证与加热器外体形面良好的接触，以提高热效率。内锅上部边缘向外翻卷，以防止溢出的汤水流入外壳内，可避免电器部分受损。

3. 加热器

一般采用管状电热元件浇铸合金制成，使之具有足够的机械强度和良好的导热性能，为保证绝缘性能，管状导热元件的顶部需用密封材料密封，如图 3-2 所示。

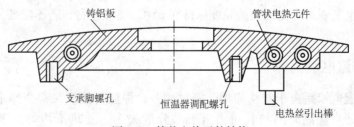

图 3-2 管状电热元件结构

4. 磁钢限温器

自动保温式电饭锅的温度控制装置一般由磁钢限温器和双金属片恒温器组成。

磁钢限温器的主要作用是当锅内的米饭煮熟时，使电路自动断电，加热器停止工作，以免米饭被煮焦。磁钢限温器的结构如图 3-3 所示，图中的感温磁钢是用感温磁性材料制成的温控元件，它的磁导率随本身温度的变化而呈非线性变化。在锅内温度小于 100℃ 时，感温磁钢具有磁性，而与永久磁铁吸合，电流通过加热器加热。当锅内温度超过感温磁钢的居里点 (103 ± 2)℃ 时，感温磁钢失去磁性，结

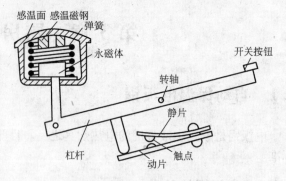

图 3-3　磁钢限温器的结构图

果因永磁体的重力及弹簧的作用力，导致开关触点分离，电路断开，加热器停止加热，起到自动限温作用。但它在断电后不能自动复位。

双金属片恒温器在电饭锅中主要是起到保温作用，恒温器的动作温度为 (65 ± 5)℃。

3.1.2　自动保温电饭锅的电路原理

自动保温电饭锅的电路原理如图 3-4 所示。从图中可以看出双金属片控制的触点 S_2 和磁钢限温器控制的触点 S_1 并联，指示灯电路和电加热器并联。S_1 和 S_2 并联后与电加热器电路（包括指示灯）串联。当 S_1 和 S_2 全部断开时，加热器不工作，S_1 和 S_2 中有一个或全部接通时，电热器即开始工作。

当接上电源后，由于电饭锅处于冷态，S_2 处于闭合状态，电路接通，指示灯亮，电加热器升温。按下键 S_1，电路升温，当锅内温度高

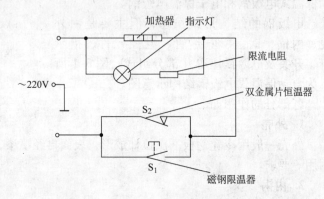

图 3-4　自动保温电饭锅电路原理图

于 65℃ ±5℃ 时，S_2 断开，此时只靠 S_1 接通电路。当温度继续上升至居里点温度（103℃ ± 2℃）时，感温磁钢控制器失磁，S_1 自动断开，指示灯熄灭，电加热器断电停止工作。之后，电饭锅温度逐渐下降，当温度下降至 65℃ ±5℃ 时，电饭锅进入自动保温状态，依靠双金属片恒温器的反复断通，使锅内的温度保持在 65℃ ±5℃ 左右，若不需要保温，可拔下电源插头即可。

3.1.3　电子保温电饭锅

普通自动保温电饭锅由于结构简单，密封性差，保温时热源又都全部来自锅底的电热丝，其功率偏大，当保温时间较长时，由于水分散失多，受热不均匀，米饭的上层就会变硬。

电子保温电饭锅在结构上做了很大改进，如图3-5所示。采用了密封式三层结构，密封性能好，保温受热均匀，热效率达85%。电子保温电饭锅比普通电饭锅多设置了锅体加热器、锅盖加热器、感温开关、双向晶闸管和由磁钢限温器控制的微动开关等部件。

煮饭的加热板与普通加热器一样，受磁钢限温器的微动开关"煮饭"档（C-NC）接通控制，当锅体温度达到103℃时，微动开关煮饭档自动断开，并使微动开关"保温"档（C-NO）接通。

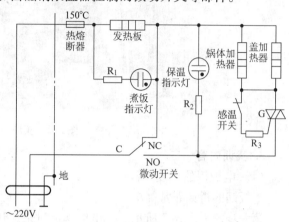

图3-5　电子保温电饭锅电路原理图

锅盖加热器与锅体加热器并联，保温时一起进入工作状态，并受双向晶闸管的控制。双向晶闸管又由置于外壳与内壳间的感温开关（热敏元件）进行触发控制。由于感温开关的可靠性、稳定性及控制精度都非常好，由此，当锅体温度下降至70℃以下时，感温开关导通，双向晶闸管触发导通，于是220V电源经微动开关、双向晶闸管、锅体及锅盖加热器、煮饭电热板形成回路、电饭锅进入低功率（78℃）自动保温阶段。

在供电回路中还串联一只热熔断器，当磁钢限温器失灵或其他原因使锅体温度超过150℃时，及时熔断，切断电源，有效地防止锅体和电热器损坏。

3.1.4　电饭锅的日常保养知识

电饭锅使用时间长了就会出现内锅底与电热盘接触面积减少的现象，致使热效益降低，烧饭时间延长。为避免这种现象，使用中应注意3点：

1）尽量避免内锅底外侧、电热盘上部沾上异物。严禁内锅、电热盘与其他硬物碰撞，以防变形。

2）如内锅底有变形，可将内锅放在电热盘上转动一会，这时拿起观看，会发现有少许小的亮点，可用刀具将其轻轻刮掉或用细砂纸磨去，但切忌太深。

3）内锅放入热盘之前，应用毛巾将其外侧和电热盘表面擦净。异物用百洁布沾肥皂或洗衣粉液清洗擦拭。

技能训练一　美的 PCJ405 电饭锅温度控制器的故障检修

1. 实训工具、仪器和设备

万用表、螺钉旋具、电烙铁、钢丝钳、尖嘴钳、电饭锅等实训工具如图3-6所示。

2. 实训目标

1）熟悉电饭锅的电路。

2）掌握电饭锅常见故障的排除方法。

3）掌握电饭锅主要零部件的检测方法。

4）能够分析电饭锅常见故障的原因并会检修。

图 3-6　实训使用工具

3. 实训内容

（1）电饭锅的拆装

电饭锅的拆卸非常简单。

第一步，如图 3-7 所示。把电饭锅倒过来，让其底部朝上，在底部边上有一个较大的螺钉，用十字形螺钉旋具拧下来，按照顺时针旋转，就可以把底盖打开。

第二步，如图 3-8 所示。将底盖轻轻掀起。就可以看到内部主要零件。

安装时要对准
内部的切槽

图 3-7　拆卸电饭锅　　　　　　　图 3-8　电饭锅内部结构

电饭锅安装时，如图 3-8 所示，要注意对准底部切口。

（2）电饭锅温控器的故障分析和维修

电饭锅的常见故障：实物图中的磁钢限温器是一个温度控制器，限定温度是（103 ± 2）℃，温控器的起跳温度是 70℃左右，温控器实物如图 3-9 所示。

1）主加热器不热。先检查按键开关的触点能否闭合，其次 FU 是否熔断。若正常则是主加热器烧坏，常温阻值约 53.8Ω，若为无穷大则坏，换主加热器。

2）饭熟后不能断开电源。先检查内锅与磁钢限温器之间有无异物引起接触不良。若接触正常，则是按键开关联动机构不灵活，予以整形理顺，使其触点正常通断。

3）机械联动装置失灵。原因有二：一是止动杆未离开定时器上的小摆轮，调整止动杆或副杠杆凸块的

图 3-9　电饭锅的温控器

弯曲角度，二是副杠杆摆动受阻，调整副杠杆支点上的螺钉，使其摆动自如。这个方法就是：把锅放平稳后，在内锅中注入 20 ~ 30mL 的水，通电，先不按下加热开关，这样因为里面的温控器是通的，所以电饭锅能够加热，如果不能加热，看指示灯亮否，如亮，就是加热盘故障，需要换新的，如果指示灯不亮也不加热，可能是温控器不通电，或者电源线问题。

在加热时因为温控器的温度是 70℃左右，所以在当水的温度上升到水开始冒泡时（这时的温度就是 70℃左右），温控器应该断开，然后等水温下降后再重新加热，如果一直加热或者不加热，就是温控器有毛病。

这一切都正常了，就可以把加热开关按下，这时，水的温度就会一直上升到水的沸点，等水烧干后，锅的温度到达 103℃左右时，加热开关就应该跳起，加热停止，否则就是磁钢有故障，这个过程应该在 1min 左右。

4. 其他常见故障

1）指示灯不亮：原因是电源线烧断，修理或换新的；温控器触点接触不良，用砂纸打磨干净后即可排除；指示灯若本身故障，则换新的；温度熔丝烧断。

2）发热盘故障：不加热，换新的；能发热，但是发热盘变形了，也要换新的。

3）煮饭夹生：原因是有磁钢损坏，磁钢的起跳温度不到 103℃就起跳，造成煮饭的温度和时间都达不到正常值，造成夹生；磁钢调试不当，重新调整；加热开关触点接触不良，用砂纸打磨干净。

4）煮饭糊：原因是温控器的触点烧结不能断开，这样一直加热，就会把饭烧糊；磁钢污渍，把它清理干净后再重新装好；磁钢的内部的弹簧弹力减弱，需要换新的；另外，温控器的起跳温度过高时，也会造成烧糊饭。

技能训练二　奔腾电饭锅的故障检修

1. 实训工具、仪器和设备

万用表、螺钉旋具、电烙铁、钢丝钳、尖嘴钳、电饭锅等实训工具如图 3-10 所示。

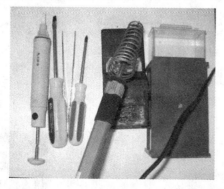

图 3-10　实训使用工具

2. 实训目标

1）熟悉电饭锅的电路。

2）掌握电饭锅常见故障的排除方法。

3）掌握电饭锅主要零部件的检测方法。

4）能够分析电饭锅常见故障的原因并会检修。

3. 实训内容

（1）电饭锅的拆装

电饭锅的拆卸非常简单。把电饭锅倒过来，让其底部朝上，在底部边上有一个较大的螺钉，用十字形螺钉旋具拧下来，按照顺时针一旋转，就可以把底盖打开。如图 3-11 所示。

图 3-11　电饭锅的拆卸

安装按照相反的顺序，对准底部的切口。

（2）故障维修

1）插上电源插头后指示灯不亮。

故障原因：

① 电饭锅电路与电源未接通；

② 指示灯降压电阻脱焊开路；

③ 降压电阻本身开路；

④ 指示灯损坏。

处理方法：

① 检查开关、插头、插座、熔丝、电源线等是否完好，相互连接是否正确；

② 若发现脱焊，重新焊好；

③ 更换降压电阻；

④ 更换指示灯。

2）电热盘不发热。

电热盘实物如图 3-12 所示。

故障原因：

① 电源未接通；

② 发热元件本身开路。

处理方法：

① 断电后检查插头、插座接触是否良好，用万用表欧姆档检测电源引线是否断路；

② 开关键按下后，检查按键开关触点能否接触良好，若接

图 3-12　电热盘

触不良，则应修理或更换开关；

③ 用万用表欧姆档检查电热元件是否烧断，若开路则应更换。

3）煮饭生熟不均。

故障原因：

① 电热元件老化，温度有差异；

② 电热盘发热不均；

③ 电饭锅底粘有污物或内胆底变形使锅胆与电热盘接触不均匀，使锅底传热不均。

处理方法：

① 更换电热元件；

② 换质量好的电热盘；

③ 清除锅底污物将内锅底整形，使整个锅底与电热盘保持良好接触，受热均匀。

4）不能自动保温。

故障原因：

① 磁控触点控温螺钉松动，保温温度降低；

② 磁控触点温控器的瓷珠脱落；

③ 磁控触点温控器触点弹簧片老化失效；

④ 感温热敏开关损坏；

处理方法：

① 仔细调整控温螺钉，试验正常后封漆固定；

② 用合适的胶重新粘上瓷珠；

③ 更换磁控触点温控器；

④ 换新的感温开关；

⑤ 用万用表检查后，换新品，异物则清除之。

5）煮焦饭。

感温磁钢在 103～105℃时不能动作，磁钢限温器实物如图 3-13 所示。

图 3-13　磁钢限温器

故障原因：

① 感温磁钢失灵；

② 感温磁钢不能紧贴内锅底；

③ 内锅底变形或有氧化层。

处理方法：

① 换磁钢；

② 将内锅左右转动一下再放稳或打磨磁钢限温器与内锅底接触面，使之互相吻合；

③ 将内锅底整形，如有氧化层或异物。

6）电饭锅外壳带电。

故障原因：

① 电源线绝缘层破裂；

② 电热管封口材料熔化，导致电热体与外壳相碰；

③ 电路部分浸水或受潮；

④ 插头、插座、开关等部件的绝缘物损坏脱落，或积存的油腻污物太多，绝缘性能降低；

⑤ 发热体中的绝缘云母片脱落或破损，致使电热体与外壳相碰。

处理方法：

① 用绝缘胶布包好导线绝缘破裂处或更换电源线；

② 对电热管重新进行封口或更换电热管；

③ 对浸水或受潮部位进行烘干处理；

④ 更换已损坏的插头、插座、开关，清除油腻污物；

⑤ 换入新云母片。

7）接上电源，熔丝立即烧断。

故障原因：

① 电源线绝缘层损坏，引起零线和相线相碰；

② 内部电路中有局部短路故障；

③ 开关组件绝缘损坏，造成触点短路。

处理方法：

① 用绝缘胶布包好损坏处，或更换电源线；

② 卸下密封底板，仔细检查控温器、电热体及各导线连接处，找出局部短路处并妥善处理；

③ 修补损坏的绝缘物或更换开关组件。

8）水烧不开。

故障原因：

电热盘与内锅底存在空隙。

处理方法：

提高电热盘位。

9）饭焦，磁钢联杆不能落下，复位。

故障原因：

① 磁钢限温器中的压紧弹簧性不足；

② 异物卡死弹簧。

处理方法：

① 将弹簧拆下拉长一点增加弹性或换新弹簧；

② 排除异物。

10）按键按不下。

故障原因：

① 联杆顶住磁钢；

② 内胆没放好。

处理方法：

① 检查按键和感温磁钢机构，并排除故障；

② 放好内胆。

11）接通电源，按下开关，锅盘发热但红色指示灯不亮。

故障原因：

① 氖泡与电路接触不良；

② 氖泡坏；

③ 氖灯限流电阻短路或断路。

处理方法：

① 检查并排除故障；

② 用万用表检查，不通则换新的氖泡；

③ 用万用表检查，换电阻。

3.2　电磁炉

电磁炉，也叫电磁灶，是一种新型电热炊具。

电磁炉具有热效率高、安全可靠、清洁卫生、控温准确的特点。

电磁炉的规格以其功率划分有 800W、1000W、1200W、1400W、1600W 等。一般说，1000W 以下的电磁炉，火力显得不足，因此选功率略大一些的为好。

3.2.1　电磁炉的分类与结构

1. 电磁炉的分类

（1）低频电磁炉

低频电磁炉是直接使用频率为 50Hz 的交流电，通过感应线圈，产生交变磁场而进行工作。其优点是结构简单、性能可靠、寿命长、成本低。缺点是电感材料使用铁心和铜线，体积和重量较大，工作时振动和噪声也较大。

（2）高频电磁炉

高频电磁炉采用电器元件和电子线路，将工频 50Hz 交流电通过整流后输出直流电，再经转换调节线路和输入控制电路，产生振荡频率为 20kHz 的电流，再输送给电感线圈，产生交变磁场而进行工作。其优点是大量采用了电子电器元件，体积小，不像工频感应线圈那样消耗大量的材料，热效率高；缺点是线路结构复杂，价格高。

2. 电磁炉的结构

电磁炉的结构如图 3-14 所示，主要由加热线圈、灶台面板、基本电路以及安全保护电路等部分及烹饪锅组成。

（1）加热线圈

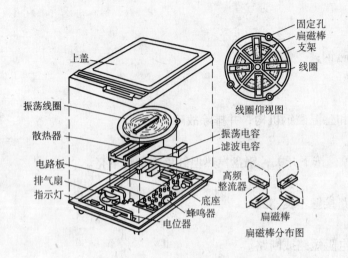

图 3-14 高频电磁炉结构图

电磁炉的加热线圈呈平板状，一般用 20 根直径 0.31mm 漆包线绞合绕制而成。为了消除平板线圈产生的磁场对平板线圈下方电路的影响，在线圈底部粘有 4 块 60mm × 15mm × 5mm 的铁氧体（扁磁棒），用以减小磁场对电路的影响。

（2）灶台面板

电磁炉对灶台面板有绝热、绝缘、不导磁的特殊要求，同时要求其具有良好的耐热性（约 300℃），有较好的机械硬度，有一定的热冲击强度和机械冲击强度，有良好的绝缘性及耐水、耐腐蚀性能等。

（3）冷却部分

电磁炉的冷却部分主要靠电风扇，通过对流循环空气对整体元件、逆变元件等进行冷却和防止锅体热量传给电器元件而影响电气部分工作的可靠性。

（4）烹饪部分

电磁炉的烹饪部分主要指锅体和锅盖。电磁炉的锅体对材料要求很严格，从发热效率、发热量、振动和耐腐蚀、外观卫生等角度出发，选用不锈钢—铁—不锈钢—铝 4 层复合材料制成的锅较为理想。

（5）电气控制辅助部分

这部分包括电源开关和电源指示灯、定时开关和定时指示灯、保温开关和保温指示灯、功率输出开关和输出功率强弱指示灯等。当电源接通时，指示灯亮，电磁炉即开始工作，工作状态由各按钮所处位置进行控制。

（6）电气线路部分

这部分主要由主电路、整流电路、逆变电路、控制电路、保护电路、继电器和电风扇电路等部分组成，典型电路如图 3-15 所示。这些部分的作用是把电源低频电流转换为电磁炉所需要的高频电流，以便使电磁炉按要求工作。

3.2.2 电磁炉的加热原理

电磁炉的加热原理与其他电器有所不同，它是利用电磁感应原理实现加热的，如图 3-16 所示。加热线圈相当于变压器的一次侧，烹饪锅相当于变压器的二次侧，励磁铁心位于感

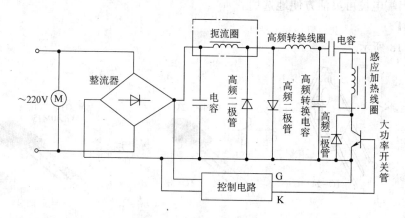

图 3-15　电磁炉电气原理图

应线圈中间，起到集中磁力线的作用，灶面板相当于变压器的气隙。当电磁炉接通电源，交变电流通过其感应线圈时，就产生出交变磁场，当磁场的磁力线穿过灶具上的金属锅底时，又产生出感应电流，这一电流在锅体内形成闭合回路，即涡流。涡流通过锅体材料的阻抗转变成热能，从而完成电能转换热能的任务，达到烹饪食物的目的。

3.2.3　特殊零件简介

1. LM339 集成电路

LM339 集成块采用 C－14 型封装，图 3-17 为外形及引脚排列图。由于 LM339 使用灵活，应用广泛，所以世界上各大 IC 生产厂、公司竞相推出自己的比较器，如 IR2339、ANI339、SF339 等，它们的参数基本一致，可互换使用。

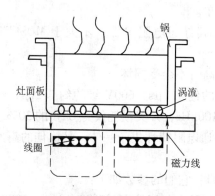

图 3-16　电磁炉的加热原理

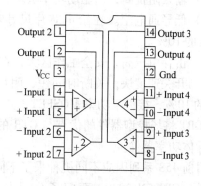

图 3-17　LM339 集成电路

LM339 集成块内部装有 4 个独立的电压比较器，该电压比较器的特点是：

1）失调电压小，典型值为 2mV；

2）电源电压范围宽，单电源为 2～36V，双电源电压为 ±1V～±18V。

3）对比较信号源的内阻限制较宽；

4）共模范围很大；

5）差动输入电压范围较大，大到可以等于电源电压；

6）输出端电位可灵活方便地选用。

2. IGBT

如图 3-18 所示。

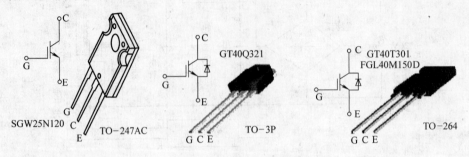

SGW25N120　　TO-247AC　　　GT40Q321　　　TO-3P　　　GT40T301 FGL40M150D　　TO-264

图 3-18　IGBT 电路符号与外形

绝缘栅双极型晶体管（Iusulated Gate Bipolar Transistor, IGBT），是一种集 BJT 的大电流密度和 MOSFET 等电压激励场控型器件优点于一体的高压、高速大功率器件。

目前有用不同材料及工艺制作的 IGBT，但它们均可被看做是一个 MOSFET 输入跟随一个双极型晶体管放大的复合结构。

IGBT 有 3 个电极（见上图），分别称为栅极 G（也叫门极）、集电极 C（亦称漏极）及发射极 E（也称源极）。

从 IGBT 的下述特点中可看出，它克服了功率 MOSFET 的一个致命缺陷，就是于高压大电流工作时，导通电阻大，器件发热严重，输出效率下降。

IGBT 的特点如下：

1）电流密度大，是 MOSFET 的数十倍。

2）输入阻抗高，栅驱动功率极小，驱动电路简单。

3）低导通电阻。在给定芯片尺寸和 BV_{ceo} 下，其导通电阻 $R_{ce(on)}$ 不大于 MOSFET 的 $R_{ds(on)}$ 的 10%。

4）击穿电压高，安全工作区大，在瞬态功率较高时不会受损坏。

5）开关速度快，关断时间短，耐压 1～1.8kV 的约 1.2μs、600V 级的约 0.2μs，约为 GTR 的 10%，接近于功率 MOSFET，开关频率直达 100kHz，开关损耗仅为 GTR 的 30%。

IGBT 将场控型器件的优点与 GTR 的大电流低导通电阻特性集于一体，是极佳的高速高压半导体功率器件。

目前 458 系列因应不同机种采了不同规格的 IGBT，它们的参数如下：

1）SGW25N120——西门子公司出品，耐压 1200V，电流容量 25℃ 时 46A，100℃ 时 25A，内部不带阻尼二极管，所以应用时须配套 6A/1200V 以上的快速恢复二极管（VD_{11}）使用，该 IGBT 配套 6A/1200V 以上的快速恢复二极管（VD_{11}）后可代用 SKW25N120。

2）SKW25N120——西门子公司出品，耐压 1200V，电流容量 25℃ 时 46A，100℃ 时 25A，内部带阻尼二极管，该 IGBT 可代用 SGW25N120，代用时将原配套 SGW25N120 的 VD_{11} 快速恢复二极管拆除不装。

3）GT40Q321——东芝公司出品，耐压 1200V，电流容量 25℃ 时 42A，100℃ 时 23A，内部带阻尼二极管，该 IGBT 可代用 SGW25N120、SKW25N120，代用 SGW25N120 时请将原

配套该 IGBT 的 VD_{11} 快速恢复二极管拆除不装。

4）GT40T101——东芝公司出品，耐压 1500V，电流容量 25℃时 80A，100℃时 40A，内部不带阻尼二极管，所以应用时须配套 15A/1500V 以上的快速恢复二极管（VD_{11}）使用，该 IGBT 配套 6A/1200V 以上的快速恢复二极管（VD_{11}）后可代用 SGW25N120、SKW25N120、GT40Q321，配套 15A/1500V 以上的快速恢复二极管（VD_{11}）后可代用 GT40T301。

5）GT40T301——东芝公司出品，耐压 1500V，电流容量 25℃时 80A，100℃时 40A，内部带阻尼二极管，该 IGBT 可代用 SGW25N120、SKW25N120、GT40Q321、GT40T101，代用 SGW25N120 和 GT40T101 时请将原配套该 IGBT 的 VD_{11} 快速恢复二极管拆除不装。

6）GT60M303——东芝公司出品，耐压 900V，电流容量 25℃时 120A，100℃时 60A，内部带阻尼二极管。

3.2.4 电路框图

如图 3-19 所示。

3.2.5 主电路原理分析

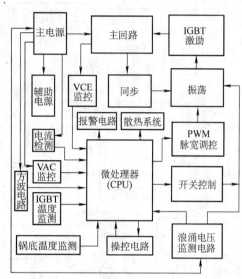

图 3-19 电路框图

如图 3-20 所示。图 3-21 为科龙 458 系列电磁炉整机电路。

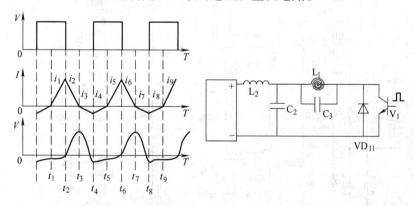

图 3-20 主电路原理图

时间 $t_1 \sim t_2$ 时当开关脉冲加至 V_1 的 G 极时，V_1 饱和导通，电流 i_1 从电源流过 L_1，由于线圈感抗不允许电流突变。所以在 $t_1 \sim t_2$ 时间 i_1 随线性上升，在 t_2 时脉冲结束，V_1 截止，同样由于感抗作用，i_1 不能立即变 0，于是向 C_3 充电，产生充电电流 i_2，在 t_3 时间，C_3 电荷充满，电流变 0，这时 L_1 的磁场能量全部转为 C_3 的电场能量，在电容两端出现左负右正，幅度达到峰值电压，在 V_1 的 CE 极间出现的电压实际为逆程脉冲峰压 + 电源电压，在 $t_3 \sim t_4$ 时间，C_3 通过 L_1 放电完毕，i_3 达到最大值，电容两端电压消失，这时电容中的电

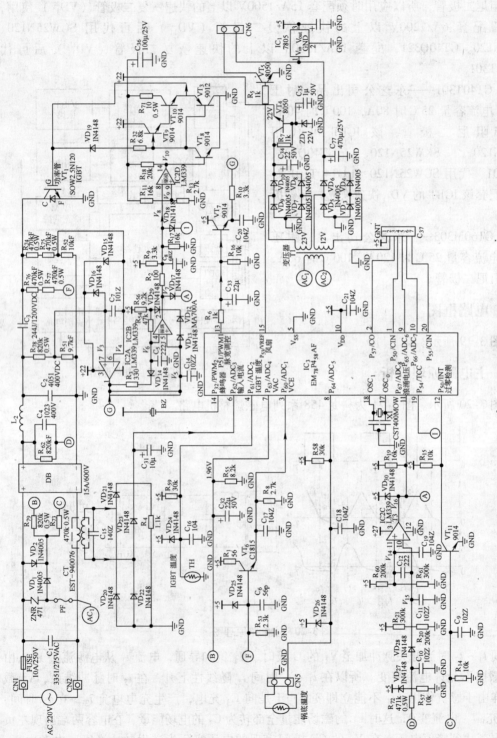

图 3-21 科龙 458 系列电磁炉整机电路

能又全部转为 L_1 中的磁能，因感抗作用，i_3 不能立即变 0，于是 L_1 两端电动势反向，即 L_1 两端电位左正右负，由于阻尼管 VD_{11} 的存在，C_3 不能继续反向充电，而是经过 C_2、VD_{11} 回流，形成电流 i_4，在 t_4 时间，第二个脉冲开始到来，但这时 V_1 的 V_E 为正，V_C 为负，处于反偏状态，所以 V_1 不能导通，待 i_4 减小到 0，L_1 中的磁能放完，即到 t_5 时 V_1 才开始第二次导通，产生 i_5 以后又重复 $i_1 \sim i_4$ 过程，因此在 L_1 上就产生了和开关脉冲 $f(20 \sim 30\text{kHz})$ 相同的交流电流。$t_4 \sim t_5$ 的 i_4 是阻尼管 VD_{11} 的导通电流。

在高频电流一个电流周期里，$t_2 \sim t_3$ 的 i_2 是线盘磁能对电容 C_3 的充电电流，$t_3 \sim t_4$ 的 i_3 是逆程脉冲峰压通过 L_1 放电的电流，$t_4 \sim t_5$ 的 i_4 是 L_1 两端电动势反向时，因 VD_{11} 的存在令 C_3 不能继续反向充电，而经过 C_2、VD_{11} 回流所形成的阻尼电流，V_1 的导通电流实际上是 i_1。V_1 的 VCE 电压变化：在静态时，V_C 为输入电源经过整流后的直流电源，$t_1 \sim t_2$，V_1 饱和导通，V_C 接近地电位，$t_4 \sim t_5$，阻尼管 VD_{11} 导通，V_C 为负压（电压为阻尼二极管的顺向压降），$t_2 \sim t_4$，也就是 LC 自由振荡的半个周期，V_C 上出现峰值电压，在 t_3 时 V_C 达到最大值。

以上分析证实两个问题：一是在高频电流的一个周期里，只有 i_1 是电源供给 L 的能量，所以 i_1 的大小就决定加热功率的大小，同时脉冲宽度越大，$t_1 \sim t_2$ 的时间就越长，i_1 就越大，反之亦然，所以要调节加热功率，只需要调节脉冲的宽度；二是 LC 自由振荡的半周期时间是出现峰值电压的时间，亦是 V_1 的截止时间，也是开关脉冲没有到达的时间，这个时间关系是不能错位的，如峰值脉冲还没有消失，而开关脉冲已提前到来，就会出现很大的导通电流使 V_1 烧坏，因此必须使开关脉冲的前沿与峰值脉冲后沿相同步。

1. 振荡电路（见图 3-21）

1）当 G 点有 V_i 输入时、V_7 OFF 时（$V_7 = 0V$），V_5 等于 VD_{12} 与 VD_{13} 的顺向压降，而当 $V_6 < V_5$ 之后，V_7 由 OFF 转态为 ON，V_5 亦上升至 V_i，而 V_6 则由 R_{56}、R_{54} 向 C_5 充电。

2）当 $V_6 > V_5$ 时，V_7 转态为 OFF，V_5 亦降至 VD_{12} 与 VD_{13} 的顺向压降，而 V_6 则由 C_5 经 R_{54}、VD_{29} 放电。

3）V_6 放电至小于 V_5 时，又重复 1）形成振荡。"G 点输入的电压越高，V_7 处于 ON 的时间越长，电磁炉的加热功率越大，反之越小"。

2. IGBT 激励电路（见图 3-21）

振荡电路输出幅度约 4.1V 的脉冲信号，此电压不能直接控制 IGBT（VT_1）的饱和导通及截止，所以必须通过激励电路将信号放大才行，该电路工作过程如下：

1）V_8 OFF 时（$V_8 = 0V$），$V_8 < V_9$，V_{10} 为高，VT_8 和 VT_3 导通、VT_9 和 VT_{10} 截止，VT_1 的 G 极为 0V，VT_1 截止。

2）V_8 ON 时（$V_8 = 4.1V$），$V_8 > V_9$，V_{10} 为低，VT_8 和 VT_3 截止、VT_9 和 VT_{10} 导通，+22V 通过 R_{71}、VT_{10} 加至 VT_1 的 G 极，VT_1 导通。

3. PWM 脉宽调控电路（见图 3-21）

CPU 输出 PWM 脉冲到由 R_6、C_{33}、R_{16} 组成的积分电路，PWM 脉冲宽度越宽，C_{33} 的电压越高，C_{20} 的电压也跟着升高，送到振荡电路（G 点）的控制电压随着 C_{20} 的升高而升高，而 G 点输入的电压越高，V_7 处于 ON 的时间越长，电磁炉的加热功率越大，反之越小。

"CPU 通过控制 PWM 脉冲的宽与窄，控制送至振荡电路 G 的加热功率控制电压，控制了 IGBT 导通时间的长短，结果控制了加热功率的大小"。

4. 同步电路

如图 3-22 所示。

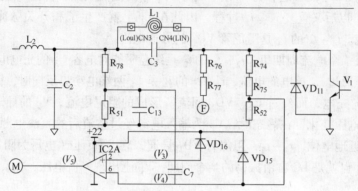

图 3-22　同步电路

R_{78}、R_{51} 分压产生 V_3，$R_{74} + R_{75}$、R_{52} 分压产生 V_4，在高频电流的一个周期里，在 $t_2 \sim t_4$ 时间（图 3-21），由于 C_3 两端电压为左负右正，所以 $V_3 < V_4$，V_5 OFF（$V_5 = 0V$）振荡电路 $V_6 > V_5$，V_7 OFF（$V_7 = 0V$），振荡没有输出，也就没有开关脉冲加至 V_1 的 G 极，保证了 V_1 在 $t_2 \sim t_4$ 时间不会导通，在 $t_4 \sim t_6$ 时间，C_3 电容两端电压消失，$V_3 > V_4$，V_5 上升，振荡有输出，有开关脉冲加至 V_1 的 G 极。以上动作过程，保证了加到 V_1 G 极上的开关脉冲前沿与 V_1 上产生的 V_{CE} 脉冲后沿相同步。

5. 加热开关控制（见图 3-21）

1）当不加热时，CPU 19 脚输出低电平（同时 13 脚也停止 PWM 输出），VD_{18} 导通，将 V_8 拉低，另 $V_9 > V_8$，使 IGBT 激励电路停止输出，IGBT 截止，则加热停止。

2）开始加热时，CPU 19 脚输出高电平，VD_{18} 截止，同时 13 脚开始间隔输出 PWM 试探信号，同时 CPU 通过分析电流检测电路和 V_{AC} 检测电路反馈的电压信息、V_{CE} 检测电路反馈的电压波形变化情况，判断是否已放入适合的锅具，如果已放入适合的锅具，CPU13 脚转为输出正常的 PWM 信号，电磁炉进入正常加热状态，如果电流检测电路、V_{AC} 及 V_{CE} 电路反馈的信息不符合条件，CPU 会判定为所放入的锅具不符或无锅，则继续输出 PWM 试探信号，同时发出指示无锅的报知信息（详见故障代码表），如 1min 内仍不符合条件，则关机。

6. V_{AC} 检测电路

AC 220V 由 VD_1、VD_2 整流的脉动直流电压通过 R_{79}、R_{55} 分压、C_{32} 平滑后的直流电压送入 CPU，根据监测该电压的变化，CPU 会自动做出各种动作指令：

1）判断输入的电源电压是否在允许范围内，否则停止加热，并报知信息（详见故障代码表）。

2）配合电流检测电路、V_{CE} 电路反馈的信息，判断是否已放入适合的锅具，作出相应的动作指令（详见加热开关控制及试探过程一节）。

3）配合电流检测电路反馈的信息及方波电路监测的电源频率信息，调控 PWM 的脉宽，令输出功率保持稳定。

电源输入标准220V±1V电压, 不接线盘 (L_1) 测试CPU第7脚电压, 标准为1.95V±0.06V。

7. 电流检测电路 (见图3-21)

电流互感器CT二次测得的AC电压, 经VD_{20} ~ VD_{23}组成的桥式整流电路整流、C_{31}平滑, 所获得的直流电压送至CPU, 该电压越高, 表示电源输入的电流越大, CPU根据监测该电压的变化, 自动作出各种动作指令:

1) 配合V_{AC}检测电路、V_{CE}电路反馈的信息, 判断是否已放入适合的锅具, 作出相应的动作指令 (详见加热开关控制及试探过程一节)。

2) 配合V_{AC}检测电路反馈的信息及方波电路监测的电源频率信息, 调控PWM的脉宽, 令输出功率保持稳定。

8. V_{CE}检测电路 (见图3-21)

将IGBT (VT_1) 集电极上的脉冲电压通过R_{76} + R_{77}、R_{53}分压送至VT_6基极, 在发射极上获得其取样电压, 此反映了VT_1 V_{CE}电压变化的信息送入CPU, CPU根据监测该电压的变化, 自动做出各种动作指令:

1) 配合V_{AC}检测电路、电流检测电路反馈的信息, 判断是否已放入适合的锅具, 作出相应的动作指令 (详见加热开关控制及试探过程一节)。

2) 根据V_{CE}取样电压值, 自动调整PWM脉宽, 抑制V_{CE}脉冲幅度不高于1100V (此值适用于耐压1200V的IGBT, 耐压1500V的IGBT抑制值为1300V)。

3) 当测得其他原因导致V_{CE}脉冲高于1150V时 (此值适用于耐压1200V的IGBT, 耐压1500V的IGBT此值为1400V), CPU立即发出停止加热指令 (详见故障代码表)。

9. 浪涌电压监测电路 (见图3-21)

电源电压正常时, V_{14} > V_{15}, V_{16} ON (V_{16}约4.7V), VD_{17}截止, 振荡电路可以输出振荡脉冲信号, 当电源突然有浪涌电压输入时, 此电压通过C_4耦合, 再经过R_{72}、R_{57}分压取样, 该取样电压通过VD_{28}令V_{15}升高, 结果V_{15} > V_{14}另IC2C比较器翻转, V_{16} OFF (V_{16} = 0V), VD_{17}瞬间导通, 将振荡电路输出的振荡脉冲电压V_7拉低, 电磁炉暂停加热, 同时, CPU监测到V_{16} OFF信息, 立即发出暂止加热指令, 待浪涌电压过后、V_{16}由OFF转为ON时, CPU再重新发出加热指令。

10. 过零检测

当正弦波电源电压处于上下半周时, 由VD_1、VD_2和整流桥DB内部交流两输入端对地的两个二极管组成的桥式整流电路产生的脉动直流电压通过R_{73}、R_{14}分压的电压维持VT_{11}导通, VT_{11}集电极电压变0, 当正弦波电源电压处于过零点时, VT_{11}因基极电压消失而截止, 集电极电压随即升高, 在集电极则形成了与电源过零点相同步的方波信号, CPU通过监测该信号的变化, 作出相应的动作指令。

11. 锅底温度监测电路

加热锅具底部的温度透过微晶玻璃板传至紧贴玻璃板底的负温度系数热敏电阻, 该电阻阻值的变化间接反映了加热锅具的温度变化 (温度/阻值详见热敏电阻温度分度表), 热敏电阻与R_{58}分压点的电压变化其实反映了热敏电阻阻值的变化, 即加热锅具的温度变化, CPU通过监测该电压的变化, 作出相应的动作指令:

1）定温功能时，控制加热指令，另被加热物体温度恒定在指定范围内。

2）当锅具温度高于220℃时，加热立即停止，并报知信息（详见故障代码表）。

3）当锅具空烧时，加热立即停止，并报知信息（详见故障代码表）。

4）当热敏电阻开路或短路时，发出不启动指令，并报知相关的信息（详见故障代码表）。

12. IGBT 温度监测电路（见图 3-21）

IGBT 产生的温度透过散热片传至紧贴其上的负温度系数热敏电阻 TH，该电阻阻值的变化间接反映了 IGBT 的温度变化（温度/阻值详见热敏电阻温度分度表），热敏电阻与 R_{59} 分压点的电压变化其实反映了热敏电阻阻值的变化，即 IGBT 的温度变化，CPU 通过监测该电压的变化，作出相应的动作指令：

1）IGBT 结温高于85℃时，调整 PWM 的输出，令 IGBT 结温≤85℃。

2）当 IGBT 结温由于某原因（例如散热系统故障）而高于95℃时，加热立即停止，并报知信息（详见故障代码表）。

3）当热敏电阻 TH 开路或短路时，发出不启动指令，并报知相关的信息（详见故障代码表）。

4）关机时如 IGBT 温度高于50℃，CPU 发出风扇继续运转指令，直至温度低于50℃（继续运转超过 4min 如温度仍高于50℃，风扇停转；风扇延时运转期间，按 1 次关机键，可关闭风扇）。

5）电磁炉刚启动时，当测得环境温度低于0℃，CPU 调用低温监测模式加热 1min，1min 后再转用正常监测模式，防止电路零件因低温偏离标准值造成电路参数改变而损坏电磁炉。

13. 散热系统

将 IGBT 及整流器 DB 紧贴于散热片上，利用风扇运转通过电磁炉进、出风口形成的气流将散热片上的热及线盘 L_1 等零件工作时产生的热、加热锅具辐射进电磁炉内的热排出电磁炉外。

CPU 发出风扇运转指令时，15 脚输出高电平，电压通过 R_5 送至 VT_5 基极，VT_5 饱和导通，V_{CC} 电流流过风扇、VT_5 至地，风扇运转；CPU 发出风扇停转指令时，15 脚输出低电平，VT_5 截止，风扇因没有电流流过而停转。

14. 主电源

AC220V 50/60Hz 电源经熔丝 FUSE，再通过由 CY_1、CY_2、C_1、共模线圈 L_1 组成的滤波电路（针对 EMC 传导问题而设置，详见注解），再通过电流互感器至桥式整流器 DB，产生的脉动直流电压通过扼流线圈提供给主回路使用；AC_1、AC_2 两端电压除送至辅助电源使用外，另外还通过印于 PCB 上的保险线 P. F. 送至 VD_1、VD_2 整流得到脉动直流电压作检测用途。

注解：由于中国大陆目前并未提出电磁炉须作强制性电磁兼容（EMC）认证，基于成本原因，内销产品大部分没有将 CY_1、CY_2 装上，L_1 用跳线取代，但基本上不影响电磁炉使用性能。

15. 辅助电源

AC220V 50/60Hz 电压接入变压器一次绕阻，二次绕组分别产生 13.5V 和 23V 交流电压。13.5V 交流电压由 $VD_3 \sim VD_6$ 组成的桥式整流电路整流、C_{37} 滤波，在 C_{37} 上获得的直流电压 V_{CC} 除供给散热风扇使用外，还经由 IC_1 三端稳压 IC 稳压、C_{38} 滤波，产生 +5V 电压供控制电路使用。23V 交流电压由 $VD_7 \sim VD_{10}$ 组成的桥式整流电路整流、C_{34} 滤波后，再通过由 VT_4、R_7、ZD_1、C_{35}、C_{36} 组成的串联型稳压滤波电路，产生 +22V 电压供 IC_2 和 IGBT 激励电路使用。

16. 报警电路（见图 3-21）

电磁炉发出报知响声时，CPU 14 脚输出幅度为 5V、频率 3.8kHz 的脉冲信号电压至蜂鸣器 ZD，令 ZD 发出报知响声。

3.2.6 电磁炉常见故障的分析与维修方法

电磁炉因结构和电路较为复杂，易发生故障的地方较多，以下只能讨论一些常见故障的分析及检修，对于更复杂的维修和检测手段，请参考其他有关资料。电磁炉故障分析与维修方法见表 3-1。

表 3-1　电磁炉故障分析与维修方法

故障	代码	指示灯	声音	备　　注
无锅	E1		每隔 3s 一声短	连续 1min 转入待机
电压过低	E2		两长三短	响两次转入待机（间隔 5s）
电压过高	E3		两长四短	每隔 5s 响一次（IGBT 温度低于 50℃风扇停）
锅超温	E4	电源灯及所设定指示灯闪亮	三长三短	
锅空烧	E6		两长两短	响两次转入待机（间隔 5s）
IGBT 超温	E0		四长三短	
TH 开路	E7		四长五短	
TH 短路	E8		四长四短	每隔 5s 响一次
锅传感器开路	E9		三长五短	
锅传感器短路	EE		三长四短	
V_{CE} 过高	E5		无声	重新试探起动
定时结束			响一长声转入待机	
无时基信号		灯不亮	响 2s 停 2s	连续

说明：代码只适用于数显机型，非数显型只有指示灯及声音报知

458 系列机种较多，且功能复杂，但不同的机种其主控电路原理一样，区别只是零件参数的差异及 CPU 程序不同而已。电路的各项测控主要由一块 8 位 4KB 内存的单片机组成，外围线路简单且零件极少，并设有故障报警功能，故电路可靠性高，维修容易，维修时根据故障报警指示，对应检修相关单元电路，大部分均可轻易解决。

1. 主板检测标准

由于电磁炉工作时，主回路工作在高压、大电流状态中，所以对电路检查时必须将线盘（L_1）断开，否则极容易在测试时因仪器接入而改变了电路参数造成烧机。接上线盘试机前，应根据表 3-2 对主板各点作测试后，一切符合才进行。

（1）主板检测表

表 3-2　主板检测表

待机测试（不接入线盘，接入电源后不按任何键）

步骤	测试点	标准	备　注		不合格对策
1	通电	发出"B"一声			按主板测试不合格对策第（1）项查
2	CN3	>305V	确认输入电压为220V时		按主板测试不合格对策第（2）项查
3	+22V	DC22V±2V			按主板测试不合格对策第（3）项查
4	+5V	5V±0.1V			按主板测试不合格对策第（4）项查
5	VT_1 G极	<0.5V			按主板测试不合格对策第（5）项查
6	V_{16}	>4.7V			按主板测试不合格对策第（6）项查
7	B点（V_{AC}）	1.96V±0.05V	确认输入电压为220V时		按主板测试不合格对策第（7）项查
8	V_3	0.75V±0.05V			按主板测试不合格对策第（8）项查
9	V_4	0.65V±0.05V		并联1只10kΩ电阻在C_3两端，测试完后拆除	按主板测试不合格对策第（9）项查
10	VT_6 基极	0.7V±0.05V			按主板测试不合格对策第（10）项查
11	VD_{24} 正极	2.5V±0.05V	断开TH，接入1只30kΩ电阻，测试完后拆除，再接回TH		按主板测试不合格对策第（11）项查
12	VD_{26} 正极	2.5V±0.05V	不插入传感器，改接入30kΩ电阻，测试完后拆除，再接回传感器		按主板测试不合格对策第（12）项查

动检（不接入线盘，接入电源后按开机键）

步骤	测试点	标准	备　注	不合格对策
13	VT_1 G极	间隔出现1~2.5V	此为加至Q1 G极的试探信号	按主板测试不合格对策第（13）、（14）、（15）项查
14	CN_6 两端	12V±1V	风扇应转动	按主板测试不合格对策第（15）项查
15	1~14步骤合格再接入线盘试机，电磁炉应能正常起动加热			按主板测试不合格对策第（17）项查

（2）主板测试不合格对策

1）上电不发出"B"一声——如果按开/关键指示灯亮，则应为蜂鸣器 BZ 不良，如果按开/关键仍没任何反应，再测 CUP 第 16 脚 +5V 是否正常，如不正常，按下面第（4）项方法查之，如正常，则测晶振 X_1 频率应为 4MHz 左右（没测试仪器可换入另一个晶振试），如频率正常，则为 IC_3 CPU 不良。

2）CN_3 电压低于 305V——如果确认输入电源电压高于 AC 220V 时，CN_3 测得电压偏低，应为 C_2 开路或容量下降，如果该点无电压，则检查整流桥 DB 交流输入两端有否 AC 220V，如有，则检查 L_2、DB，如没有，则检查互感器 CT 一次侧是否开路、电源入端至整流桥入端连线是否有断裂开路现象。

3）+22V 故障——没有 +22V 时，应先测变压器二次侧有无电压输出，如没有，测一次侧有否 AC 220V 输入，如有则为变压器故障，如果变压器二次侧有电压输出，再测 C_{34} 有否电压，如没有，则检查 C_{34} 是否短路、VD_7 ~ VD_{10} 是否不良、VT_4 和 ZD_1 这两零件是否都击穿，如果 C_{34} 有电压，而 VT_4 很热，则为 +22V 负载短路，应查 C_{36}、IC_2 及 IGBT 推动电路，如果 VT_4 不是很热，则应为 VT_4 或 R_7 开路、ZD_1 或 C_{35} 短路。+22V 偏高时，应检查 VT_4、ZD_1。+22V 偏低时，应检查 ZD_1、C_{38}、R_7，另外，+22V 负载过流也会令 +22V 偏低，但此时 VT_4 会很热。

4）+5V 故障——没有 +5V 时，应先测变压器二次侧有否电压输出，如没有，测一次侧有否 AC 220V 输入，如有则为变压器故障，如果变压器二次侧有电压输出，再测 C_{37} 有否电压，如没有，则检查 C_{37}、IC_1 是否短路、$VD_3 \sim VD_6$ 是否不良，如果 C_{37} 有电压，而 IC_4 很热，则为 +5V 负载短路，应查 C_{38} 及 +5V 负载电路。+5V 偏高时，应为 IC_1 不良。+5V 偏低时，应为 IC_1 或 +5V 负载过电流，而负载过电流 IC_1 会很热。

5）待机时 VT_1 G 极电压高于 0.5V——待机时测 V_9 电压应高于 2.9V（小于 2.9V 查 R_{11}、+22V），V_8 电压应小于 0.6V（CPU 19 脚待机时输出低电平将 V_8 拉低），此时 V_{10} 电压应为 VT_8 基极与发射极的顺向压降（约为 0.6V），如果 V_{10} 电压为 0V，则查 R_{18}、VT_8、IC2D，如果此时 V_{10} 电压正常，则查 VT_3、VT_8、VT_9、VT_{10}、VD_{19}。

6）V_{16} 电压 0V——测 IC2C 比较器输入电压是否正向（$V_{14} > V_{15}$ 为正向），如果是正向，断开 CPU 第 11 脚再测 V_{16}，如果 V_{16} 恢复为 4.7V 以上，则为 CPU 故障，断开 CPU 第 11 脚 V_{16} 仍为 0V，则检查 R_{19}、IC2C。如果测 IC2C 比较器输入电压为反向，再测 V_{14} 应为 3V（低于 3V 查 R_{60}、C_{19}），再测 VD_{28} 正极电压高于负极时，应检查 VD_{27}、C_4，如果 VD_{28} 正极电压低于负极，应检查 R_{20}、IC2C。

7）V_{AC} 电压过高或过低——过高检查 R_{55}，过低查 C_{32}、R_{79}。

8）V_3 电压过高或过低——过高检查 R_{51}、VD_{16}，过低查 R_{78}、C_{13}。

9）V_4 电压过高或过低——过高检查 R_{52}、VD_{15}，过低查 R_{74}、R_{75}。

10）VT_6 基极电压过高或过低——过高检查 R_{53}、VD_{25}，过低查 R_{76}、R_{77}、C_6。

11）VD_{24} 正极电压过高或过低——过高检查 VD_{24} 及接入的 $30k\Omega$ 电阻，过低查 R_{59}、C_{16}。

12）VD_{26} 正极电压过高或过低——过高检查 VD_{26} 及接入的 $30k\Omega$ 电阻，过低查 R_{58}、C_{18}。

13）动检时 VT_1 G 极没有试探电压——首先确认电路符合表 3-2 中第 1~12 测试步骤标准要求，如果不符则对应上述方法检查，如确认无误，测 V_8 点如有间隔试探信号电压，则检查 IGBT 推动电路，如 V_8 点没有间隔试探信号电压出现，再测 VT_7 发射极有否间隔试探信号电压，如有，则检查振荡电路、同步电路，如果 VT_7 发射极没有间隔试探信号电压，再测 CPU 第 13 脚有否间隔试探信号电压，如有，则检查 C_{33}、C_{20}、VT_7、R_6，如果 CPU 第 13 脚没有间隔试探信号电压出现，则为 CPU 故障。

14）动检时 VT_1 G 极试探电压过高——检查 R_{56}、R_{54}、C_5、VD_{29}。

15）动检时 VT_1 G 极试探电压过低——检查 C_{33}、C_{20}、VT_7。

16）动检时风扇不转——测 CN_6 两端电压高于 11V 应为风扇不良，如 CN_6 两端没有电压，测 CPU 第 15 脚如没有电压则为 CPU 不良，如有请检查 VT_5、R_5。

17）通过主板 1~14 步骤测试合格仍不启动加热——故障现象为每隔 3 秒发出"嘟"一声短音（数显型机种显示 E1），检查互感器 CT 次级是否开路、C_{15}、C_{31} 是否漏电、$VD_{20} \sim VD_{23}$ 有否不良，如这些零件没问题，请再小心测试 VT_1 G 极试探电压是否低于 1.5V。

2. 故障案例

故障现象 1：开机电磁炉发出两长三短的"嘟"声（数显型机种显示 E2），响两次后电磁炉转入待机。

分析：此现象为 CPU 检测到电压过低信息，如果此时输入电压正常，则为 V_{AC} 检测电路故障。

处理方法：按表 3-2 第（7）项方法检查。

故障现象 2：插入电源电磁炉发出两长四短的"嘟"声（数显型机种显示 E3）。

分析：此现象为 CPU 检测到电压过高信息，如果此时输入电压正常，则为 V_{AC} 检测电路故障。

处理方法：按表 3-2 第（7）项方法检查。

故障现象 3：插入电源电磁炉连续发出响 2s 停 2s 的"嘟"声，指示灯不亮。

分析：此现象为 CPU 检测到电源波形异常信息，故障在过零检测电路。

处理方法：检查零检测电路 R_{73}、R_{14}、R_{15}、VT_{11}、C_9、VD_1、VD_2 均正常，根据原理分析，提供给过零检测电路的脉动电压是由 VD_1、VD_2 和整流桥 DB 内部交流两输入端对地的两个二极管组成桥式整流电路产生，如果 DB 内部的两个二极管其中一个顺向压降过低，将会造成电源频率一周期内产生的两个过零电压，其中一个并未达到 0V（电压比正常稍高），VT_{11} 在该过零点时间因基极电压未能消失而不能截止，集电极在此时仍为低电平，从而造成了电源每一频率周期 CPU 检测的过零信号缺少了一个。基于以上分析，先将 R_{14} 换入 3.3kΩ 电阻（目的将 VT_{11} 基极分压电压降低，以抵消比正常稍高的过零点脉动电压），结果电磁炉恢复正常。虽然将 R_{14} 换成 3.3kΩ 电阻后电磁炉恢复正常，但维修时不会简单将电阻改 3.3kΩ 就能彻底解决问题，因为产生本故障说明整流桥 DB 特性已变，快将损坏，所以必须将 R_{14} 换回 10kΩ 电阻并更换整流桥 DB。

故障现象 4：插入电源电磁炉每隔 5s 发出三长五短报警声（数显型机种显示 E9）。

分析：此现象为 CPU 检测到安装在微晶玻璃板底的锅传感器（负温系数热敏电阻）开路信息，其实 CPU 是根据第 8 脚电压情况判断锅温度及热敏电阻开、短路的，而该点电压是由 R_{58}、热敏电阻分压而成，另外还有一只 VD_{26} 作电压钳位之用（防止由线盘感应的电压损坏 CPU）及一只 C_{18} 电容作滤波。

处理方法：检查 VD_{26} 是否击穿、锅传感器有否插入及开路。

故障现象 5：插入电源电磁炉每隔 5s 发出三长四短报警声（数显型机种显示 EE）。

分析：此现象为 CPU 检测到安装在微晶玻璃板底的锅传感器（负温系数热敏电阻）短路信息，其实 CPU 是根据第 8 脚电压情况判断锅温度及热敏电阻开/短路的，而该点电压是由 R_{58}、热敏电阻分压而成，另外还有一只 VD_{26} 作电压钳位之用（防止由线盘感应的电压损坏 CPU）及一只 C_{18} 电容作滤波。

处理方法：检查 C_{18} 是否漏电、R_{58} 是否开路、锅传感器是否短路。

故障现象 6：插入电源电磁炉每隔 5s 发出四长五短报警声（数显型机种显示 E7）。

分析：此现象为 CPU 检测到安装在散热器的 TH 传感器（负温系数热敏电阻）开路信息，其实 CPU 是根据第 4 脚电压情况判断散热器温度及 TH 开/短路的，而该点电压是由 R_{59}、热敏电阻分压而成，另外还有一只 VD_{24} 作电压钳位之用（防止 TH 与散热器短路时损坏 CPU），及一只 C_{16} 电容作滤波。

处理方法：检查 VD_{24} 是否击穿、TH 有否开路。

故障现象 7：插入电源电磁炉每隔 5s 发出四长四短报警声（数显型机种显示 E8）。

分析：此现象为 CPU 检测到按装在散热器的 TH 传感器（负温系数热敏电阻）短路信息，其实 CPU 是根据第 4 脚电压情况判断散热器温度及 TH 开/短路的，而该点电压是由 R_{59}、热敏电阻分压而成，另外还有一只 VD_{24} 作电压钳位之用（防止 TH 与散热器短路时损坏 CPU）及一只 C_{16} 电容作滤波。

处理方法：检查 C_{16} 是否漏电、R_{59} 是否开路、TH 有否短路。

故障现象 8：电磁炉工作一段时间后停止加热，间隔 5s 发出四长三短报警声，响两次转入待机（数显型机种显示 E0）。

分析：此现象为 CPU 检测到 IGBT 超温的信息，而造成 IGBT 超温通常有两种，一种是散热系统，主要是风扇不转或转速低，另一种是送至 IGBT G 极的脉冲关断速度慢（脉冲的下降沿时间过长），造成 IGBT 功耗过大而产生高温。

处理方法：先检查风扇运转是否正常，如果不正常则检查 VT_5、R_5、风扇，如果风扇运转正常，则检查 IGBT 激励电路，主要是检查 R_{18} 阻值是否变大、VT_3、VT_8 放大倍数是否过低、VD_{19} 漏电流是否过大。

故障现象 9：电磁炉低电压以最高火力档工作时，频繁出现间歇暂停现象。

分析：在低电压使用时，由于电流较高，电压使用时大，而且工作频率也较低，如果供电线路容量不足，会产生浪涌电压，假如输入电源电路滤波不良，则吸收不了所产生的浪涌电压，会另浪涌电压监测电路动作，产生上述故障。

处理方法：检查 C_1 容量是否不足，如果 1600W 以上机种 C_1 装的是 $1\mu F$，将该电容换上 $AC3.3\mu F/250V$ 规格的电容器。

技能训练一　电磁炉检锅但不加热

1. 实训工具、仪器和设备

万用表、螺钉旋具、尖嘴钳、电磁炉等实训工具如图 3-23 所示。

图 3-23　实训使用工具

2. 实训目标

1）能够熟练进行电磁炉的拆装。

2）会使用相关仪器检测电磁炉主要零部件的好坏。

3）能够检修电磁炉常见故障。

3. 实训内容

故障现象：一台美的电磁炉，故障为控制和检锅都正常，但不加热。

下面我们按照常规检测步骤展开讲解。

第一步，先通电试机。

果然，开关机都能正常操作，没有放锅具时报警，放上锅具后，不再报警，但只听到风扇转动，并不加热。

第二步，开机直观检查。

主板好多部位有检修过的痕迹，功率管和 LM339、互感器等相关元件都已经更换过。并且主板是清理过的，很干净整洁，就排除了脏污造成漏电短路的可能。可见，此故障非同寻常，肯定不好对付。

第三步，分析判断。

1）控制功能正常，说明 CPU 肯定正常，同时 CPU 供电也一定正常；

2）无锅时报警，说明检锅电路正常；

3）此机经过前面维修人员精心检测（从认真清理和漂亮的焊接可以看出），明显相关的部位存在故障的可能性已经很小。

第四步，动手检修。

1）标准的电压是设备正常工作的先决条件。先从测量工作电压入手：开机放上锅具，测量整流输出 300V 基本正常；控制部分 18V 正常；5V 正常。总之，工作电压正常。

2）良好的连接和绝缘是电路正常工作的基础。认真观察检测电路的连接和印刷线条之间的绝缘情况，良好。看来，从静态的情况是不容易找到故障了。

3）开机，检查动态工作情况。在电磁炉检测锅具期间，检测到整流输出的 300V 有明显的波动，即检锅时刻，300V 电压有明显下降，这是不正常的。

关机，取下 300V 电路滤波电容检测，容量只有 100nF，更换良好的电容，试机一切正常。

技能训练二　电磁炉电路板的简单维修

1. 实训工具、仪器和设备

万用表、螺钉旋具、尖嘴钳、电磁炉等实训工具如图 3-24 所示。

2. 实训目标

1）能够熟练进行电磁炉的拆装。

2）会使用相关仪器检测电磁炉主要零部件的好坏。

3）能够检修电磁炉的常见故障。

3. 实训内容

（1）电磁炉的拆装步骤

1）把电磁炉倒置于工作台上，用十字螺钉旋具旋出上盖的固定螺钉，取下上盖。

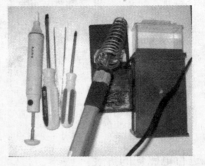

图 3-24　实训使用工具

2）把电磁炉正放于工作台上，用电烙铁焊下加热线圈与电路板的连接线，用螺钉旋具旋出固定螺钉，取出加热线圈。

3）用电烙铁焊下排气扇电机与线路板连接的电源线，用螺钉旋具旋出固定螺钉取下排气扇。

4）用电烙铁焊下大功率管与线路板的连接线，用螺钉旋具和尖嘴钳配合旋出散热器的固定螺钉，取下散热器。

5）用电烙铁焊下电源指示灯。

6）用电烙铁焊下电位器与电路板连线，用螺钉旋具和尖嘴钳配合取下电位器。

7）先用表笔给电容器放电，再用电烙铁焊下电位器与电路板连线，用螺钉旋具和尖嘴钳配合取下电位器。

8）用螺钉旋具和尖嘴钳取下电路板固定螺钉，取出电路板。

装配过程则和上述步骤相反。

（2）电路板烧 IGBT 或熔丝的维修程序

电流熔丝或 IGBT 烧坏，不能马上换上该零件，必须确认下列其他零件是在正常状态时才能进行更换，否则，IGBT 和熔丝又会烧坏。

1）目视电流熔丝是否烧断；

2）检测 IGBT 是否击穿：

用万用表二极管档测量 IGBT 的 E、C、G 三极间是否击穿。

① E 极与 G 极、C 极与 G 极，正反测试均不导通（正常）。

② 万用表红表笔接 E 极，黑表笔接 C 极有 0.4V 左右的电压降（型号为 GT40T101 三极全不通）。

3）测量互感器是否断脚，正常状态如下：

用万用表电阻档测量互感器二次电阻约 80Ω；一次电阻为 0Ω。

4）整流桥是否正常（用万用表二极管档测试）：

① 万用表红表笔接"－"，黑表笔接"＋"有 0.9V 左右的电压降，调反无显示。

② 万用表红表笔接"－"，黑表笔分别接两个输入端均有 0.5V 左右的电压降，调反无显示。

③ 万用表黑表笔接"＋"，红表笔分别接两个输入端均有 0.5V 左右的电压降，调反无显示。

5）检查电容 C_{301}；C_{302}；C_{303}；是否受热损坏。

6）检测芯片 8316 是否击穿：

测量方法：用万用表测量 8316 引脚，要求 1 和 2、1 和 4、7 和 2、7 和 4 之间不能短路。

7）IGBT 处热敏开关绝缘保护是否损坏。

（3）按键动作不良

用万用表二极管档测量 CPU 极与接地端，均有 0.7V 左右的电压降，万用表红表笔接"地"；黑表笔接"CPU 每一极口线"。否则，说明 CPU 口线击穿。

（4）功率不能达到要求

1）线圈盘短路：测试线圈盘的电感量：PSD 系数为 $L = (157 \pm 5)\mu H$，PD 系列为 $L = (140 \pm 5)\mu H$。

2）锅具与线圈盘距离是否正常。

3）锅具是否是指定的锅具。

（5）检查各元器件是否松动，是否齐全

装配后不良状况的检查：

1）不加热：检查互感器是否断脚。

2）插电后长鸣：检查温度开关端子是否接插良好。

3）无法开机：检查热敏电阻端子是否接插良好。

4）无小物检知（不报警）：检查电阻 $R_{301} \sim R_{307}$ 是否正常。

$R_{301} \sim R_{302}$ 为 $68k\Omega$

$R_{303} \sim R_{306}$ 为 $130k\Omega$

R_{307} 为 $3.0k\Omega$

5）风扇不转：检查晶体管 VT_2 是否烧坏。（一般烧坏晶体管引脚根部已发黄；也可用万用表二极管档测量）

3.3 微波炉

3.3.1 微波炉的基本结构

1. 微波炉的基本外形和构造

微波炉的结构如图 3-25 所示。

1）门联锁开关——确保炉门打开，微波炉不能工作，炉门关上，微波炉才能工作；

2）视屏窗——有金属屏蔽层，可透过网孔观察食物的烹饪情况；

3）通风口——确保烹饪时通风良好；

4）转盘支承——带动玻璃转盘转动；

5）玻璃转盘——装好食物的容器放在转盘上，加热时转盘转动，使食物烹饪均匀；

6）控制板——控制各档烹饪；

7）炉门开关——按此开关，炉门打开。

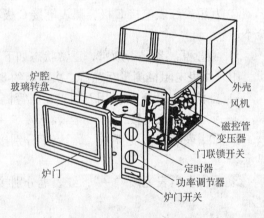

图 3-25　微波炉结构图

2. 微波炉各主要部分的作用

（1）炉腔

炉腔是一个微波谐振腔，是把微波能变为热能对食品进行加热的空间。为了使炉腔内的食物均匀加热，微波炉炉腔内设有专门的装置。最初生产的微波炉是在炉腔顶部装有金属扇页，即微波搅拌器，以干扰微波在炉腔中的传播，从而使食物加热更加均匀。目前，则是在微波炉的炉腔底部装一只由微型电动机带动的玻璃转盘，把被加热食品放在转盘上与转盘一起绕电动机轴旋转，使其与炉内的高频电磁场做相对运动，来达到炉内食品均匀加热的目的。国内独创的自动升降型转盘，使得加热更均匀，烹饪效果更理想。

（2）炉门

炉门是食品的进出口，也是微波炉炉腔的重要组成部分。对它要求很高，即要求从门外可以观察到炉腔内食品加热的情况，又不能让微波泄漏出来。炉门由金属框架和玻璃观察窗组成。观察窗的玻璃夹层中有一层金属微孔网，既可透过它看到食品，又可防止微波泄漏。

由于玻璃夹层中的金属网的网孔大小是经过精密计算的，所以完全可以阻挡微波的穿透。为了防止微波的泄漏，微波炉的开关系统由多重安全联锁微动开关装置组成。炉门没有关好，就不能使微波炉工作，微波炉不工作，也就谈不上有微波泄漏的问题了。为了防止在微波炉炉门关上后微波从炉门与腔体之间的缝隙中泄漏出来，在微波炉的炉门四周安有抗流槽结构或装有能吸收微波的材料，如由硅橡胶做的门封条，能将可能泄漏的少量微波吸收掉。抗流槽是在门内设置的一条异型槽结构，它具有引导微波反转相位的作用。在抗流槽入口处，微波会被它逆向的反射波抵消，这样微波就不会泄漏了。由于门封条容易破损或老化而造成防泄作用降低，因此现在大多数微波炉均采用抗流槽结构来防止微波泄漏，很少采用硅橡胶门封条。抗流槽结构是从微波辐射的原理上得到的防止微波泄漏的稳定可行的方法。

（3）电气电路

电气电路分高压电路、控制电路和低压电路3部分。微波炉内部主要结构如图3-26所示。

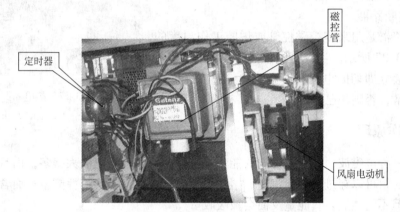

图3-26　微波炉内部主要结构

1）高压电路。

高压变压器二次绕组之后的电路为高压电路，主要包括磁控管、高压电容器、高压变压器、高压二极管。

2）磁控管。

磁控微波管是一种电子管，常称磁控管。从外表看，它有微波发射器（波导管）、散热器、灯丝、两个插脚和磁铁等。为了安全和使用方便，通常把阳极接地，阴极加负高压，灯丝（阴极）两端加3～4V的交流电压。阴极受热而发射电子，热电子从阴极溢出后，在磁场力和电场力的共同作用下，沿螺旋状高速飞向阳极，又有谐振腔的作用，电子振荡成微波，并经过天线耦合，由波导管传输到微波炉腔里加热食物。

磁控管是微波炉的心脏，微波能就是由它产生并发射出来的。磁控管工作时需要很高的脉动直流阳极电压和约3～4V的阴极电压。由高压变压器及高压电容器、高压二极管构成的倍压整流电路为磁控管提供了满足上述要求的工作电压。

3）低压电路。

高压变压器一次绕组之前至微波炉电源入口之间的电路为低压电路，也包括了控制电路。主要包括熔断器、热断路器保护开关、联锁微动开关、照明灯、定时器及功率分配器开关、转盘电动机、风扇电动机等。

4）定时器。

微波炉一般有两种定时方式，即机械式定时和计算机定时。基本功能是选择设定工作时间，设定时间过后，定时器自动切断微波炉主电路。

5）功率分配器。

功率分配器用来调节磁控管的平均工作时间（即磁控管断续工作时，"工作"、"停止"时间的比例），从而达到调节微波炉平均输出功率的目的。机械控制式一般有 3～6 个刻度文件位，而计算机控制式微波炉可有 10 个调整档位。

6）联锁微动开关。

联锁微动开关是微波炉的一组重要安全装置。它有多重联锁作用，均通过炉门的开门按键或炉门把手上的开门按键加以控制。当炉门未关闭好或炉门打开时，断开电路，使微波炉停止工作。

7）热电断路器。

热电断路器是用来监控磁控管或炉腔工作温度的组件，如图 3-27 所示。当工作温度超过某一限值时，热电断路器会立即切断电源，使微波炉停止工作。检测通，则正常，否则，已经开路。

图 3-27　热电断路器

3.3.2　工作原理

微波是一种电磁波，这种电磁波的能量不仅比通常的无线电波大得多，而且它一碰到金属就发生反射，可以穿过玻璃、陶瓷、塑料等绝缘材料，但不会消耗能量；而含有水分的食物，微波不但不能透过，其能量反而会被吸收。

微波炉正是利用微波的这些特性制作的。微波炉的外壳用不锈钢等金属材料制成，可以阻挡微波从炉内逃出，以免影响人们的身体健康。装食物的容器则用绝缘材料制成。微波炉的心脏是磁控管，这个叫磁控管的电子管是个微波发生器，它能产生每秒钟振动频率为24.5 亿次的微波。这种肉眼看不见的微波，能穿透食物达 5cm 深，并使食物中的水分子也随之运动，剧烈的运动产生了大量的热能，于是食物"煮"熟了。这就是微波炉加热的原理。用普通炉灶煮食物时，热量总是从食物外部逐渐进入食物内部的。而用微波炉烹饪，热量则是直接深入食物内部，所以烹饪速度比其他炉灶快 4～10 倍，热效率高达 80% 以上。目前，其他各种炉灶的热效率均无法与它相比。

使用微波炉时，应注意不要空"烧"，因为空"烧"时，微波的能量无法被吸收，这样很容易损坏磁控管。另外，人体组织是含有大量水分的，一定要在磁控管停止工作后，再打开炉门，提取食物。

3.3.3　微波炉的机电控制工作原理

机电控制是指微波炉的控制系统是由电动机和机械部件组合而成。微波炉炉门和联锁开关结构如图 3-28 和图 3-29 所示。

将食物放进炉腔，将炉门关闭。门闩开关Ⅰ闭合，监控开关断开。烹调、解冻开关置于烹调或解冻位置。将定时器开关选择好烹调时间，此时定时器开关闭合。按起动按钮，门闩

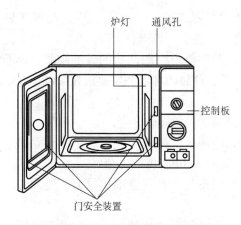

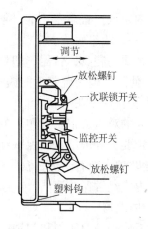

图 3-28 炉门联锁开关位置示意图　　　　图 3-29 微波炉门联锁开关结构图

开关Ⅱ闭合，这时，照明灯亮，转盘电动机通电，带动转盘缓慢转动，使食物加热均匀；定时器通电，带动定时器进行定时控制；风扇电动机通电，使冷却风扇旋转，一方面对磁控管进行冷却，以防止磁控管阳极过热，影响工作的稳定性和使用寿命，另一方面使微波炉腔内空气流动，排出加热时食物产生的水蒸气。

　　普通型微波炉的控制电路如图 3-30 所示。

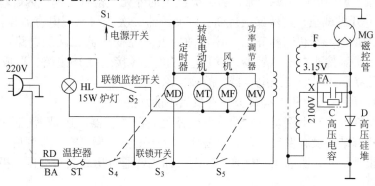

图 3-30 普通型微波炉的控制电路

　　变压器一次绕组通电；经变压器降压，产生灯丝电压供磁控管灯丝用。另外，经变压器升压和倍压整流后产生 4000V 左右的负高压。磁控管正常工作，产生 2450MHz 的微波，经波导管传送到炉腔，对食物进行加热。当达到预定的烹调时间后，定时器开关断开，自动切断电源并发出铃声；照明灯熄灭；所有电动机停止转动。

　　为防止微波炉的微波泄漏，电路中设置了多种保护控制电路。在微波炉的炉门上装有联锁开关。无论微波炉是否在工作，只要炉门打开，联锁开关便将磁控管的供电电源有效地切断。当炉门打开时，门闩开关Ⅰ打开，监控开关合上。若此时电路出现故障，220V 电源送入机内，此时由于监控开关已合上，220V 电源被短路，则熔丝被熔断，达到保护的目的。

3.3.4　微波炉的使用与维护

　　1) 微波炉要放置在通风的地方，附近不要有磁性物质，以免干扰炉腔内磁场的均匀状态，使工作效率下降。

2）炉内未放烹饪食品时，不要通电工作。不可使微波炉空载运行，否则会损坏磁控管，为防止一时疏忽而造成空载运行，可在炉腔内置一盛水的玻璃杯。

3）凡金属的餐具，竹器、塑料、漆器等不耐热的容器，有凹凸状的玻璃制品，均不宜在微波炉中使用。瓷制碗碟不能镶有金、银花边。盛装食品的容器一定要放在微波炉专用的盘子中，不能直接放在炉腔内。

4）带壳的鸡蛋、带密封包装的食品不能直接烹调。以免爆炸。

5）一定要关好炉门，确保联锁开关和安全开关的闭合。微波炉关掉后，不宜立即取出食物，因此时炉内尚有余热，食物还可继续烹调，应过 1min 后再取出为好。

6）炉内应经常保持清洁。在断开电源后，使用湿布与中性洗涤剂擦拭，不要冲洗，勿让水流入炉内电器中。

7）定期检查炉门四周和门锁，如有损坏、闭合不良，应停止使用，以防微波泄漏。不宜把脸贴近微波炉观察窗，防止眼睛因微波辐射而受损伤。也不宜长时间受到微波照射，以防引起头晕、目眩、乏力、消瘦、脱发等症状，使人体受损。

3.3.5 微波炉常见故障的分析与维修方法

1. 一台 LGMS-2069T 型微波炉，开机后不工作不能加热

首先检查微波炉的供电电源正常。打开微波炉的外壳，检查发现机内熔丝烧断了，换一只 10A 熔断器，开机试验，熔丝又被烧断。将变压器二次侧与高压电容器连接点插头拔下，再换用一只 10A 熔丝，开机工作正常。说明故障发生在变压器二次侧电路，检测高压二极管、磁控管均正常。检测高压电容器，发现它对机壳（接地点）短路，造成通电开机立即烧熔丝故障。更换同型号的高压电容器，故障排除。

2. 一台 LGMG-5529SDT 型微波炉开机后不能加热

该故障的检修方法与上例基本一致。但究竟是高压电容器，还是高压二极管、磁控管，需逐一检查，检查结果没有发现问题。用替换法逐一更换，当更换二极管后、再开机就不烧熔丝了、加热正常。这说明高压二极管有问题、而用普通万用表测量高压二极管是测不出来的，只能作粗测。

3. 一台 LGMG-5599SDT 型微波炉开机工作正常，但只工作 2min 就突然停止工作，过几分钟又自动恢复工作，如此反复

经分析判断应是磁控管上的热切断器误动作引起的。当炉腔温度升到 145℃时热切断器动作，切断磁控管的供电电源；当温度下降到 110℃时，热切断器又重新闭合，磁控管得电使微波炉工作而加热。该机只工作几分钟，而且食物未熟，炉腔温度不会超过 145℃，所以怀疑热切断器性能不良而产生误动作。更换新品后，故障排除。在检修此类故障时，还应考虑到冷却风扇是否工作，如果风扇不转动，热量排不出去，致使温度升高，也能导致热切断器工作，切断磁控管的电源。

4. 一台 LGMG-5586DT 型微波炉开机加热正常，只是转盘不转

取出炉腔内玻璃转盘、转盘架等物，将微波炉翻过来让底朝上，取下中间一块盖板，再取出转盘电动机。检查电动机的电源接插件上有 220V 电压，说明电动机自身有故障。用万用表测量，发现电动机线圈阻值为 ∞，开路，正常阻值一般为 10～20kΩ。更换新电动机，转盘工作正常。此例是因用户把微波炉放到厨房的地方特别潮湿，并且微波炉又长期不用，而使转盘电动机的线圈霉断造成电动机损坏的故障。提醒用户要注意微波炉的放置环境。

5. 一台 LGMS – 1968T 型微波炉开机运转正常，就是加热太慢

首先检查炉腔内的食物放得是否过多、功率分配器开关是否放在低火位置、电源电压是否偏低。在保证满足上述条件情况下，就可检查磁控管是否老化，可用手摸摸管子，如果感觉发烫，一般是管子老化了。另外，管子上的磁钢开裂也不能用了。该机是在饭店后厨房使用，环境特别潮湿，长期频繁的使用，造成磁控管接插件生锈，接触电阻加大，而使输入的电源电压偏低，引起加热太慢。经除锈及更换连接线后加热正常。

6. 一台 LGMG – 4978T 型微波炉开机烧熔丝而不能工作

打开机壳将变压器二次侧高压电容器连接点插头拔下，再换用一只 10A 熔丝，开机后不再烧熔丝，这说明此故障在高压电路中。检查发现磁控管灯丝对其壳体本身短路，更换同型号的磁控管，故障排除。

7. 一台 LGMG – 5578T 型微波炉不加热

该机是用户用不锈钢大茶缸加热烧水，不一会儿，发现机内有异声且伴有糊焦味，立即停止工作。经检查发现炉腔内右侧云母片烧焦且有孔洞，换一新云母片后仍不加热。怀疑磁控管失效，取下磁控管，发现上半部呈齿痕般烧坏，换同型号的磁控管后，加热正常。提醒用户，炉膛内绝不能放置金属容器加热食物，应该用陶瓷、玻璃等容器。

8. 一台 LGMG – 5588SDT 型微波炉开机不工作，显示屏无显示

此机属电脑控制型微波炉。打开外壳，首先检查机内的熔丝，完好。根据电路图及检修经验，初步判断故障在电源控制电路，这部分元件有：熔断器、热切断器、安全联锁的一次侧开关及二次侧开关、监控开关、变压器一次侧、RYZ 继电器的主触点及各元件之间接插件。这些元件是串接到电源电路当中，只要有一个元件损坏，电源就构不成回路，高压变压器就得不到电流而无高压输出，导致不工作而不加热，同时屏幕也不显示。检查这些元件，发现电路板上的 RY2 电源继电器的主触头不闭合，导致变压器得不到电流，再测量 RYZ 继电器线圈无 12V 电压，而继电器线圈通路完好。再查电路板的电源输入情况时，发现电源输入线与接插头脱落，接好后再通电开机，显示屏有显示、加热也正常了。

技能训练一　格兰仕微波炉高压熔丝熔断故障

1. 实训工具、仪器和设备

万用表、螺钉旋具、尖嘴钳、微波检漏仪、微波炉等实训工具如图 3-31 所示。

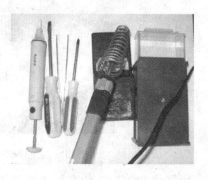

图 3-31　实训使用工具

2. 实训目标

1）能够熟练进行微波炉的拆装。

2）会使用相关仪器检测微波炉主要零部件的好坏。

3）能够检修微波炉的常见故障。

3. 实训内容

（1）微波炉的拆卸和安装

1）微波炉的拆卸。

① 拆卸盖板，如图 3-32 所示。

② 取下盖板，如图 3-33 所示。

图 3-32　拆卸盖板　　　　　　　　　　　图 3-33　取下盖板

拆开机盖是方便的，几个螺钉全在两侧面及后背的左右和上边。取下了螺钉后，可取下铁皮盖板。左手按住炉身，右手先将盖板后部向上抬起 10～20°角，用力往后拉出。

注意：有些厂家在不同处用两种螺纹不同的螺钉，装上时别弄错。螺钉要放入固定的盒里，别丢了。

2）微波炉的安装。

装上盖板可要注意了。盖板和炉身结合处是有雌雄口的。图 3-34 是盖板上右侧面上的雌接口。

① 左手按住盖板前上部，右手往前推到底，如图 3-34 所示。从炉身正面看，背部左上角拧一个螺钉（不要太紧）。

② 右手微微抬起盖板右边后部，左手按住盖板右侧前下部，右手再将盖板压下前推。使右侧盖板和机身的雌雄接口吻合，如图 3-35 所示。拧好右侧螺钉。

图 3-34　盖板上右侧面上的雌接口　　　　　图 3-35　右侧对齐雌雄口

③ 松开第一步拧的螺钉，交换两手，用同样的方法，使左侧盖板和机身的雌雄接口吻合，如图 3-36 所示。

④ 拧好所有螺钉，装盖完成！

（2）故障检查

1）查磁控管，灯丝电阻小于 1Ω，灯丝对外壳不通，正常。

2）查高压电容（$1.5\mu F/2100V$），用 MF – 47 型万用表 $R \times 10k$ 档正反向接触电容引线两端，有充放电指示，且最终大于 $1M\Omega$，正常。

3）用 $R \times 10k$ 档测量正向变压器的一次和二次线圈分别进行级间、匝间和对地电阻的测量，未见异常。

4）用万用表电阻档测检测高压熔丝（$0.75A/5kV$）已经熔断。所以引起微波炉不能发出微波，导致不能加热食物。高压熔丝管如图 3-37 所示。

图 3-36　左侧对齐雌雄接口

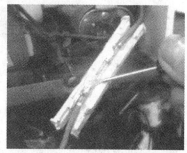

图 3-37　高压熔丝管

5）若是常断高压熔丝，原因除了变压器、二极管、电容、电动机等元器件漏电短路外，云母片太脏，烧的食物太少（如不足鸡蛋大）等，也是常见原因。为了防止换上新的熔丝管仍会烧断，依次检查上述器件。

6）测高压二极管，高压二极管如图 3-38 所示。用万用表的直流电压档检测，把高压二极管串接在万用表的某一只表笔中，使二极管起空载半波整流作用，再将两只表笔插入 220V 交流电源插座，此时万用表的直流电压为 $0.45 \times 220V = 99V$ 左右，表明二极管正常；直流电压读取值偏离 99V 太大，表明二极管已损坏。

图 3-38　高压二极管

（3）故障排除

1）用钳子将二极管卸下来，应更换新的 10kV 高压二极管。在更换新的二极管之前要先检验二极管的好坏（方法同上）。然后用电烙铁焊接在原来的位置上。

2）更换型号是（5kV/0.9A）高压熔丝管后故障排除。

（4）装机调试

按照上面微波炉的安装步骤安装好微波炉，尤其是炉门、联锁机构等处，零件相互关联，安装要求很仔细。在安装维修后，必须先对与安全相关的部位和零部件进行检查，主要是看炉门能否紧闭、门隙是否过大、观察窗是否破裂、炉腔及外壳上的焊点有否脱焊、炉门密封垫是否缺损及凹凸不平等。这主要是检查是否存在微波过量泄漏的可能。

放入食物，通电。看能不能加热食物。并用微波检漏仪检测有无微波泄漏过量情况。确认一切正常后，方可交与用户使用。

技能训练二　格兰仕 WP700 微波炉不能加热食物的故障检修

1. 实训工具、仪器和设备

万用表、螺钉旋具、尖嘴钳、微波检漏仪、微波炉等实训工具如图 3-39 所示。

图 3-39　实训使用工具

2. 实训目标

1）能够熟练进行微波炉的拆装。

2）会使用相关仪器检测微波炉主要零部件的好坏。

3）能够检修微波炉常见故障。

3. 实训内容

故障现象分析：导致微波炉不能加热食物的原因很多。

变压器二次回路故障，可导致不能加热食物。变压器一次回路主要元件如烹调继电器、联锁开关、定时器、热保护器、炉门安全开关及变压器一次绕组等出现故障也可导致不能加热食物。检修时可先使微波炉通电，观察炉灯是否亮，转盘可否转动。如果炉灯亮，转盘转动，其故障可能在变压器二次回路；如果炉灯不亮，转盘转动，则故障在一次回路。用万用表检查烹调继电器、定时器、联锁开关、热保护器、炉门开关等元器件，把有故障的元件更换。下面我们详细的按检修步骤来展开讲解。

（1）微波炉的拆卸和安装

微波炉的结构比较复杂，尤其是炉门、联锁机构等处，零件相互关联，拆装要求很高。

在拆机维修前，必须先对与安全相关的部位和零部件进行检查，主要是看炉门能否紧闭、门隙是否过大、观察窗是否破裂、炉腔及外壳上的焊点有否脱焊、炉门密封垫是否缺损及凹凸不平等。这主要是检查是否存在微波过量泄漏的可能。若发现问题，应先行修复；若因缺件或其他原因而暂时不能修复，可以先修机内其他故障，但修好其他故障后不要勉强使用，更不可交付用户使用，务必完全排除了安全隐患后才能交货。应边拆边做好标记和记录，注意将拆下的零件按一定顺序摆放整齐，便于随后的检测、安装。

拆卸时，注意使用合适的工具，不可盲目用力敲打，以免造成人为损坏。

其具体拆卸与安装步骤参照实训任务一。

（2）微波炉故障维修

先使微波炉通电，观察炉灯是否亮，转盘可否转动。如果炉灯亮，转盘转动，其故障可能在变压器二次回路。

1）高压变压器检测。

首先检查高压变压器，变压器的文字符号是 T，电路符号见下图 3-40 上角。高压变压器的作用是给磁控管提供工作电压。高压变压器一次侧通市电 220V 交流电，二次侧有两组，一组提供 3.4V 灯丝电压，另一组提供 2000V 左右高压。

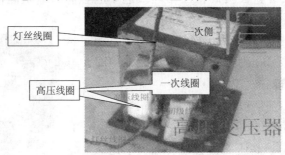

图 3-40　高压变压器

判断高压变压器好坏的方法有两种：

① 在微波炉工作时检查。

② 在微波炉不工作时检查。先将变压器的连线断开，用万用表的电阻档测。一次绕组 2.2Ω 左右，高压绕组 130Ω 左右，为正常。高压绕组一端通地的，要测高压绕组的电阻，将一个表笔接在底板上；另一表笔接与高压二极管的连线上。灯丝绕组太粗太短，不好测，也不常坏。高压变压器是贵重元件，又是易损元件。很有可能出现：高压线漏电、短路、烧断与插片的焊接点常有接触不良故障。

2）高压电容器检测。

检测高压电容器，高压电容器如图 3-41 所示，在微波炉里的位置是固定在微波炉的底板上，和高压二极管，高压熔丝隔得很近。高压电容器的文字符号是 C，电路图符号是两根平行竖线。高压电容器的耐压是交流 2100V，容量 1μF。里面有个放电电阻，是一个特殊的电容器。高压电容器的参数如图 3-42 所示。

图 3-41　微波炉中的高压电容器

高压电容器的好坏检测方法跟电扇电容和洗衣机电容的检测方法一样的：

① 不能在路测量，要拔了接插线。如果事先通过电，还要先将电容两极短路放电。放电时可以把 MF－47 型万用表的红表笔的插头改插到 2500V 的高压孔内，用两只表笔搭接高压电容器的两极，给高压电容放电。

② 取下高压电容器两端的连接件，用万用表 $R \times 1k$ 档测其两端，通常刚接触时万用表内电池给电容充电，万用表指针右摆，充电结束后，电阻应为 9 ~ 10MΩ（电容器内并联有 9 ~ 10MΩ 的放电电阻），红、黑表笔调来调去充放电测，阻值在∞ ~ 400kΩ 之间变化，表示电容量正常。若测得阻值低，则电容器短路；若无充电现象，则电容器开路。高压电容器也是易损元件。漏电或击穿，会烧高低压熔丝。这个电容器的电阻阻值几乎为 0Ω，击穿无用了。

③ 确认高压电容损坏后，应更换与原型号规格相同的高压电容，若无相同型号，则要求电容量与原来相同，耐压值不低于原来的数值。

3）高压二极管（高压硅堆）。

高压二极管也称高压硅堆，文字符号是 VD，如图 3-43 所示。有正负极之分。高压二极管，实际上由几个二极管串联而成，内阻较高。这种微波炉高压二极管有关商店里专门有售，负极有圆环可接底板，正极有套脚插在高压电容器上。

图 3-42　高压电容器的参数

判断高压二极管好坏的方法有两种：

① 用万用表的欧姆档，断开电路单独测。万用表的红表笔接二极管负极，黑表笔接二极管正极，正向电阻 100kΩ 左右，反向电阻 "无穷大"。高压二极管击穿，会烧断高压熔丝。高压二极管内部烧断，会只有交流高压，没有直流高压。

② 用万用表的直流电压档检测。把高压二极管串接在万用表的某一只表笔中，使二极管起空载半波整流作用，再将两只表笔插入 220V 交流电源插座中，若万用表的直流电压为 $0.45 \times 220V = 99V$ 左右，表明二极管正常；如果直流电压读取值偏离 99V 太大，则表明二极管已损坏。

4）熔丝管。

微波炉里有两个熔丝管：一个高压熔丝管，一个低压熔丝管。

高压熔丝管装在微波炉的下方，和高压变压器、高压二极管、高压电容器在一起。为了防止它触及或接近其他元件和连线，造成漏电或高压放电，常把高压熔丝管装进一个塑料硬壳里，如图 3-44 在炉内的高压熔丝管。

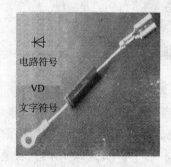

图 3-43　高压二极管

图 3-44　高压熔丝管

低压熔丝管是微波炉里的220V市电熔丝管，是彩电里一样的延迟熔丝。如图3-45所示。常见规格有8A、10A、15A。换用普通熔丝管，要用额定电流大一点的，否则经常断保险。它的位置在微波炉的上方。它们是否烧断，用肉眼能看出。也可用万用表欧姆档测通断。若是常断高压熔丝，原因除了变压器、二极管、电容电动机等元器件漏电短路外，云母片太脏，烧的食物太少（如不足鸡蛋大）等，也是常见原因。

图3-45 低压熔丝管

5）其他元器件检测。

① 磁控管

磁控管实物如图3-46所示。

灯丝引出线圈密封腔

微波能量输出器

灯丝引出插脚

散热片

图3-46 磁控管

磁控管好坏测量方法：

关机后，使高压电容放电，拔下磁控管灯丝两个插头。取下磁控管上的连接件，将磁控管与微波炉电路完全脱离。检查磁控管的好坏时看天线端的玻璃或陶瓷有无破损，检查磁钢有无破损。若没有明显故障，则按照以下步骤检测：

用万用表 $R \times 1$ 档，检查磁控管的两个灯丝接线柱之间的电阻，其值应小于1Ω。若电阻为无穷大，则灯丝已断；若电阻为0，则灯丝短路。

用万用表 $R \times 10k$ 档检查灯丝与管壳间的电阻，其阻值应为无穷大，否则存在短路故障。

② 电动机

微波炉里有3个小电动机。文字符号就是M。3个电动机分别在下面3个部件

风扇电动机实物如图3-47所示。

定时器电动机如图3-48所示。

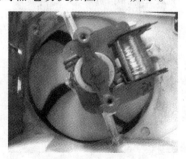

图3-47 风扇电动机

图3-48 定时器电动机

转盘电动机实物如图 3-49 所示。

若转盘不能转动，按下列步骤拆装：

拆：

取出转盘，向上拔出玻璃盘下面的传动卡子；

竖起炉身，底下有个大圆形突出部分；

用斜口钳剪下 3 个相连部分；

取下圆板，拆下转盘电动机。

装：

装上电动机；

对准插片和插口，插入，对准孔眼，上一个粗一点的自攻螺钉。

图 3-49　转盘电动机

③ 热电断路器

热电断路器是用来保护磁控管的。若磁控管的温度超过 145～155℃时，热电断路器就自动断开，切断电源，从而保护了磁控管。热电断路器在微波炉里紧贴在磁控管上方。热电断路器的测量和开关的测量方法类似，可用万用表欧姆档测它通断，判断其好坏。熔断后只有换新的。微波炉内的热断路器实物如图 3-50 所示。

图 3-50　微波炉内的热断路器

④ 定时器

定时器只在机电式微波炉中使用。一台 220V 电动机作动力，带动两组齿轮转动，按照面板上两个旋钮的指示，完成定时和功能的控制作用。定时器背面自上而下，有 1、2、3、4 共 4 个接线铜片。定时器原理图如图 3-51 所示，定时器实物图如图 3-52 所示。4 组引出线分别通向以下各处：

棕色线，到 S_1 和 220V 熔丝（再接到电源 L）。

黄色线，到电灯，电动机 M_1，电动机 M_2，电动机 M_3。

蓝色线，到 S_2 和 S_6（再接到电源 N）。

黑色线，到高压变压器。

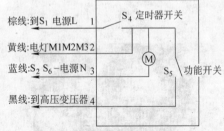

图 3-51　定时器原理图

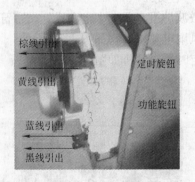

图 3-52　定时器实物图

⑤ 门开关

微波炉的门关上，电源接通；门打开，电源断开，保证了微波不外泄。微波炉炉门里面，上下有两个门钩。上门钩带动 S_1 开关，下门钩带动 S_2 和 S_3 两个开关。这 3 个开关都是带触头的单刀双掷开关（俗称三线开关）。动点与常闭点连接，碰到触头，动点与常断点连接。

开门时，情况和关门时完全相反。开门时，3 个门开关通断情况——两闩锁开关断开，短路开关闭合，微波炉不工作。而且，即使第一闩锁开关 S_1 漏电或烧穿，也只能使220V熔丝熔断，微波炉不工作的。

思考与练习

1. 简述自动保温电饭锅的电路工作原理。
2. 电磁炉故障检修时应注意哪些事项？
3. 分析微波炉开机后不能加热故障现象及维修方法。
4. 简述用万用表检测磁控管的好坏。
5. 列举微波炉常见故障的分析与维修方法。

第4章 电子消毒柜

电子消毒柜是一种对餐具、茶具等器皿进行杀菌、消毒的家用电器。在日常生活中人们离不开餐具、茶具等器皿，而病毒又往往借助这些器皿进入人的身体，危害身体健康。为杜绝传染源，做到清洁卫生，人们对餐具、茶具等器皿的消毒越来越重视。而用电子消毒柜消毒，对大肠杆菌、乙肝病毒、痢疾菌、葡萄球菌等病菌都有明显的杀灭作用，从而保证人们的身体健康。因此，电子消毒柜被广泛用于家庭、接待站、幼儿园、卫生所、小型餐厅、茶馆等场所。

4.1 低温型电子消毒柜的结构与工作原理

1. 低温型电子消毒柜的结构

低温型电子消毒柜主要是利用臭氧杀菌消毒的。主要由柜体、柜门、餐具篮筐、臭氧发生器、远红外线电热管等部件组成，如图4-1所示。

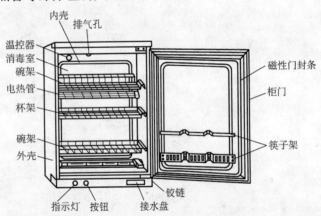

图4-1 低温型电子消毒柜结构示意图

2. 低温型电子消毒柜的电气原理（见图4-2）

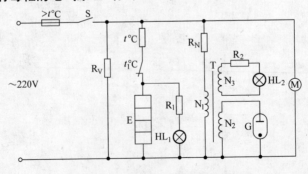

图4-2 低温型电子消毒柜电气原理图

　　在使用时，先把洗净的餐具或茶具放入篮筐或托架内，关好门，然后接通电源，将定时器开关 S 定好时间。由于双金属片处于接通状态，红灯亮，远红外线电热器也因通电而加热，使柜内的温度开始上升，同时高压变压器 B 的一次线圈 N_1 通电，在二次线圈 N_2 产生一定的高压，使臭氧管产生臭氧，在二次线圈 N_3 上也感应220V交流电，使臭氧指示灯 ZD_2 亮（绿灯）。当柜内的温度上升，超过预定的温度60℃时，控制温度的 t_1℃的双金属片断开，远红外线电热器断电停止加热，加热指示灯 ZD_1 熄灭。当柜内的温度下降到预定温度60℃时，双金属片又一次接通，使远红外线电热管再次通电加热，从而使柜内的温度始终维持在60℃左右。当消毒时间到预定时间时，定时开关 S 断开，整个电路停止工作。

4.2　高温型电子消毒柜的结构与工作原理

1. 高温型电子消毒柜的结构

　　高温型电子消毒柜是以远红外线电热元件为热源。它主要由柜体、柜门、篮筐及电热元件等组成，如图4-3所示。

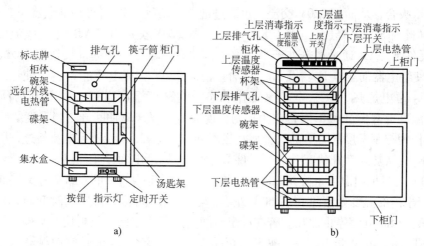

图4-3　高温型电子消毒柜结构示意图

a）单门双柜　b）双门双柜

　　单门单柜电子消毒柜体积小，容量也小，一般适用于家庭、接待室对餐具、茶具的消毒；双门双柜电子消毒柜体积较大，容量也比较大，一般适用于幼儿园、卫生所、餐厅、茶馆对餐具、茶具等的消毒。

2. 高温型电子消毒柜的原理

　　高温型电子消毒柜是以远红外线电热元件为热源。所谓远红外线实际上是一种波长为 $30 \sim 1000\mu m$ 的远红外光（一种不不可见光）。远红外线电热器能将远红外线辐射能直接辐射到消毒的物体上，并被其吸收，从而使辐射能转变为热能。远红外线有显著的加热效应和强烈的穿透能力，易被物体所吸收，因此被加热物体温度上升快，节约能量，达到高温杀菌、消毒的目的。

　　高温电子消毒柜的电气原理图，如图4-4所示。

　　在使用时，先把洗净的餐具或茶具放入篮筐或托架内，然后接上电源，将定时器开关 S

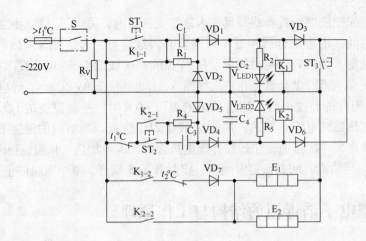

图 4-4　高温电子消毒柜电气原理图

定好时间，按下起动按钮 ST_1。220V 交流电便通过电容器 C_1 交流降压、二极管 VD_1 整流、电容器 C_2 滤波，从而获得所需的直流电压。此时继电器线圈 K_1 通电，使继电器动触点 K_{1-1} 及 K_{1-2} 吸合，从而使 220V 交流电可通过继电器动触点 K_{1-1} 维持继电器线圈 K_1 继续通电而工作（此时 ST_1 已释放）。由于 K_{1-2} 闭合，故 220V 交流电经 VD_7 半波整流后，使远红外线电热元件 E_1、E_2 通过加热处于半功率工作状态。再按一下起动按钮 ST_2，继电器线圈 K_2 通电，使继电器动触点 K_{2-1} 及 K_{2-2} 吸合。此时 220V 交流电通过 K_{2-2}，使远红外线电热元件 E_1、E_2 通电加热，处于全功率工作状态，消毒柜温度可以一直上升到预定的温度125℃。当温度上升超过 60℃ 时，作为控制温度的 t_2℃ 双金属片断开。当温度继续上升超过120℃ 时，作为控制温度的 t_1℃ 的双金属片也断开，继电器 K_2 线圈无电流流过，因而使触动点 K_{2-1}、K_{2-2} 恢复到常开状态，加热元件 E_1、E_2 也因断电而停止加热，保证了柜内的温度不超过 120℃。当柜内温度下降到 60℃ 以下时，作用温度为 t_2℃ 的双金属片又接通。这样周而复始，使柜内的温度始终维持在 60℃ 左右。当消毒时间达到设定的时间时，定时开关 S 断开，电热器因断电而停止加热。若在设定时间内想停止工作，只要按一下停止按钮 ST_3 即可。按下 ST_3 后，继电器 K_1、K_2 被 ST_3 短路而无电流流过，从而使动触点 K_{1-1}、K_{1-2}、K_{2-1}、K_{2-2} 恢复到常开状态，整个电路因断电而停止工作。

4.3　双功能型电子消毒柜的结构、工作原理及检修

1. 双功能型电子消毒柜的结构

双功能型电子消毒柜一般采用双门双柜双温结构，如图 4-5 所示。

2. 双功能型电子消毒柜的工作原理

双功能型电子消毒柜的工作原理与高温型和低温型电子消毒柜基本相同，科凌 ZTP－63A 型双功能型电子消毒柜其电气原理如图 4-6 所示，全电路由高温消毒电路、保温电路和臭氧消毒电路 3 部分组成。

（1）高温消毒电路

接通电源，按消毒开关 SB_1，继电器 K 得电吸合，常开触点 K_1、K_2 闭合导通，工作指示灯（红）HL_1 亮。220V 交流电源经超温熔断器 FU 分成两路，一路经高温消毒温控器

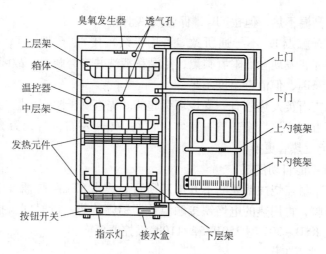

图 4-5 双功能型电子消毒柜结构图

ST_1、K_1、K 构成控制回路。另一路经 K_2、石英发热管 E_1、E_2 及 HL_1 构成发热回路，E_1、E_2 通电升温。当高温消毒室温度升到 125℃时，ST_1 触点断开，K 失电，K_1、K_2 释放复位，断开控制回路和发热回路电源，E_1、E_2 停止工作，HL_1 熄灭，表示高温消毒完成。

（2）保温电路

按保温开关 SB_2，HL_1 亮，交流电源经 FU、SB_2、保温温控器 ST_2 与 E_1、E_2 构成回路，E_1、E_2 升温。当消毒室温度达到 70℃时，ST_2 触点断开，E_1、E_2 停止发热，HL_1 熄灭。当温度下降至 50℃以下时，ST_2 自动闭合通电，恢复保温状态，使保温温度维持在 60℃左右。如需停止保温，关断 SB_2。

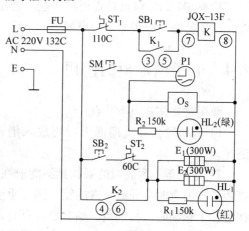

图 4-6 科凌 ZTP－63A 型电子消毒柜原理图

（3）臭氧消毒电路

关好臭氧消毒室柜门，门控开关 SM 受压闭合，将定时器 PT 置于合适档位即接通电源，臭氧指示灯（绿）HL_2 亮，臭氧发生器 O_3 产生臭氧对食具进行消毒，PT 倒计时终了时自动关机。

3. 常见故障与维修方法

（1）整机不工作

此故障是电源不通所致。用万用表测电源插座若电压正常，则重点检查机内电源接线器接头的螺钉是否松动，若接头不牢，需将接头插到位再拧紧螺钉。如果是 FU 熔断，应用 RF 型 250V/5A/132℃超温熔断器更换。

（2）按 SB_1，高温不热

此故障也是电源不通所致。重点检查 FU、ST_1、SB_1 和 K 是否坏，如果测量继电器 K 线圈 7、8 脚不通（正常阻值约 14kΩ），说明线圈断路，用 JQX－13F（220V）型交流继电器更换。

（3）按 SB$_1$，高温不热，但按 SB$_2$，保温发热正常

该故障多是常开触点 K$_2$ 不导通所致。若用导线短接 4、6 脚后 E$_1$、E$_2$ 即发热就能证实。拆开继电器外壳，发现触点附着碳黑，用酒精清洗并修磨触点，故障排除。

（4）按 SB$_1$ 或 SB$_2$，但消毒温度不足

此故障多是两支石英发热管有一支烧坏引起的。先查管子两端引脚与导线接头是否氧化松动。若正常，用万用表测量发热管，正常阻值约 160Ω 左右，若无穷大则烧坏。可用 KB 型 220V/300W 石英发热管更换。

（5）高温消毒不能自动停机

此故障多是 ST$_1$ 触点烧蚀粘死断不开电源所致。拔出 ST$_1$ 两脚插线端子，将万用表红、黑表笔接触 ST$_1$ 两脚，再用热的电烙铁接触温控器铝帽传热一段时间，指针能偏转则正常，不偏转则坏。可用 KSD－301 型 250V/5A/110℃ 温控器更换。

（6）臭氧发生器不工作

检查 SM、PT 触点是否正常接触。若正常，多是臭氧发生器损坏，因用环氧树脂封固组件，难于检修，应按原型号更换。

4.4　电子消毒柜的使用

使用时要注意以下几点：

1）应将餐饮具洗净沥干后再放入消毒碗柜内消毒，这样能缩短消毒时间，降低电能消耗。

2）塑料等不耐高温的餐饮具不能放在高温消毒柜内，以免损坏食具；彩瓷器皿放入消毒柜进行消毒时会释放有毒的铅、镉等重金属，危害人体健康。因为陶瓷碗、盘、缸、罐、钵等在上彩釉时，其釉质、颜料都含有有毒的铅、镉等重金属。平时，这些物质是比较稳定的，但遇到高温则容易溢出。而食具消毒柜在工作状态下，内部温度可高达 200℃。经常在这些消毒过的彩瓷里放置食品，会使食品受到污染，危害健康。

3）碗、碟、杯等餐具应竖直放在层架上，最好不要叠放，以便通气和尽快消毒。

4）在进行臭氧消毒的时候，严禁打开柜门，以免臭氧泄露。因为此时柜内的臭氧已经达到了一定的浓度，若打开柜门臭氧就会全部释放出来，而高浓度的臭氧虽然能消毒，但对人、环境也是非常有害的。如果在使用中闻到了臭氧的气味，可能是消毒柜的密封性出了问题，应该及时维修。在使用消毒柜臭氧消毒时要注意臭氧发生器工作是否正常，凡听不到高压放电的吱吱声或看不到放电蓝光，说明臭氧发生器可能出现故障，应及时维修。其他类型的消毒柜消毒期间也最好别开门，以避免被高温灼伤等不良后果产生。

5）在使用紫外线消毒柜消毒时要注意紫外线是否透露出来，紫外线也会对人体造成伤害，如果消毒柜门损坏就应及时维修。

6）消毒结束后不要马上打开柜门，应等待 20min 后再打开柜门，一来可使消毒的效果更佳，二来可以使消毒柜内的臭氧还原。打开柜门时会有少量臭氧味溢出，但这时的臭氧浓度已无碍人体的健康。

7）要定期将柜身下端集水盒中的水倒出抹净。使用一段时间后要定期清洁柜内及外表面，使消毒柜保持干净卫生。一些用户把带水的食具放入柜内又不经常通电，致使消毒柜的

各电器元件及金属表面受潮氧化。如在红外发热管管座处出现接触电阻，易烧坏管座或其他部件，缩短消毒柜的使用寿命。

8）消毒柜是专门为消毒餐饮具而生产的，其他东西不能放进消毒柜内消毒，以避免发生危险。

9）每日通电一次，这样既能起到杀菌消毒的作用，又能延长消毒柜的使用寿命。

技能训练　科凌 ZTP – 63A 型电子消毒柜温控器的故障检修

1. 实训工具、仪器和设备

万用表、螺钉旋具、电烙铁、尖嘴钳、电子消毒柜等实训工具如图 4-7 所示。

2. 实训目标

1）能够熟练进行电子消毒柜的拆装。

2）会使用相关仪器检测电子消毒柜主要零部件的好坏。

3）能够检修电子消毒柜的常见故障。

3. 实训内容

科凌 ZTP – 63A 型双功能型电子消毒柜温控器的常见故障是消毒温度不够或是温度过高，外壳发烫。故障原因分析如下：

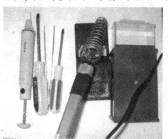

图 4-7　实训使用工具

（1）温度不够主要有 3 个原因：

1）温控器失灵，未达到预定温度而提前动作；

2）继电器相关转换触点接触不良；

3）相关电热管接触不良或损坏而不发热。

维修方法：换温控器；修理触点，使其接触良好；换电热管。以科凌 ZTP – 63A 型双功能型电子消毒柜为例，若按 SB$_1$ 或 SB$_2$，但消毒温度不足，其故障原因多是两支石英发热管有一支烧坏引起的。先查管子两端引脚与导线接头是否氧化松动。若正常，用万用表测量发热管，正常阻值约 160Ω 左右，若无穷大则烧坏。可用 KB 型 220V/300W 石英发热管更换。

（2）温度过高，外壳发烫的原因主要有两个：

1）温控器失灵，消毒室内温度远超过 125℃；

2）继电器触点熔结粘连而不断电。

维修方法：换温控器，修理触点或换继电器。以科凌 ZTP – 63A 型双功能型电子消毒柜为例，高温消毒不能自动停机，其故障原因多是 ST$_1$ 触点烧蚀粘死断不开电源所致。拔出 ST$_1$ 两脚插线端子，将万用表红、黑表笔接触 ST$_1$ 两脚，再用热的电烙铁接触温控器铝帽传热一段时间，指针能偏转则正常，不偏转则坏。可用 KSD – 301 型 250V/5A/110℃ 温控器更换。

（3）检修步骤

1）电子消毒柜的拆卸；

2）拆开后面的螺钉；

3）电子消毒柜的装配；

4）查出故障，修理之后按拆卸的逆顺序装机。

（4）电子消毒柜的其他故障检修

以科凌 ZTP – 63A 型双功能型电子消毒柜为例。

1）整机不工作。此故障原因是电源不通电所致。先用万用表测电源插座电压是否正常，若正常，则重点检查机内电源接线器接头的螺钉是否松动，若接头不牢，需将接头插到位再拧紧螺钉。如果是 FU 熔断，应用 RF 型 250V/5A/132℃超温熔断器更换。

2）按 SB$_1$，高温不热。此故障也是电源不通电所致。先检查 FU、ST$_1$、SB$_1$ 和 K 是否损坏，若正常，再测量继电器 K 线圈 7、8 脚是否正常导通，正常阻值约 14kΩ，若所测值不符，说明线圈断路，用 JQX – 13F（220V）型交流继电器更换。

3）按 SB$_1$，高温不热，但按 SB$_2$，保温发热正常。该故障多是常开触点 K$_2$ 不导通所致。若用导线短接 4、6 脚后 E$_1$、E$_2$ 即发热就能证实。拆开继电器外壳，发现触点附着炭黑，用酒精清洗并修磨触点，故障排除。

4）臭氧发生器不工作。检查 SM、PT 触点是否正常接触。若正常，多是臭氧发生器损坏，因用环氧树脂封固组件，难于检修，应按原型号更换。

思考与练习

1. 简述低温型电子消毒柜的工作原理。
2. 简述高温型电子消毒柜的工作原理。
3. 简述双功能型电子消毒柜常见故障与维修方法。

第 5 章 电 热 水 器

贮水式电热水器（FCD）是利用电加热元件将常温的水加热至沸点以下的电热器具。

5.1 电热水器的结构

电热水器主要由水箱、发热元件、温控器和过热保护器以及外壳、指示灯、温控器旋钮、淋浴喷头等组成，如图5-1所示。其结构分解图如5-2所示。

（1）水箱

水箱是贮存热水的容器，采用耐腐蚀的材料，如不锈钢、铜材或塑料制造，要求能承受一定的实验压力。

（2）加热元件

加热元件多采用管状电热元件，金属保护管有铜或不锈钢管。加热元件的形状由水箱结构来决定，加热元件的表面负荷设计值为 $6 \sim 8 \mathrm{W/cm}^2$。

（3）温控器

大多采用压力式温控器或双金属片式温控器。温控器的温度控制范围为 $30 \sim 85 ℃$。

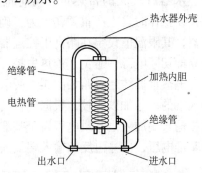

图5-1 贮水式电热水器结构图

（4）过热保护器

过热保护器是电热水器必须装有的一种装置，当温控器失灵后，水温不断升高，此时，过热保护器动作，切断电源，起到保护作用。过热保护器应是非自动复位的热断路体或热熔断体。过热保护器切断电源时，热水器流出热水的温度不超过98℃。

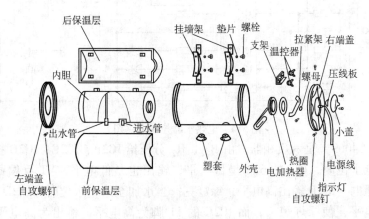

图5-2 电热水器结构分解图

5.2　电热水器的工作原理

电热水器的工作原理如图 5-3 所示。当接通电热水器电源后，电流流过管状电热元件，将电能转化为热能，然后经管壁与水的接触把热量传递给需加热的水。家用电热水器加热温度的控制，由装在热水器上的温控器和限温器来完成。控温器一般都设置在插入水中的金属管内，其最高控制温度一般都设定在 70 ~ 80℃ 之间，这样就可保证热水器有较大的蓄热量，同时也不至于

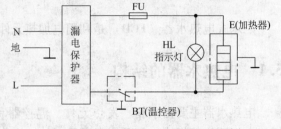

图 5-3　电热水器的电路原理图

在错误操作时发生严重烫伤。为了确保控温器失灵时加热不至失控，还在热水器上安装了限温器，其限温值设定在略高于控温器的最高控制温度，一旦加热温度达到设定值时，限温器便立即切断电源，避免了加热失控，造成事故。

电热水器控制电路如图 5-4 所示。图中 IC2（CJ0339）是四电压比较器，能将加在两个输入端的信号加以比较，根据比较结果去控制其他电路。其反相输入端接基准电压，信号由同相输入端加入当含量电压高于基准电压时，输出由低电平变为高电平。反之其同相输入端接基准电压，信号由反相输入端加入，则为低电平。

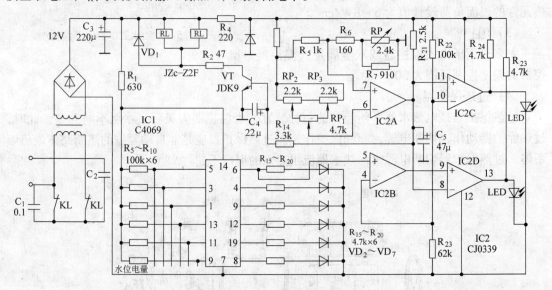

图 5-4　电热水器控制电路图

图中 IC1（C4069）是六反相器。由 R_{22}、R_{23} 分压给 IC2B、IC2C、IC2D 提供基准电压，当水未加至最低水位时，IC1 的 6 脚是低电平，输出也是低电平，VT 反偏截止，KL 不吸合，电热管不通电，IC2D 输出高电平，绿灯亮。当水加至第一水位时，IC2D 的 8 脚变为高电平，输出低电平，使绿灯熄灭，而 IC2C 的 11 脚为高电平，输出为高电平，使红灯亮。RP_1、RP_2、RP_3 为 IC2D 反相输入端提供基准电压（设定温度），RT 为测温电阻。当温度达到给定值时，IC2A 的 7 脚由于 RT 减小而输出低电平，从而使 VT 反偏截止，KL 断电，电

热管断电。同时 IC2C 输出低电平，IC2D 输出高电平，红灯熄，绿灯亮。

5.3 电热水器的安装、使用与保养

1. 电热水器的安装

电热水器的安装分水路和电器控制两部分。安装挂壁式电热水器时，先将安装板牢固地装于墙上后，再挂上电热水器。混水阀装在电热水器的进、出口上，用水管螺母和密封圈连接。最后用连接件将自来水管连接牢固。

注意：安装板的位置应使电热水器的顶面与天花板之间有 10cm 以上的间距；电源开关应安装在离热水器 1m 以外，高出地面 1.5m 以上。安装完成后，应检查水路系统安装质量，即打开各水阀，检查各环节有无漏水。

2. 电热水器的使用与保养

首先，将电源开关、温控器旋钮转到"OFF"位置。然后打开自来水阀，使水箱满水。再接通电源，将温控器旋至所需要的温度，指示灯亮，表示加热正在进行。当指示灯熄灭时，表示水温已达到预选温度，即可使用。

热水器搬回家后，最好先经几次"热身"。主要原因是很多贮水式电热水器大多不能承受较高的水压力。这种压力来自两个方面，一是热水器在加热时，水受热膨胀在一定空间形成压力；二是自来水压力，管道自来水的压力虽有一定的指标属于产品标准，低水压时毫无问题，但水压过高时，须避免使热水器内胆突然受到压力的冲击而导致损伤。具体办法是，新热水器加热时最好加热到保温的程度，然后再经 3~5h 的保温，并且将烧热的水全用光后，再行加热、保温。经过 3~5 次这样的循环，热水器就到了最佳的使用状态。

使用前切断电源，虽然电热水器设有断电保护装置，但为了安全起见，使用前最好先将电源切断（即拔下插头），以防触电引起人身伤害。使用时，先旋转冷水阀旋钮，再旋转热水阀旋钮，然后反复调节两旋钮，直到有合适温度的水流流出为止。在调节过程中，切勿过度旋转热水阀旋钮，以免热水温度过高而烫伤人体。

当热水器使用了较长时间后，水垢沉积物覆盖在换热器的表面时，就会大大降低换热效率。最好每半年就给热水器"洗一次澡"，日常清洁热水器的简单办法是：首先，先切断电源，并关闭进水阀。接着，旋开出水阀，排清热水器内的水和沉淀物。最后，用自来水冲洗热水器内胆。清洗完毕，再将排水开关恢复原位，注意满水后方可通电。

还有镁棒最好及时换，镁棒属消耗品，养护不及时容易造成热水器产品漏电现象。

技能训练 海尔小海象电热水器控制系统的故障检修

1. 实训工具、仪器和设备

万用表、螺钉旋具、电烙铁、活扳手、尖嘴钳、电热水器等实训工具如图 5-5 所示。

2. 实训目标

1）能够熟练进行电热水器的拆装。

2）会使用相关仪器检测电热水器主要零部件的好坏。

图 5-5　实训使用工具

3）能够检修电热水器的常见故障。

3. 实训内容

（1）准备工作

准备好拆装所需用的工具和器材，螺钉旋具、万用表、电烙铁、尖嘴钳、活扳手、电热水器一台，海尔小海象热水器实物如图 5-6 所示。

（2）电热水器控制系统的故障分析

电热水器的常见故障为出水不热，温度过高，电加热器不加热等，其故障原因可能是操作不当（冷热水调节不当、电源未接通）引起的，若操作正确，则出水不热的原因可能是电加热器和温控器发生故障。电加热器不加热的主要故障原因超温保护器或漏电保护器动作，使复位按钮弹起，漏电保护插头指示灯熄灭。电热水器的温度控制器实物、结构等如图 5-7～图 5-9 所示。

图 5-6　海尔小海象热水器

（3）检修步骤

1）用螺钉旋具拆开热水器的底盖，用万用表欧姆档测量电加热器（见图 5-10）的电阻值，如果阻值很大，则应更换相同型号的电加热器。

2）用螺钉旋具拆下温控器，检查温控器的触点接触情况，将温控器旋钮调至较低处；对触点粘连的，可将温控器拆开，将粘连触点分开，如图 5-11 所示。温控器已坏，更换新的温控器即可。

3）若是超温保护，只需待水温降低后，按下复位按钮即恢复正常；若系漏电，需仔细检查漏电原因，待排除故障后按下复位按钮，如图 5-12 所示。

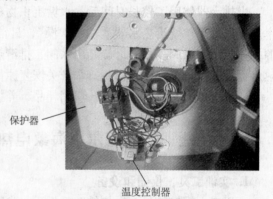

保护器

温度控制器

图 5-7　电热水器温控器实物图

（4）其他故障检修

1）漏水。

故障原因：

管道连接处、安全阀接口处漏水。

图 5-8　温控器

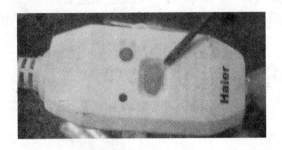

图 5-9　复位按钮

电加热器

图 5-10　电加热器

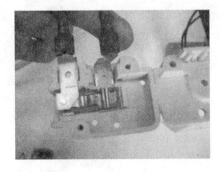

图 5-11　温控器触点

图 5-12　电热水器漏电保护插头

检修方法：

重新安装接口、紧或重新密封安全阀。

2）出水带电。

故障原因：

① 导线的绝缘性被破坏。电加热器绝缘损坏或内部导线绝缘层失效，搭接在外壳或内胆上。

② 出水口接地失效。

③ 水中分布电流大。

检修方法：

① 更换电加热器，更换时要保持电器接触良好，有关密封部分不漏水。拆开电热淋浴器，检查出导线绝缘层损坏的部分，进行更换。

② 重新安装好接地线，保证接地电阻小于 0.1Ω。

③ 用细钢丝编织成网，包在出水口上，并与接地线良好接触。

3）进水困难。

故障原因：

① 脏堵。主要是由于自来水水质不好，杂质超量，堵住进水口的逆水阀，设有进水滤网的淋浴器是因为滤网孔被堵。

② 气堵。

检修方法：

① 关闭自来水供水总阀，清理管路，冲出赃物或清洗滤网。

② 气堵常见于密闭水箱贮水式电热淋浴器，如热水阀打开后喷出大量热气，此时应切断电源检修温控器；如加热水阀打开后，热气断续流出，量很小，一般是脏堵造成的。此时应开大冷水进水阀，以降低水温，待水温降低后，检查热水阀是否脏堵，洗净后冷水便会从热水阀中流出。

思考与练习

1. 简述电热水器的工作原理。
2. 检修电热水器故障时应注意哪些事项？
3. 分析电热水器不能加热故障现象及维修方法。

第6章 洗衣机

6.1 波轮式全自动洗衣机

1. 波轮式全自动洗衣机的结构与工作原理

波轮式全自动洗衣机按控制方式不同分为机电式和微电脑式两类，其总体结构基本相同，如图6-1所示。

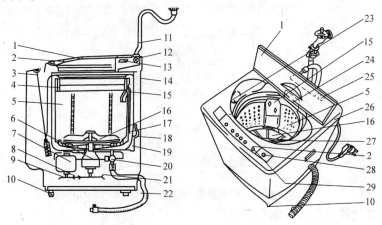

图6-1 波轮式全自动洗衣机结构

1—折叠式上盖 2—操作板 3—吊杆 4—平衡环 5—洗涤脱水桶 6—离合器 7—电动机 8—V带
9—带轮 10—调整脚 11—进水软管 12—进水阀 13—程序控制器 14—外箱体 15—布屑收集过滤网袋 16—波轮
17—盛水桶 18—导气软管 19—空气室 20—排水阀 21—带轮 22—排水软管 23—漂白剂、液体洗涤剂注入口
24—预约洗涤专用洗涤剂加入口 25—除湿型干燥机用的排水口 26—软管挂架
27—柔软剂注入口 28—电源开关 29—起动/暂停按钮

波轮式全自动洗衣机主要有外箱体、弹性支承结构、面框、盛水桶、洗涤脱水桶、波轮、电动机、离合器、V带、电容器进水电磁阀、排水电磁阀、水位开关等组成。

2. 波轮式全自动洗衣机的电气原理

全自动洗衣机控制系统框图如图6-2所示。机电式程控器全自动洗衣机是通过程控器内的各个触点分别接通和断开，改变电流的通路和断开线路，控制电气部件运行。微电脑式全自动洗衣机是通过将洗衣动作编成语言，汇聚在集成芯片内，由芯片发出各种命令，控制电器部件运行。

3. 机电式程控器全自动洗衣机

常见机电式程控器全自动洗衣机的电气原理图如图6-3所示。机电式程控器全自动洗衣机是通过程控器、电气控制系统和机械控制系统相互配合作用，改变电流的通路和断开电路，控制电气部件运行。

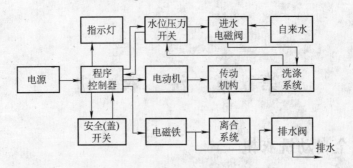

图 6-2　全自动洗衣机控制系统框图

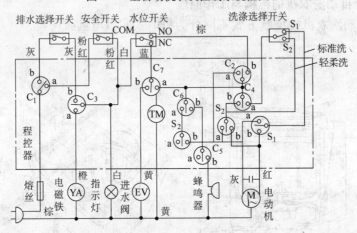

图 6-3　机电式程控器全自动洗衣机的电气原理图

4. 微电脑式程控器全自动洗衣机

微电脑控制全自动洗衣机的电路原理图如图 6-4 所示。以单片微电脑为核心的程控器电路由很多电子元器件组成，它们都安装在一块长 32cm、宽 5cm 的电路板上。程控器通过接插件与电动机、进水电磁阀、排水电磁阀等电气部件连接。当洗衣机接通电源，选择自动程序，按动"起动/暂停"按钮后，指令信号送入程控器的 IC，由 IC 向晶闸管 VT_3 的门极提供触发信号，VT_3 导通，进水阀通电开启，洗衣机开始注水。当洗衣桶内达到选定的水位时，水位开关动作而接通，向 IC 发出了停止注水的信号，IC 输出端发出触发信号使 VT_1 和 VT_2 导通，同时使 VT_3 截止，注水停止，洗衣机转入下一程序。控制 VT_1 和 VT_2 导通的触发信号是根据水流选择开关所选择的电动机运转周期，有规律地传给 VT_1 和 VT_2 的门极，使其截止和交替导通，实现电动机的正反转洗涤程序。

5. 使用与保养

1）每 1～2 个月检查洗衣机的底座脚垫。

2）不定期打开洗槽盖让槽内晾干，以防止霉菌孳生。

3）在长期不使用洗衣机时应将电源插头拔下。

4）洗衣机的控制面板及靠近插头部分应尽量保持干燥；若发生漏电情况，就是电线部分已经受损，应立即找人维修。接地线不可接在燃气桶或燃气管上，以免发生危险。

5）每次洗完衣服后，清理丝屑过滤网以及外壳，但请勿使用坚硬的刷子、去污粉、挥发性溶剂来清洁洗衣机，也不要喷洒挥发性的化学品如杀虫剂，以免洗衣机受损。

6）长期使用洗衣机，注水口易被污垢堵塞，减低水速，因此须彻底清理，以免造成给

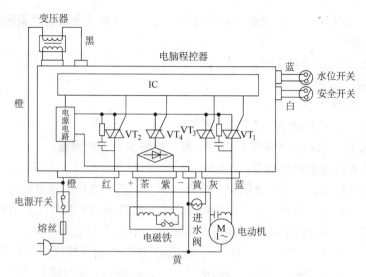

图 6-4　微电脑控制全自动洗衣机电路原理图

水不良或故障。

7）洗衣机请勿靠近燃气炉，点燃的香烟及蜡烛也请勿靠近洗衣机。

8）洗衣物若沾有挥发性溶剂时，请勿放入洗衣机，以防止火灾或气爆发生。洗衣时，请先清除口袋内的火柴、硬币等物品，并将衣服拉链拉上，以防止洗衣槽损坏。

9）请勿让洗衣机超负荷运转，若长时间运转则可能发生异常（有烧焦味等），须立即停止运转并拔掉电源插头，并请尽快与当地服务站或经销商联系。

10）脱水槽未完全停止前，手绝勿触摸。

11）安装接地线、排水管换边或检修洗衣机时，请先拔掉插头，以保安全。

12）每次洗完衣物，不要立刻合上洗衣机盖，而应将其敞开 2～3h，保证通风除湿。不用时最好敞开洗衣机的盖子，保持其内部干燥；平时，也可以用洗衣机专用的清洁剂自己进行清洁。清洁方法其实很简单，就是要先把清水加至高水位，机器运转 5min 使清洁剂充分溶解，关闭洗衣机电源至少浸泡 1h，再按日常洗涤模式清洗机体，停止后就会看见大量的污垢碎片漂浮在水面上。平均每隔 2～3 个月清洗一次，机内污垢就很难堆积了。

6. 全自动洗衣机常见故障分析和维修

1）不排水。

检修：检查发现排水电磁阀线圈烧坏。调换新件后，试机，电磁阀仍不能吸合。测电脑板上排水电磁阀控制电压（DC210V）输出端，为 0V，说明电脑板上排水电磁阀控制电路有问题。经检查发现电磁阀供电线路铜箔已烧断。挖开密封胶，用导线将烧断处连接好，故障排除。

该机电路板的排水电磁阀供电铜箔太细，其目的是为了同时起到熔丝的作用，当排水电磁阀线圈短路后，铜箔因过电流烧断。

注意：维修后，在挖去密封胶处均应打上玻璃胶以防受潮漏电。

2）洗衣机噪声过大，甚至有撞击声。

原因主要有以下几个方面：

① 洗衣机安装不平。全自动洗衣机更为重要，一定要选择平地，调好水平位置。

② 电动机轴承或传动轴同轴承严重磨损或碎裂，全自动洗衣机齿轮箱的齿轮有故障。

③ 传送带过紧。

④ 波轮变形与洗衣桶底摩擦。

⑤ 脱水桶碰外箱。

⑥ 传动轴上的密封圈过紧。

⑦ 某部位的紧固件松动。

⑧ 全自动套桶洗衣机的平衡吊杆失去平衡，应更换或调整弹簧。

如何减小洗衣机的振动与噪声：

洗衣机使用日久后，由于机械磨损、缺乏润滑油、机件老化、弹簧疲劳变形等原因，会出现各种不正常的振动与噪声。若不及时修理，会导致洗衣机的机件加速磨损甚至损坏。实际上，通过适当的调整和简单修理，即可以消除或减小振动与噪声。

① 洗衣时，机身发出"砰砰"响声。该故障多是洗衣桶与外壳之间产生碰撞或者是洗衣机放置的地面不平整或 4 只底脚未与地面保持良好的接触。这时需将洗衣机重心调整，放置平稳，或在 4 个底脚垫上适当垫块。

② 洗衣时，波轮转动发出"咯咯"摩擦声。检修时，可放入水，不放衣物进行检查。此时若在波轮转动时仍有"咯咯"的摩擦声，说明是由于波轮旋转时与洗衣桶的底部有摩擦引起的，如再放入衣物，响声会更大。故障原因可能是波轮螺钉松动，可先拆卸出波轮，再在轴底端加垫适当厚度的垫圈，以增加波轮与桶底的间隙。消除两者的碰撞或摩擦。若是波轮外圈碰擦洗衣桶，则应卸下波轮，重新修整后再装上。

③ 电动机转动时，转动皮带发出"噼啪"声。该故障是由于传动带松弛而引起的。检修时，可将电动机机座的紧固螺钉拧松，将电动机向远离波轮轴方向转动，使传动带绷紧，再将机座的紧固螺钉拧紧。

3）全自动洗衣机脱水时，脱水桶有较大的振动噪声。

引起脱水桶振动噪声的具体原因和处理方法是：

① 脱水桶和洗涤桶之间有杂物。只要将杂物清除即可。

② 脱水桶平衡圈破裂或漏液，使脱水桶转动时失去平衡作用。只要更换平衡圈即可解决。

③ 脱水桶法兰盘紧固螺钉松动或破裂。只要紧固或更换法兰盘即可。

④ 脱水轴承严重磨损或松动。只要紧固或更换脱水轴承即可。

4）全自动洗衣机脱水结束后，制动时间过长。

该故障系制动带不能抱紧脱水轴制动轮，使制动摩擦减小所致。具体原因和处理方法是：

① 离合器上的制动带安装歪斜、内衬磨损或紧固螺钉松脱。只要重新安装或更换制动带即可。

② 制动弹簧松脱、断裂或失去弹性。只要重新装好或更换制动弹簧即可。

③ 制动杆被棘爪叉顶住不能回位，使制动带不能将脱水轴制动轮抱紧。只要对棘爪拨叉位置进行调整、修复或更换拨叉即可。

④ 电磁铁动铁心被杂物阻塞不能完全伸出，使制动杆不能恢复到原位。只要清除电磁铁动铁心上的锈蚀污物或修换电磁铁即可。

5）全自动洗衣机排水不净。

此故障一般是水压开关性能不良或空气管路有漏气，使集气室内空气压力变小，当盛水桶内水位还未下降到规定位置时，水压开关触点便提前动作，使总排水时间缩短，导致排水不净的故障。只要设法找到空气管路漏气处并用 401 胶密封即可。若是水压开关损坏，则要更换水压开关。

6）全自动洗衣机排水速度变慢。

此故障一般是排水阀未完全打开或排水管路不畅所致。具体原因和处理方法是：排水阀内有杂物堵塞或排水软管弯折变形，只要清除排水阀内杂物或更换排水软管即可解决；排水拉杆与橡胶阀门间隙变大，只要适当调小排水拉杆与橡胶阀门的间隙即可；排水阀内弹簧太长或失去弹性，只要更换内弹簧即可；排水电磁阀动铁心阻尼过大或吸力变小，清除电磁铁内锈蚀污物或更换排水电磁阀。

7）全自动洗衣机洗涤时，电动机正反向运转正常，而波轮只能单向反转，不能正转。

此故障系离合器棘爪拨叉变形或调节螺钉旋入过深，使棘爪工作位置不能到位，导致洗涤轴与脱水轴在洗涤状态下未分离所致。

因离合器棘爪工作位置不到位时，方丝离合簧不能被拨松，使洗涤轴和脱水轴都被离合簧抱紧，而脱水轴在洗涤状态下又被制动带抱紧。当离合器传动带轮顺时针方向正转时，则不能带动波轮转动。当离合器传动带轮逆时针方向反转时，既是离合器方丝离合簧旋松方向，使洗涤轴与脱水轴分离；又是离合器钮簧旋紧方向，脱水轴仍被制动带抱紧，此时波轮可以反向转动。

先适当调整调节螺钉，使棘爪拨叉与制动杆间隙在正常范围内，若棘爪拨叉变形损坏，可对棘爪拨叉进行修复校正，严重时要更换棘爪拨叉才能解决问题。

8）全自动洗衣机洗涤时，脱水桶跟转。

脱水桶跟转分两种情况，一是脱水桶顺时针方向跟转；二是脱水桶逆时针方向跟转。

脱水桶顺时针方向跟转的具体原因和处理方法是：

① 制动带松脱，使制动带对脱水轴的制动力矩减小。只要重新安装好制动带即可。

② 制动带严重磨损或损坏。可通过旋转调节螺钉，将棘爪位置适当调节，增大制动带对脱水轴的制动力矩，严重时要更换制动带。

脱水桶逆时针方向跟转的具体原因和处理方法是：

① 离合器扭簧脱落、断裂或扭簧与脱水轴配合过松而打滑，使扭簧丧失止逆功能。只要重新装好扭簧或更换扭簧即可，严重时要更换减速器。

② 离合器制动带松脱、磨损或断裂。只要重新紧固或更换制动带即可。

③ 离合器制动弹簧或拨叉弹簧太软或断裂。只要更换离合器制动弹簧或拨叉弹簧即可解决。

9）全自动洗衣机程序进入洗涤状态时，电动机转动正常，但波轮不转。

该故障多发生在电动机至波轮之间的机械传动部位上。具体原因和处理方法是：

① 电动机带轮、离合器带轮和波轮的紧固螺钉松动、滑丝或断裂。只要重新拧紧或更换紧固螺钉即可；若是波轮方孔滚圆，则要更换波轮。

② V 带打滑或脱落。只要适当调大电动机与离合器的距离并在 V 带上擦些松香粉增大摩擦即可解决。若是 V 带老化变形，则要更换 V 带。

③ 离合器减速机构零件磨损或损坏，一般要更换离合器总成才行。

10）全自动洗衣机进水量必须超过设定水位较多后才会停止进水。

此现象说明实际水位已达到规定高度时，水压开关集气室内的空气压力仍达不到规定值，只有继续升高水位，水压开关才会动作。具体原因和处理方法是：

① 水压开关集气室导气接嘴堵塞或漏气。只要清除导气接嘴处杂物；或在漏气处用401胶封固即可。若是导气软管老化扭结或破裂漏气，则要更换导气软管。

② 水压开关水位控制弹簧预压缩量过大。只要将调节螺钉旋出一些，减小水位控制弹簧预压缩量即可。

③ 水压开关内换向顶杆及传动部件变形或损坏。可通过修复校正来解决，严重时则要更换水压开关。

11）全自动洗衣机进水量未达到设定水位时就停止进水。

此故障主要是水压开关性能不良，使集气室内空气压力尚未达到规定压力时，其触点便提前由断开状态转换为闭合状态而停止进水，具体原因和处理方法是：

① 水压开关水位控制弹簧预压缩量变小，只要旋入调节螺钉增加水位控制弹簧的预压缩量即可解决。若是水位控制弹簧弹力变小或失去弹性，则要更换水位控制弹簧。

② 水压开关凸轮上凹槽磨损或损坏，一般要更换凸轮才可解决。

12）全自动洗衣机水位控制故障特例。

全自动洗衣机水位控制主要是通过水压控制水位开关来实现的，该部位发生故障时将会出现进水状况时好时坏、进水不停等故障现象。出现该故障的常见原因有以下几种：

① 是电脑板损坏，不能识别水位开关信号；

② 是水位控制开关不良；

③ 是水压传导皮管破裂或漏气。

判别电脑板好坏的方法很简单，只需短接两根水位开关信号线，洗衣机如能进行正常进水，说明电脑板是好的。若检查了以上几种情况均未发现问题，更换了水位开关也不能排除故障，则这是因为存在一种较为隐蔽的故障，这时拆开洗衣机会发现洗衣机外桶壁上附着很多纤维杂物，已把水位检测孔堵住了，清除干净后故障就能排除。出现该故障的洗衣机一般使用年限已较长，内部留下了较多的脏物，如果只是从外部把孔内脏物疏通一下，虽然能一时解决问题，但时间不长又会旧病复发，所以最好能从内部清洗一下，彻底根除隐患。

13）机内冒烟而后不能自动进水，但显示和操作正常，还能执行脱水程序。

检修：拆开控制台塑料盖板，闻到焦味是从进水阀中发出来的，用万用表测得进水阀线圈两端电阻值无穷大（正常阻值为 4.5kΩ 左右）。更换新进水阀后试机，电源开关刚按下还未按起动键，进水阀就动作进水。分析为进水阀的接口电路和驱动电路（见图6-5）。损坏而导致进水失控。以 CPU 输出的控制信号经 VT_1 反向后变成双向晶闸管交流电压过零触发信号；VT_2 为控制门，必须是 VT_1、VT_2 基极均有控制信号，VS

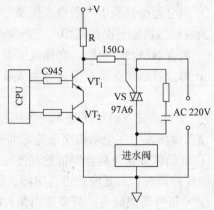

图6-5 进水阀的接口电路和驱动电路

才能被触发导通，才能执行进水。经检查 VS 的 T_1 和 T_2 脚间击穿短路（正常时 T_1 和 T_2 间正反向电阻为无穷大、T_2 和 G 间正反向电阻也为无穷大、而 T_1 和 G 间电阻为 100Ω 左右）、电阻 R 开路、VT_1 的 c、e 极间击穿短路。全部损坏元件更换后安装试机，注水受控且所有工作正常。

以上检修思路同样适合检修其他负荷（如排水电磁阀、洗衣机电动机、电源断电开关等）驱动电路的维修，但要注意各驱动电路中的双向晶闸管规格有所不同，控制洗衣电动机和排水电磁阀的双向晶闸管为 $6A \sim 8A/600V$，常见型号如 BCR8DM - 12。控制进水阀和电源断电开关的双向晶闸管为 $3A/600V$，常见型号如 BCR3AM - 12、TLC336 等。此外，因电脑板中 CPU 怕静电击穿，电烙铁应接地良好，最好断电后利用余热焊接，千万不要带电焊接。还应注意电脑板上直流和交流电源共路，焊点有悬浮高压，所以带电检测时要注意安全绝缘防止触电，最好配上 1∶1 隔离变压器。检修完后，因更换元件而挖开的密封部位应用玻璃胶重新封好以防受潮漏电。

14）洗衣机电动机绕组断路或短路的检修。

洗衣机一般均采用单相电容式电动机，电动机主要由定子、转子、主（副）绕组及端盖等组成。当检查电动机时，应打开后盖板，将电动机引线拆开，具体检查方法如下所述。

电动机绕组短路的检查方法：洗涤电动机因其工作时需正转和反转来带动波轮的周期运转，所以其主、副绕组的参数是设计成相同的。用万用表欧姆档（$R \times 10$ 或 $R \times 1$）测量公开端与另两根引线间的电阻值，如其测量值基本一致（一般为几十欧姆），则该电动机正常。如其测量值相差很大时，则阻值小的那个绕组有短路现象。脱水电动机的主、副绕组参数不同，用万用表欧姆档（$R \times 10$）测量其电阻值。如主绕组电阻值在 $65 \sim 95\Omega$，副绕组在 $110 \sim 200\Omega$ 时（副绕组比主绕组电阻值大 50% 左右），说明该电动机正常，如小于上述阻值，则说明电动机有短路现象。用万用表欧姆档（$R \times 10k$）测任一引线与端盖或定子铁心间的电阻，如指针摆动，则说明绕组绝缘不良，与端盖间有短路现象。电动机绕组断路的检查方法：用万用表欧姆档测量，当任意两引线间有不导通现象，则说明电动机绕组有断路。当出现断路或短路现象时，应重新绕制绕组或更换电动机。

7. 故障实例

例 1. 一台三星牌洗衣机，不能进行洗涤而只能脱水。

接通电源并设置为程序控制进入洗衣状态后，发现进水电磁阀仍处于开启状态，测电脑控制板没有向电磁阀输出控制电压。经检查，是水位控制器没有输出信号给电脑板，导致电脑板没有发出洗衣指令。试用一只新水位控制器替换后，洗衣机即能正常洗衣。

例 2. 一台小天鹅 55 - 668 型洗衣机，在洗衣过程中突然冒出一股焦煳味后停机，指示灯不亮。

经查熔丝已熔断，更换熔丝前先检查其线路状况，发现电脑控制器主板的电动机电源引出线一端有一片烧焦，且有进水的痕迹，可见是电脑板密封不严而渗水所致。电脑板很贵，能修就修，于是用小刀仔细刮开防水胶，然后清理烧焦处后进行检测，测得晶闸管已损坏；电容器炸裂；铜箔连线烧断。先修复连线后用 BTA16 型晶闸管和 $0.1\mu F$ 耐压 400V 以上的薄膜电容替换，然后用硅胶进行全方位的防水处理，最后进行试机，工作已正常。

例 3. 一台荣事达洗衣机开机能工作，但进到脱水时就发出鸣叫声，脱水指示灯闪烁。

由于开机能洗涤，说明电脑控制板及洗涤电动机等都正常。断电拆下后盖，检查脱/排水系统，发现不能排水。该机是由牵引器通电后拉开排水阀排水的，在直接选脱水工作状态下，用试电笔分别测量牵引器的两根电源线，发现只有一根电源线有电，说明电源已送到牵引器。卸下牵引器拆开上盖可看到电动机及齿轮，通电（220V）后电动机可工作，齿轮也不停地转动，但就是牵引不了拉杆。细查发现有一个由电磁铁吸/放来控制的黑色卡头，另一端由弹簧扣住，若用镊子往下扳，拉杆即可被拉动。可见是控制这个卡头的电磁铁失效而引起故障。测电磁铁线圈已断路。小心拆下，用绕小型变压器（10W）常用的漆包线重绕，但因线径仍比原来粗，要绕满原线圈骨架，测阻值在 $1.3k\Omega$ 左右才行，重新装好牵引器，故障排除。

例4. 一台小天鹅 XGB33 – 82 型全自动洗衣机进水正常、洗衣正常，但不能排水。

首先检查电动机式排水牵引器。在牵引器接线端直接加上 220V 电压，牵引器不动作，初步认为牵引器坏。更换后试机，仍不能排水。这说明洗衣机微处理主板也有问题。由于该机能按程序进行进水、洗衣，判断主板 CPU 正常，故障点应在主板上 CPU 与排水牵引器之间的接口电路上。拆开洗衣机仔细检查主板（微处理主板完全被防水胶围裹，需用刀片剥开防水胶），发现连接牵引器插座与元件 VT_{19}（型号为 AC03F）第 2 脚间的敷铜板已烧断裂。拆下 VT_{19}，用万用表测量，发现已被击穿。该元件型号市场上少见，分析实物电路判断其为双向晶闸管。因其负载牵引器电流仅 30mA，试用常见的双向晶闸管 MAC97A6 代换，并用导线连通敷铜线的断裂处后，试机工作正常。

例5. 小天鹅 XQB3883A1 型全自动洗衣机在洗涤程序时不能转换到清洗程序。

经查主要原因是排水阀芯内有异物卡住造成排水阀关闭不严而漏水，导致洗衣机在洗涤过程中洗涤桶内的水位不能保持在设置水位。当洗衣机桶内的水位降到最低时压力开关动作、进水阀启动开始进水。这样，造成洗衣机在洗涤过程中不断反复促使电脑从头计时。使洗衣机一直在洗涤程序工作而不转换到清洗程序。

检修方法：将洗衣机侧身放倒，取下后盖再取下排水阀与软管连接的钢丝卡和软管。从排水阀出口便可见到阀芯内的异物。将排水阀杆往电磁铁方向用力拉开，便可取出阀芯内的异物。

若从排水阀出口处不能取出异物，可采取另一方法，先将电磁铁与排水阀杆连接附件上的开口销取下，按反时针方向旋下排水阀盖，再取出阀芯便可取出异物。

例6. 小天鹅 XQB50 – 885A 型洗衣机洗涤正常，甩干噪声大。

检修：将洗衣机内桶取下，检查未见有异物卡住，于是将减速器和电动机等零件一起拆下，拉动减速器制动杠杆，使它工作在甩干状态，用手转动带轮，感觉外套轴转动不灵活，判断可能为轴承坏。拆开减速器外壳上的 4 个螺钉和带轮、棘轮等零件。用锤子或专用拉拔器将外套轴和型号为 6005 – ND14.2RZ 的轴承拆下。这种轴承较特殊，它是两个轴承连接在一起的。其中单向滚柱轴承是使减速器工作在甩干程序时，内桶只能单向转动；而洗涤时使波轮能双向转动。经查该轴承正常，而另一个 6005 – ND14.2RZ 型滚珠轴承已损坏。此种轴承较难买到，可以用两个 6005 轴承代换。先将一个质量较好的 6005 轴承装入减速器外壳的轴承座上，然后装入滚柱轴承（注意有字符的一面朝上）。最后拆开一个新的 6005 轴承，取下内圈后装入单向轴承中，装好减速器试机正常。

例7. 荣事达 XQB38 – 92 型洗衣机洗涤过程中会时洗时停，停止洗涤时，还会注水几秒钟。

检修：首先检查水位压力开关是否漏气或者接触不良，将 3 个水位压力开关的两接线短接，机器竟然进水不止，启动甩干后甩不干，电脑板自动报警，怀疑是电脑板故障。测微处理器（UPD7507B）8 脚（控制脉冲信号输入端）无电压，正常时应为 2.7V。36、37 脚分别输入水位检测信号和盖板检测信号到 8 脚，以控制洗涤和甩干。重点检查 8 脚到 36、37 脚的外围元件。

经查 C_{11} 严重漏电，用 0.01μF 电容更换后，故障排除。

技能训练一　小天鹅全自动洗衣机不工作故障检修

1. 实训工具、仪器和设备

万用表、螺钉旋具、绝缘电阻表、钢丝钳、电烙铁等实训工具如图 6-6 所示。

2. 实训目标

1）能够熟练进行全自动洗衣机的拆装。

2）会使用相关仪器检测全自动洗衣机主要零部件的好坏。

3）能够检修全自动洗衣机的常见故障。

3. 实训内容

小天鹅 XQB33 - 82 型全自动洗衣机的电路如图 6-7 所示，测量电源交流电压正常，电源熔丝完好。

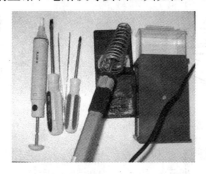

图 6-6　实训使用工具

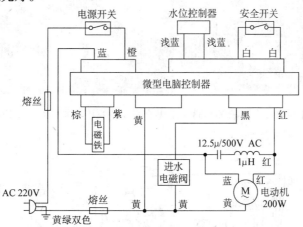

图 6-7　小天鹅 XQB33 - 82 型全自动洗衣机电路

（1）拆卸

1）卸下工作台与箱体螺钉。

2）取下工作台与控制面板的 3 个固定螺钉，如图 6-8 所示。

3）拆卸电脑板，用手向上掰开前控板的外边缘，使它与机框分离，如图 6-9 所示。

4）拧下螺钉，先取防水板，再卸下电脑板，将引线插头从电脑板上拔下，如图 6-10 所示。

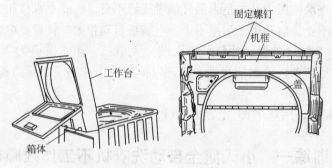

图 6-8　波轮式全自动洗衣机机框的拆卸

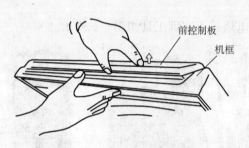

图 6-9　控制面板与机框分离

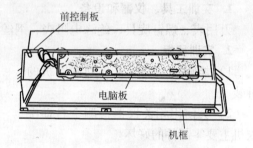

图 6-10　先取防水板，后卸电脑板

5）进水电磁阀、水位开关、安全开关、电源开关都装在工作台内，3 个开关用防水盖板挡住，如图 6-11 所示。松开各自的两个固定螺钉即可拆卸，如图 6-12 所示。

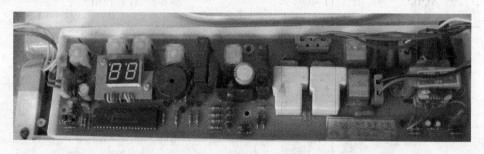

图 6-11　小天鹅 XQB33 - 82 型全自动洗衣机控制电路板实物图

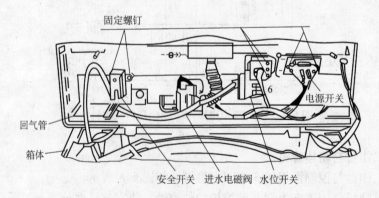

图 6-12　卸下进水电磁阀、水位开关、安全开关、电源开关

（2）检修

检查电源开关、水位控制器、安全开关、进水电磁阀、电动机也无故障，发现启动电容器断路。更换电容器（$12.5\mu F/500V$），开机试验，洗衣机正常工作。

（3）装配

按照拆卸相反的顺序装机。

（4）程控器、进水阀、水位压力开关和蜂鸣器的拆装

1）旋下控制台与箱体的紧固螺钉，向上拉起控制台，将它挂在箱体背后，卸下盛水同上部的密封圈。

2）用螺钉旋具旋下波轮中心的紧固螺钉，向上拉出波轮，使其脱离洗涤轴。

3）卸下固定离心桶的螺母，将离心桶轻轻摇晃松动。然后两手握住平衡圈两边向上提起，由于配合较紧，要反复提放数次，才能取下。

电脑程控器板拆卸步骤如图 6-13 所示。

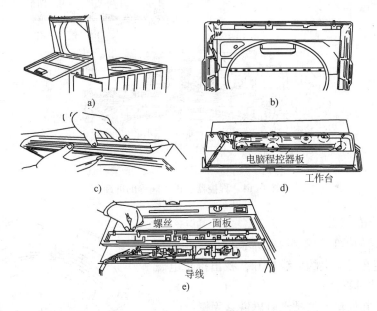

图 6-13　电脑程控器板拆卸步骤

程控器、进水阀等的拆卸如图 6-14 所示。

拆开控制台，拔下进水电磁阀的连接线，旋下固定螺钉，便可拆下进水电磁阀。

仔细检查压力式进水连接管及连接部位有无破损或松脱。如损坏则应更换，如松脱应重新固定好。

（5）波轮和离心桶的拆卸

1）波轮的拆卸

2）离心桶拆卸

密封圈的拆卸如图 6-15 所示。

特殊螺母的拆卸如图 6-16 所示。

（6）盛水桶和大油封的拆卸

（7）电动机和排水电磁阀的拆装

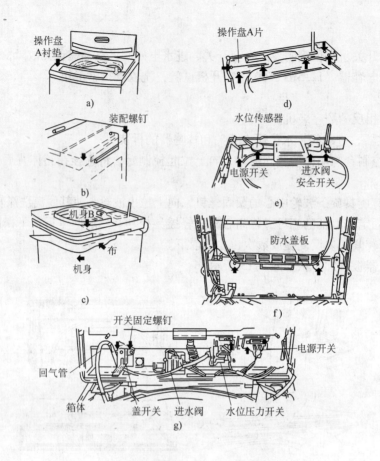

图 6-14　程控器、进水阀等的拆卸

（8）排水阀的拆装

排水阀阀盖的拆卸如图 6-17 所示。

1）将固定在机箱上的导线松开，找出排水电磁铁的连接头，将其拆开。

2）卸下旋在的盘上的排水电磁铁紧固螺钉。

3）用尖嘴钳拔出固定衔铁的开口销，卸下排水电磁铁。

4）仔细观察排水阀是否完好，用手拉拉杆，检查其内部弹簧是否具有足够大的弹性。

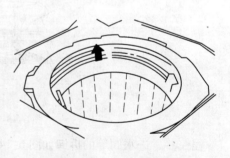

图 6-15　拆卸密封圈

（9）离合器的拆装

离合器抱簧的拆卸如图 6-18 所示。

在波轮、离心桶拆卸以后进行。

1）将洗衣机翻到，卸下传动带。

2）用扳手旋下离合器与底盘固定的螺钉，将离合器连同传动带从机箱下部卸出。

3）仔细观察离合器的零部件是否完好、有无锈蚀等，如有则需进一步拆卸离合器。

（10）离合器带轮的拆卸如图 6-19 所示。

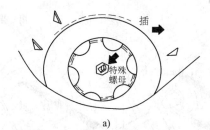

a)

7in 管子钳或专用工具

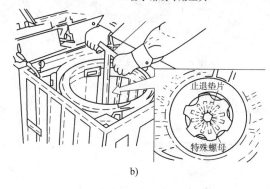

b)

图 6-16　拆卸特殊螺母

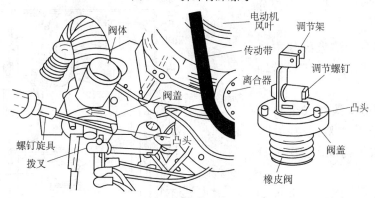

图 6-17　拆卸阀盖

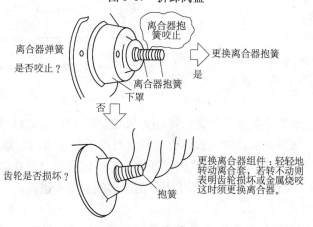

图 6-18　拆卸抱簧

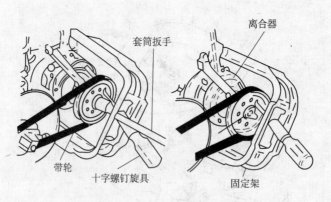

图 6-19 拆卸离合器带轮

6.2 滚筒式全自动洗衣机

1. 滚筒式全自动洗衣机的结构和工作原理

（1）基本结构

滚筒式全自动洗衣机的结构如图 6-20 所示，主要由以下 6 个部分组成。

1）洗涤部分。洗涤部分主要由内筒、外筒、内筒叉形架、转轴等组成。

2）传动部分。滚筒式全自动洗衣机的传动部分由双速电动机、大小带轮、V 带等构成，如图6-21所示。

3）电气部分。滚筒式全自动洗衣机电气部分由程控器、水位开关、加热器、温控器、门开关和滤噪器等基本电器部件组成。

4）操作部分。滚筒式全自动洗衣机的操作部分主要由操作盘和前门结构组成。

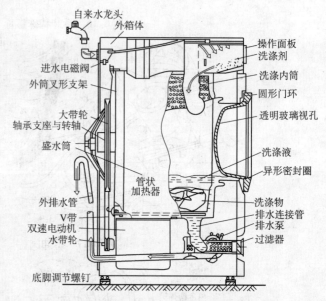

图 6-20 滚筒式全自动洗衣机的结构图

5）支承部分。支承部分由拉伸弹簧、弹性支承减振器、外箱体及脚底等组成。

6）给排水系统。滚筒式全自动洗衣机由于具有自动添加洗衣粉、漂白剂、软化剂和香料的功能，因此进水系统包括有进水电磁阀等部件外，还包括洗涤剂盒分格装着洗衣粉、漂白剂、软化剂和香料，在程序控制器的作用下，随着水流自动冲进筒内。

（2）洗涤原理

洗涤时，进水电磁阀打开，自来水通过洗涤剂盒连同洗涤剂冲进筒内，内桶在电动机的带动下以低速度周期性地正反向旋转，衣物便在筒内翻滚揉搓，一方面衣物在洗涤液中与内

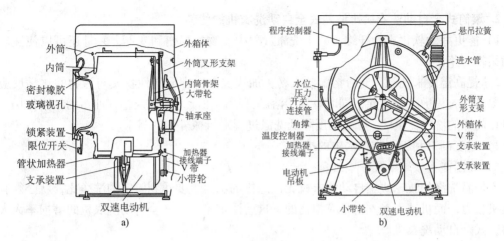

图 6-21　滚筒式洗衣机的传动系统

a）侧面图　b）背面图

桶壁以及桶壁上的提升筋之间产生摩擦力，衣物靠近提升筋部分与相对运动部分互相摩擦产生揉搓作用；另一方面滚筒壁上的提升筋带动衣物一起转动，衣物被提升出液面并送到一定高度，由于重力作用又重新跌入洗衣液中，与洗衣液撞击，产生棒打、摔跌作用。这样内筒不断正转、反转，衣物不断上升、跌落以及洗涤液的轻揉运动，都使衣物与衣物之间、衣物与洗衣液之间、衣物与内筒之间产生摩擦、揉搓、撞击，这些作用与手揉、板搓、刷洗、甩打等手工洗涤相似，达到洗涤衣物的目的。

（3）控制原理

滚筒式全自动洗衣机的工作过程主要由程控器来控制实现的。常见的有机电式控制方式和电脑式控制方式，而电脑式控制方式又可分为时间控制与条件控制两种方式。时间控制主要是指通过控制滚筒每次进水、加温、正反向运转洗涤、排水、脱水、结束等程序编排的时间来控制的。条件控制主要是指通过控制洗衣机的工作状态改变的条件来实现控制的。电脑式滚筒式全自动洗衣机整机电路如图 6-22 所示，主要由电脑控制器、双水位开关、温度传感器、加热器、电动机、进水阀、排水泵、温度控制器、电动门锁等组成。

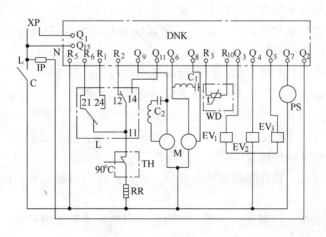

图 6-22　电脑式滚筒式全自动洗衣机整机电路

2. 滚筒式全自动洗衣机比波轮式全自动洗衣机的优势

1）能更好地软化衣物纤维，减小洗涤过程中衣物的损伤和变形，并且还可以使洗后的衣物柔软而蓬松。

2）提高温度来洗涤可充分溶解洗衣粉，加快洗衣粉中弱酸性物质与污物的化学反应速度，提高洗衣粉中酶的活性，同时有利于溶解汗渍、血渍，降低灰尘、油污的粘附作用，从而可在同样的洗净比下[⊖]，可大幅度降低洗涤过程对机械外力的需求。

3）温度高有利于污物在水中的扩散。

4）高温能有效地杀死一些细菌。

不加温洗涤的波轮式全自动洗衣机无论怎样的水流，要达到一定的洗净比，就必须有足够的机械力，而机械力对衣物是有损伤的，这就注定了波轮式全自动洗衣机的磨损率大大高于滚筒式全自动洗衣机。

各种新水流基本原理是一样的，就是尽量以紊乱的水流减少衣物的缠绕，增大水流的冲刷力用于洗涤，与以前依靠衣物与桶壁和衣物相互之间的摩擦方式相比，水流冲刷对衣物的损伤较小。

3. 滚筒式全自动洗衣机具有以下的特点

1）磨损低、不缠绕、机械传动部分简单可靠，寿命长于波轮式全自动洗衣机。

2）自动化程度高，可以自动投放洗衣粉、漂白粉等，为不同质地的棉织品、化纤织品、羊毛织品设计了不同的洗涤程序和洗涤温度，使洗涤更为科学。设有防皱浸泡功能，当你不在家里时，可将洗好的衣物浸泡在清水里，到晾晒前再甩干，避免衣物甩干后不能及时取出晾晒而起皱。

3）省水、省洗衣粉。滚筒式全自动洗衣机不需要水位高过衣物，从而可节约用水，并可减少洗衣粉的投放量。

4）高温洗涤有一定的灭菌作用。

5）洗涤过程噪声小。滚筒式机属封闭式洗涤，可以有效屏蔽内筒转动声和水流声；而波轮式洗涤的水流声、脱水内桶转动声是不可避免的，且刹车装置和电磁阀动作的声音也很大。

4. 滚筒式全自动洗衣机的使用

在使用滚筒式全自动洗衣机过程中，要注意以下问题：

洗衣机应该放在平坦的地面上，距离墙和其他物品必须保持 5cm 以上的距离。不要在洗衣机上面放置重物，以免损坏洗衣机。

不要让洗衣机连续长时间工作，以免电动机损耗过大。

要经常检查电源引线，发现有破损或老化，应及时处理。

洗衣机应该放在通风干燥的地方，洗完衣服后要将电源插头拔掉以确保安全。

每次洗衣结束后，用布擦干洗衣机内外的水滴和积水，特别是门封橡胶条内侧的积水；将操作板上各处旋钮、按键恢复原位。

洗衣机不用的时候，最好将玻璃视窗开启一点，这样可以延长密封圈使用寿命，并有利于机内潮气散发。

要定时清理排水泵。特别是在洗涤毛织物后，以免阻塞而影响排水。

⊖　洗净比是国家对洗衣机的质量考核标准中的一个基本指标。

洗衣前，要先清除衣袋内的杂物，防止铁钉、硬币、发卡等硬物进入洗衣桶；有泥沙的衣物应清除泥沙后再放入洗衣桶内。

高泡洗衣粉会给滚筒式全自动洗衣机带来损害，因此，请选择适合的低泡、高去污力的洗衣粉。

洗衣机不使用时不要在里面存放脏衣服，否则会腐蚀机件，缩短使用寿命。

技能训练二　小鸭滚筒式全自动洗衣机故障检修

1. 实训工具、仪器和设备

万用表、螺钉旋具、绝缘电阻、钢丝钳、电烙铁、全自动洗衣机等实训工具如图 6-23 所示。

2. 实训目标

1）能够熟练进行滚筒式全自动洗衣机的拆装。

2）会使用相关仪器检测滚筒式全自动洗衣机主要零部件的好坏。

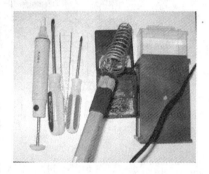

图 6-23　实训使用工具

3）能够检修滚筒式全自动洗衣机的常见故障。

3. 实训内容

小鸭 XQG50－42BG 型滚筒式全自动洗衣机不进水不排水的故障分析和维修。

故障现象 1：不进水

（1）拆卸

1）拆开洗衣机上盖如图 6-24 所示，拔下进水电磁阀的连接导线，取下与进水电磁阀相连的进水管。

2）用螺钉旋具旋下进水电磁阀固定螺钉，取下电磁阀。

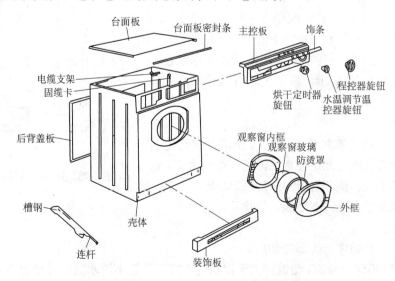

图 6-24　滚筒式全自动洗衣机箱体部件拆装示意图

（2）检修

1）首先检查进水阀阀口过滤网，如图 6-25 所示，看有无封堵现象。若有清除封堵物，若无接着向下检查。

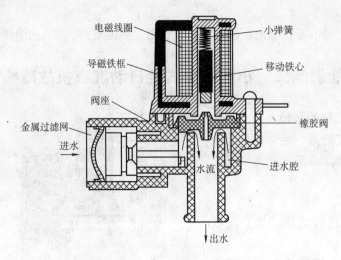

电磁线圈　　　　　　　　小弹簧

导磁铁框　　　　　　　　移动铁心

阀座　　　　　　　　　　橡胶阀

金属过滤网

进水　　　　　　　　　　进水腔

水流

出水

图 6-25　进水电磁阀的结构

2）在进水状态下测进水阀两接线端电压为 220V，由此判断故障出在进水阀。

3）拆下进水阀后，若测量其电阻值为 4.8kΩ，而正常值为 4.5kΩ 左右，由此判断进水阀线圈正常。

4）拆开进水阀发现阀芯锈死，对阀芯进行打磨除锈，重新装好进水阀，故障排除。

（3）装机

安装进水电磁阀的顺序与拆卸时相反。

故障现象 2：不排水

（1）拆卸（见图 6–26）

1）卸下洗衣机上盖，拔下排水泵上的两根插线。

2）将洗衣机向前，侧面放在泡沫垫上，用专用套筒扳手卸下排水泵安装座与箱体下边梁的固定螺钉。

3）用螺钉旋具松开排水泵与排水管及排水泵连接管的卡环，如图 6-27 所示。拔下排水管及排水泵连接管，取下排水泵。

（2）检修

滚筒式全自动洗衣机排水是通过排水泵进行上排水。在排水状态下通电测量排水泵的工作电压为 220V，正常，拆下排水泵，测量排水泵两接线端电阻值为无穷大。由此判断排水泵线圈断线，更换后故障排除

（3）装机

安装排水泵的顺序与拆卸时相反。

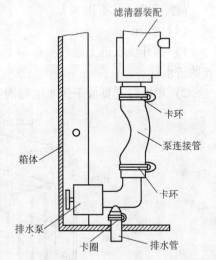

滤清器装配

卡环

泵连接管

箱体

卡环

排水泵

卡圈　　　排水管

图 6-26　排水泵的拆卸示意图

4. 小鸭 XQG50－42BG 型滚筒式全自动洗衣机不洗涤不脱水的故障分析和维修

洗衣机洗涤和脱水时电动机都不转，且无"嗡嗡"声，故障原因主要有：

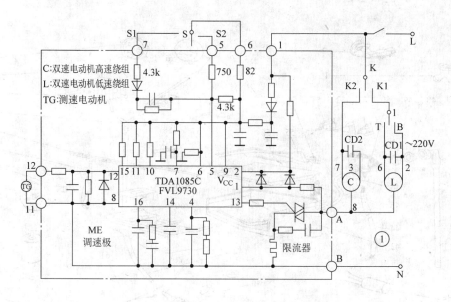

图6-27　小鸭 XQG50－42BG 型滚筒式全自动洗衣机电气原理图

1）电路板较窄的铜箔熔断。

2）调速电路板接线端接触不良。

检修方法及步骤：

1）拆开洗衣机拆下电路板，拆装示意图如图6-28所示。

2）检查电路板上的铜箔，将烧坏的地方处理干净，用直径1mm的裸铜线焊接好即可；检查图6-27中的测速电动机与芯片连接电路上的电容和转速设定的那路上的电容，用万用表测量其阻值，看其是否短路；检查 TDA1085C 的 13 脚外接电阻、双向晶闸管是否断路；检查电动机是否损坏。

3）检查电路板上图6-27中的 1、11、12、A、B 端所对应的点是否接触良好，若接触不良，设法是其接触良好，使插片与插座配合紧密。

5. 其他滚筒式全自动洗衣机的常见故障分析和维修

滚筒式全自动洗衣机的常见故障就是洗衣机不能洗涤或是不能脱水，其多是程控器的故障。程控器的损坏会导致进水不停、不能脱水、不能排水等，具体故障及原因如下：

（1）滚筒式全自动洗衣机洗涤时噪声大

出现这种现象时，可按以下步骤进行检查处理：

1）洗衣机是否已放平稳，可以调节可调脚使其放平稳。

2）打开上盖板检查平衡块紧固螺栓是否松动，若已松动，需重新拧紧。

3）打开后盖板，检查电动机是否松动，若是，重新拧紧电动机紧固螺钉。

4）检查电动机轴承是否由于长期使用或其他原因造成磨损严重而噪声大，若是，需要维修或更换电动机。

5）检查 V 带是否太松，带不动滚筒而打滑，这时需要调整电动机位置使 V 带张紧，或更换 V 带。

6）检查减振器是否失灵，而使减振效果差，这时需要维修或更换减振器。

7）检查滚筒是否松动，而引起洗涤时运转不平稳，噪声大，这时需要重新紧固滚

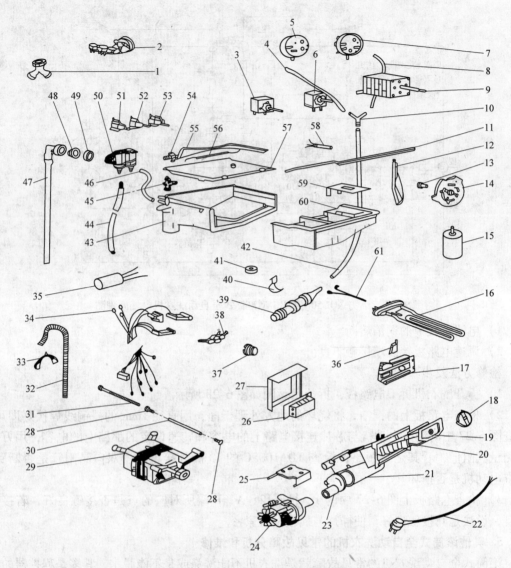

图 6-28　滚筒式全自动洗衣机电气控制及给排水装置的拆装示意图

1—进水连接管　2—电源接线板　3—温控器　4—压力开关软管　5—单水位压力开关　6—烘干定时器
7—双水位压力开关　8—压力开关软管　9—程控器　10—三通接管　11—配水连杆　12—转换器　13—偏心轮衬套
14—偏心轮　15—电容器　16—水加热管　17—微延时装置　18—过滤器旋钮　19—过滤器漏斗　20—过滤器密封圈
21—过滤盒　22—电源线　23—过滤阀至泵软管　24—排水泵　25—排水泵水罩　26—电子调速器　27—电子调速器罩
28—电动机固定衬套　29—整流电动机　30—电动机固定套管　31—电动机固定螺钉　32—排水管　33—排水管支架
34—控制电缆总成　35—干扰抑制器　36—微动开关　37—恒温器封垫　38—恒温器　39—集气阀　40—集气阀固定夹
41—海绵块　42—集气阀软管　43—贮水槽漏斗　44—电磁阀至冷凝器软管　45—分水嘴　46—电磁阀至分配器软管
47—进水管　48—过滤网　49—密封垫　50—电磁阀　51—按键开关（2 爪）　52—按键开关（3 爪）
53—按键开关（4 爪）　54—配水齿轮　55—配水组曲柄　56—配水组拉簧　57—贮水槽盖总成
58—电源指示灯　59—添加剂盒盖　60—分配器盒　61—热熔丝

筒；如图 6-29 所示。由于滚筒松动严重，会使滚筒与管状加热器或盛水外筒相碰，转动时摩擦、撞击而发出噪声，这样就需要调整滚筒与管状加热器、盛水外筒的间距，然后紧固滚筒。

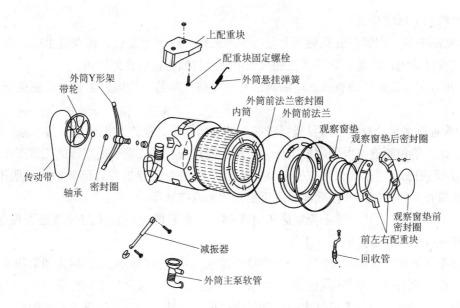

上配重块
配重块固定螺栓
外筒悬挂弹簧
外筒Y形架
带轮
外筒前法兰密封圈
内筒
外筒前法兰
观察窗垫
观察窗垫后密封圈
传动带
轴承
密封圈
观察窗垫前密封圈
前左右配重块
减振器
回收管
外筒主泵软管

图 6-29　滚筒洗衣机内、外筒部件拆装示意图

8）滚动轴承由于长期使用或其他原因而磨损严重，使运转时噪声大，这样就需要更换滚动轴承及轴密封圈。

9）检查滚轴密封圈是否出现故障，必要时需要更换密封圈卡簧。

（2）进水已达到水位但滚筒不转动

出现进水已达到水位但滚筒不转动这种现象时，首先分析故障是否出在水位控制开关或其相关的电路上。切断电源，打开上盖板（以前装式滚筒洗衣机为例），检查水位控制开关与盛水外筒间的导气管有否因振动或其他原因而脱落或漏气，造成水位控制开关失去控制作用，如有，只需将导气管重新胶好或换新气管，再将筒内水排出，装好上盖板，重新启动即可。若导气管没有脱落，气路正常，则有可能因振动或其他原因使水位控制开关上调节水位的调整螺钉松动移位，使水位不准确而引起此故障，只需重新调整一下螺钉位置，使水位达到标准的要求即可正常工作。水位控制开关上的插头松脱或接触不良，会引起在水位已到的情况下没有信号传给程控器，不能正常接下去工作，只需把插头重新插牢即可。还有，可能因使用时间长或其他原因造成水位控制开关失灵，这时需要更换水位控制开关。若检查后发现水位控制开关及其相关的气路均正常，则需要检查程控器（P板），特别检查一下输出到电动机的输出端，在水位已达到要求时有没有输出电压，可用万用表或电笔测量，若没有输出，可能是其插头因振动或其他原因松脱或接触不良，重新把插头插牢就能正常工作。若检查发现是程控器（P板）出现故障，一般需要更换新的程控器。若程控器检查正常，输出到电动机的输出端也有输出电压，这时要检查电动机有没有出现故障，如有，就需要维修或更换电动机。再检查电容器是否正常，最后检查一下滚筒是否由于异物卡住而转不动。

（3）滚筒式全自动洗衣机不进水或常进水

当出现洗衣机不进水的现象时，首先应用测电笔检查电源是否有电，插头与插座是否接触良好，然后检查进水管是否已接好，自来水龙头是否已打开，是否已停水。排除上述可能性后，可按以下顺序检查：

1）切断电源，用螺钉旋具旋下上盖板紧固螺钉，拆下上盖板，检查进水电磁阀两插头与插座是否已松脱，若是，则只需把插头插牢使之与插座接触良好即可。

2）用万用表欧姆档检查进水电磁阀是否已短路或断路而烧毁，若是，需更换新的进水电磁阀。

3）检查排水泵处控制电路导线接线端子是否已松脱，使进水电磁阀、排水泵的控制电路断开，而不能控制进水电磁阀的工作，若是，则只需将接线端子插牢即能正常工作。

4）用万用表欧姆档检查水位控制器两端子之间是否已导通，若已导通，说明不正常，需进一步检查水位控制器并排除故障或更换新的水位控制器。

5）检查程控器（P板）上控制进水电磁阀、排水泵的导线插头与插座是否接触良好，并进一步检查程控器是否能正常工作。

当出现洗衣机常进水现象时，首先应检查排水管处是否向外流水，因为如果排水管挂置得过低，会使洗衣机盛水外筒中的水从排水管处流出，而使水位达不到要求的高度，进水也就不会停止，若是，则只需把排水管挂到适合的位置；其次检查一下进水电磁阀膜片上起平衡水压作用的平衡小孔有没有被阻塞，同时检查进水电磁阀阀芯、阀弹簧有没有被锈蚀，若已锈蚀，则需更换新的阀芯、弹簧；再次，检查水位控制器及其控制管路是否正常，有没有出现管路漏气、水位控制器失灵不动作等故障；最后，检查程控器控制进水电磁阀的电路是否处在常通状态，若是，需分析排除故障或更换程控器。

（4）电动机有运转声而滚筒不转

出现电动机有运转声而滚筒不转故障时，首先应检查一下是否洗涤物放置过多，而使滚筒的负荷过重，若是，则只需拿出一部分洗涤物即可正常工作。

其次，检查一下电压是否正常，因电压太低会使电动机的输出扭矩达不到规定值，而不能带动滚筒运转，若是，则应暂停使用或用升压器把电压调整到正常值。

排除上述可能性后，可以按以下顺序检查：首先，用螺钉旋具把洗衣机后盖板上的紧固螺钉旋下，拆下后盖板，便可以看到洗衣机的传动部分，检查V带是否由于长期使用造成严重磨损或由其他原因而松脱，起不到传递扭矩的作用，若是，则需要更换新的V带，或者调整电动机位置，使V带松紧适宜。其次检查电容器是否正常，因为电容器的短路、断路、接地及老化都会使电动机不能正常地起动运转，若电容器已不能正常使用，则需更换新的相同的电容器，电动机就会正常地起动运转。最后，检查电动机是否正常，特别是电动机的起动绕组会不会已断路，而造成不能正常起动，若是不正常，则需维修或更换新的电动机。

（5）洗衣机洗涤电动机不易起动

洗衣机在使用中会遇到空载时运转很正常，带有负载时，洗涤电动机就不易起动，转速降低的现象。出现这种故障时，首先应检查：电动机轴承是否有缺油或磨损现象，电容器是否正常，电动机是否有局部短路。

在排除上述故障因素后，电动机仍难以起动及转不快时，则需检查电动机的转子导条是否有砂眼或断裂。检查时，可拆下电动机。在电动机主、副绕组上加110V的电压，用手转一下转子，同时用万用表测量其电流，若任一组引线的电流不是均匀地摆动，而是大幅度地升、降时，则表明转子导条有断裂或砂眼。转子断条会使电动机转矩降低、转速下降，从而产生难以起动和转不快的故障现象。此时可拆开电动机端盖，卸下转子，予以补焊或更换，最好是更换新的电动机。

（6）洗衣机排水管破裂及要延长排水管

洗衣机排水管长期使用后，易老化损坏。全自动洗衣机排水管破裂时，只需换上一根新的即可；双桶洗衣机排水管更换时，应先将排水管与排水阀连接处的抱箍退出连接部分，然后将排水管取下，把排水阀与排水管连接处的胶水残留物清理干净，在新排水管的内壁均匀涂上胶粘剂，套入抱箍，装上连接处后，将抱箍移至连接处，检查后可重新使用。

洗衣机应放置在靠近排水沟的地方。若需延长排水管，可购买合适的软管相接。但因洗衣机排水是靠洗涤桶与地面的水位差来实现的（上排水洗衣机除外），因此在延长排水管时应注意中间避免跨越超过 15cm 高的障碍物，延长后总长度控制在 3m 以内。还应保证中间部分无扭曲现象、出口处不能浸没在积水中等，以免引起排水故障。

（7）滚筒式全自动洗衣机运转达不到要求转速

出现滚筒式全自动洗衣机运转达不到要求转速故障时，首先应检查是否因为洗涤物过量而使电动机带动达不到要求转速，这时只要拿出部分洗涤物即可。其次检查传递扭矩的 V 带是否太松，检查时先用螺钉旋具把洗衣机后盖板上的紧固螺钉旋下，拆下后盖板，就可以看到在盛水外筒外的洗涤电动机和 V 带，用手把 V 带两边往一起靠，就可以感觉出是否松了。若是 V 带松了，调整电动机的位置，把 V 带收紧点。调整时先用螺钉旋具把电机固定板（兼做电动机调整板）上的紧固螺钉旋松，接着调整电动机固定板的位置，同时带动电动机位置的调整，使得 V 带松紧适宜，再拧紧电动机固定板上的紧固螺钉，装好后盖板即可。但有时由于使用时间过长或其他原因造成 V 带的严重磨损，这样就需要更换新的 V 带。

经检查发现不是上述原因后，需进一步检查：

1）跨接在电动机两引出线间的电容器是否正常，会不会由于使用时间长或其他原因造成电容器达不到要求的电容量甚至被击穿，起不到作用，这时就需要更换新的电容器。

2）电动机是否正常，会不会由于受潮或其他原因使其输出扭矩达不到规定要求，若是，则需维修电动机或更换新的电动机。

3）滚筒是否运转正常，会不会被某些东西卡住而使运转不灵活。

（8）滚筒式全自动洗衣机滚筒只能单向转

出现滚筒式全自动洗衣机滚筒只能单向转故障时，首先应用螺钉旋具旋下洗衣机后盖板上的紧固螺钉，拆下后盖板，检查电动机控制导线或其插头、插座是否正常。因为若有一组控制导线插头、插座接触不良或松脱，就会引起电动机只能一个方向转，另一方向失去控制而停止。把插头、插座或控制导线接好，就可以正常动作。其次，打开上盖板，检查程控器（P 板）控制电动机的控制电路导线输出是否正常，是否有一组插头、插座接触不良甚至松脱，引起电动机只能一个方向转而另一方向处于停止状态，若是，只需要重新接好，就能正常工作。最后，检查一下机械式程控器动作开关的转向接点是否失灵，或是控制电动机的动作开关是否失灵，使控制电动机的导线一组处于常通状态、而另一组处于常闭状态，引起电动机只能一个方向不停地转，这样，就需要更换新的程控器。

（9）通电后指示灯亮，程控器工作，电动机不转

分析与检修：此洗衣机的运转电动机为单相串激电动机。工作转速范围 500～800r/min，为了调节串励电动机转速，控制电路中单独设置一个调速板，配合程控器，使电动机在洗涤、脱水等工作状态下产生相应的转速。

断电后用万用表测电动机电枢、定子、测速绕组的阻值都正常；也无烧焦痕迹。开机后等洗涤程序到时，测调速板 AC 端有电（据实物测绘的调速板电路如图 6-30 所示）。再测调速板 N 与 F 端（也就是双向晶闸管 T_1、T_2 端）有 AC220V，说明晶闸管在截止状态。再测调速集成块 TDA1085 的 13 脚，有控制电压到晶闸管的控制 G 极，断电焊下双向晶闸管测量，发现控制极与其他脚间已开路。因找不到原型号（BTB24.600B）双向晶闸管，试用国产型号 3CTS10 双向晶闸管代换，装机后，电动机运转正常。

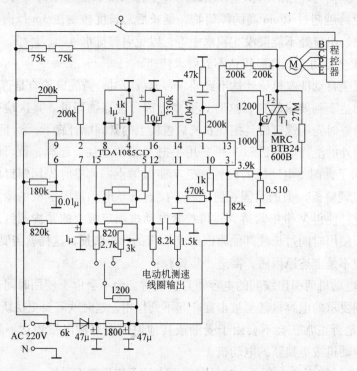

图 6-30　调速板电路

（10）开机电源灯亮，整机不工作

分析与检修：电源灯亮，说明主开关及滤波组件正常，测门开关之后无电，估计门开关有故障。门开关的结构原理是由 PTC 通电发热，使双金属簧片变形闭合，同时使门锁自锁，以使洗衣在工作中不能打开门，只有断电源 2min 后才能把门打开，以确保安全。

断电拆下门开关，摇晃时听到内部有碎块响声，小心撬开塑封边缘，看到陶瓷 PTC（正常时常温阻值为 800Ω）元件有打火烧焦断裂多处，换一个同类门开关后开机，一切正常。为检修方便，现用 MF47 型万用表欧姆档测出该机各负载件正常阻值如下：程控器微电动机 6kΩ；排水泵 150Ω；加热器 30Ω；进水电磁阀 4kΩ；电机的励磁绕组 4Ω、电枢绕组 2.5Ω、

测速绕组 110Ω。

故障检修实例

海尔 XQG50 – QF600 型滚筒洗衣机，在甩干程序工作不停止。

检修：首先检查 EC6012 程控器上的旋钮并无卡阻现象，接通主控板电源也没有听到程控器电动机 MT 转动时发出的声音。测程控器电动机电阻 6.24kΩ，正常。通电测电动机端电压竟为 0V（洗涤和进水时应有 220V 电压）。测开关触点接线 8 端有 220V 电压。说明程控器内部断路，从电源线的 C_9 上引接一根导线，焊在程控电动机上后试机，各程序工作正常。

思考与练习

1. 简述检测进水电磁阀方法。
2. 洗衣机故障检修时应注意哪些事项？
3. 简述洗衣机洗涤电动机不易起动故障检修方法。

第 7 章　电冰箱、空调器

7.1　电冰箱的结构

电冰箱是以电能作为原动力，通过不同的制冷机械而使箱内保持低温的家用制冷器具。电冰箱主要由箱体及箱体附件、制冷系统和电气控制系统三大部分组成。

1. 电冰箱的箱体

电冰箱的箱体是电冰箱的重要部件，主要由箱外壳、箱内胆、隔热层、门封和台面等组成。电冰箱的箱体主要是隔绝箱内、外的热交换，防止冷量散失，同时又能提供冷冻、冷藏食品的空间。

1）箱体外壳、门外壳。箱体外壳和门外壳是采用 0.4～0.8mm 的冷轧钢板制成的，成形后经适当处理，然后涂装和喷塑，以防止生锈、变色以及使表面耐腐蚀、防碰刮。目前电冰箱的箱体外壳和门外壳采用表面处理钢板制造。表面预涂新型的有机材料，耐蚀、色彩鲜艳，不需表面涂覆，可简化箱体和箱门的加工工序。

2）箱体内胆、门内胆。箱体的内面称为内胆，门的内面称为门内胆，一般采用 3～4mm 的工程塑料 ABS 或高强度聚苯乙烯 HIS 板材经真空成形制成。ABS 外观、色泽、强度、耐久性和抗化学性等方面都比 HIS 好。同时 ABS 内胆可与绝热层粘接在一起，使箱体刚度好。HIS 不能直接与绝热层粘接在一起。

3）隔热层。为使电冰箱保持低温、防止外部热量侵入，主要是依靠箱体外壳与内胆之间的绝热层来隔热保温的。箱体常用的隔热材料有超细玻璃纤维、聚苯乙烯泡沫塑料、硬质聚氨酯泡沫塑料。

4）磁性门封。电冰箱的箱门使用磁性密封条，利用磁力作用使箱门四周与箱体门框密封贴合在一起，起隔热、隔流作用。以防止箱内外空气进行热交换。

2. 制冷系统

电冰箱的制冷系统由压缩机、冷凝器、干燥过滤器、毛细管、蒸发器、连接管及制冷剂等组成，如图 7-1 所示。利用制冷剂在循环过程中的吸热和放热作用，将箱内的热量转移到箱外介质（空气）中去，使箱内温度降低，达到冷藏、冷冻食物的目的。

3. 电气自动控制系统

电气自动控制系统用于保证制冷系统按照不同的使用要求自动而安全地工作，将箱内温度控制在一定范围内，以达到不同的使用目的。

（1）温控器

温控器用来控制压缩机的起停，从而维持食物所需的温度。温控器外形和内部结构如图 7-2 所示。

（2）过载保护器

过载保护器通过感知温度和电流来对压缩机进行保护，全称为过载过电流保护器，又称

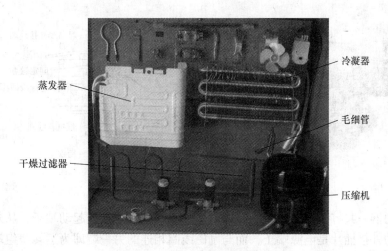

图 7-1 电冰箱的制冷系统组成

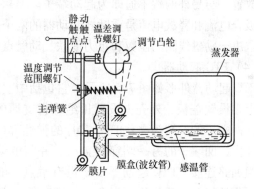

图 7-2 温控器外形和内部结构

热保护器。家用电冰箱普遍采用碟形双金属片过电流、过温升保护继电器。它具有过电流和过热保护双重功能。一般与起动器装在一起，紧贴于压缩机外壳表面，并用弹性钢片压紧，能直接感受到机壳温度。过载保护器外形和内部结构如图 7-3 所示。

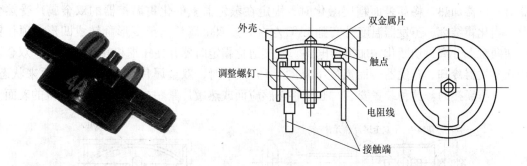

图 7-3 过载保护器外形和内部结构

（3）重锤式起动器

重锤式起动器是一种常见的电流式起动继电器，由励磁线圈、重力衔铁（重锤）、动触点短路片、弹簧等部件组成。重锤式起动器外形和内部结构如图 7-4 所示。

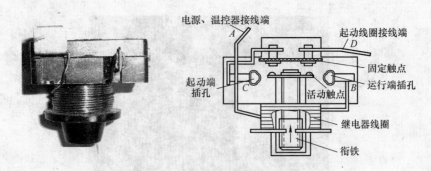

图 7-4　重锤式起动器外形和内部结构

　　重锤起动器一共有 3 个外接端子，即电源端子、运转端子和起动端子，从外观上看与励磁线圈连接的外接插片是电源端子，而与励磁线圈相连的另一端即为运转绕组端子，余下的一个则为起动端子。起动端子、运转端子也可用万用表判别，用万用表测量时将重锤起动器垂直放置，与另外两端不通即为起动端子。

　　吸合电流和释放电流是重锤式起动器的两个主要技术参数，吸合电流和释放电流的大小主要取决于励磁线圈的匝数和重力衔铁、动触点短路片、弹簧三者的总重量及弹簧力。

　　（4）PTC 起动器

　　PTC 起动器外形如图 7-5 所示。它包括中空外壳，外壳上端设置盖板，外壳内设置用绝缘板支撑的 PTC芯片，两端子的一端为夹住 PTC 芯片的弹性部位，位于壳体内，两端子的另一端穿出盖板，并与电动机起动绕组回路连接。PTC 起动器由于没有触点，能保证始终可靠地接触，延长使用寿命。工作时凭借 PTC 自身阻值的变化，没有机械力和机械运动，保证了其较高的可靠性。

图 7-5　PTC 起动器外形

　　（5）双金属片化霜温控器

　　双金属片化霜温控器一般用于间冷式电冰箱的化霜保护和控制，如图 7-6 所示。它的结构与动作原理和双金属片热保护器基本相同，只是没有过电流保护的电热元件，当化霜加热器对蒸发器加热，将其表面霜层融化时，固定在蒸发器上的化霜温控器的双金属片受热变形。当化霜结束，蒸发器温度升高到 13℃ 左右时，双金属片凸部变形翻转成凹形，顶住销钉使两触点分离，切断化霜加热器电路。当接通化霜定时器并使压缩机转动制冷时，双金属片随蒸发器冷却，蒸发器表面温度下降到 -5℃ 以下时，双金属片又变形翻转到原来状态，两触点重新接通。这种装置安装时必须将热感应面或热敏片紧贴在蒸发器指定部位的表面。

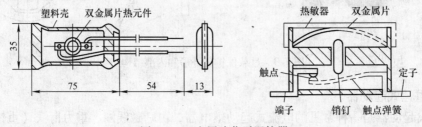

图 7-6　双金属片化霜温控器

（6）温度熔断器（化霜超热保护熔断器）

温度熔断器是一种热断型保护器，用于自动化霜电路中。可安装在蒸发器上或蒸发器附近，与化霜加热器串联，直接感受蒸发器的温度。一般调定的断开温度为 65～70℃。该装置主要包括感温剂和弹簧，感温剂为熔融材料，常温时呈固态。元件动作前弹簧被压紧，使电路接通。如果双金属化霜温控器因故障不能在化霜结束后切断加热器电路，蒸发器与其空间的温度不断提高。当温度超过65℃，达到感温剂的熔点时，固态感温剂熔化，体积缩小，致使弹簧松开，触点弹开，切断化霜加热器的电路，从而保护了蒸发器及箱内胆等零部件。这种热保护器仅能一次性使用。

目前，家用电冰箱的热保护装置广泛使用组合式起动继电器。这种热保护起动继电器是把起动继电器、过载保护器分别装配后，再组装在一起。两种组合式起动继电器如图 7-7 所示。

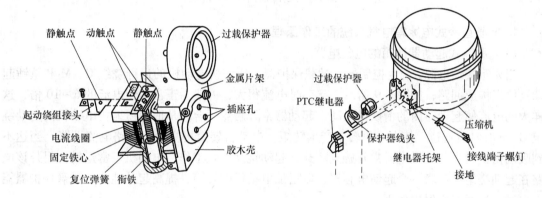

图 7-7　组合式起动继电器

7.2　电冰箱的工作原理

压缩式电冰箱的制冷系统主要由压缩机、冷凝器、干燥过滤器、毛细管和蒸发器五大部件组成。当电冰箱工作时，制冷剂在蒸发器中蒸发汽化，并吸收其周围大量热量后变成低压低温气体。低压低温气体通过回气管被吸入压缩机，压缩成为高压高温的蒸气，随后排入冷凝器。在压力不变的情况下，冷凝器将制冷剂蒸气的热量散发到空气中，制冷剂则凝结成为接近环境温度的高压常温，也称为中温的液体。通过干燥过滤器将高压常温液体中可能混有的污垢和水分清除后，经毛细管节流、降压成低压常温的液体重新进入蒸发器。这样再开始下一次气态→液态→气态的循环，从而使箱内温度逐渐降低，达到人工制冷的目的。如图 7-8 所示。

制冷系统五大部件各有不同的功能：压缩机提高制冷剂气体压力和温度；冷凝器则使制冷剂气体放热而凝结成液体；干燥过滤器把制冷剂液体中的污垢和水分滤除掉；毛细管则限制、节流及膨胀制冷剂液体，以达到降压、降温的作用；蒸发器则使制冷剂液体吸热汽化。因此，要使制冷剂永远重复使用，在系统循环中达到冷效应，上述五大部件是缺一不可的。由于使用条件的不同，有的制冷系统在上述五大部件的基础上，增添了一些附属设备，以适应环境的需要。

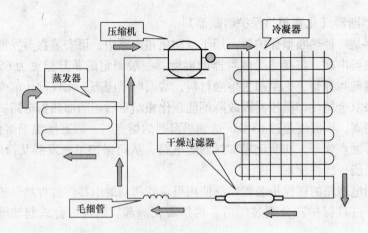

图 7-8　制冷剂循环过程

1. 普通直冷式电冰箱电气系统的工作原理

（1）重锤式起动器冰箱的电气电路

当冰箱接通电源，温度控制器、过载保护器、压缩机电动机的运行绕组 C、M 和重锤起动器绕组构成回路，如图 7-9 所示。起动时电流很大，一般为正常运转电流的 6～10 倍，这样大的电流使起动器内的衔铁被吸动，起动器常开触点闭合，从而使压缩机电动机的起动绕组 C、S 有电流通过，使电动机转子产生转矩，电动机转速提高后，电路电流下降，当达不到吸动衔铁时，起动继电器常开触点断开，起动绕组停止工作，电动机正常运转。另外该电路在起动绕组中串联一个起动电容器，以增加电动机的转矩，提高起动性能。过载保护器能在电动机过载时起保护作用。

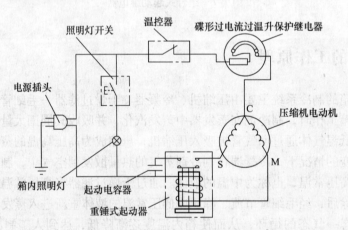

图 7-9　重锤式起动器冰箱电气电路

（2）PTC 起动式冰箱的电气电路

如图 7-10 所示电路，采用 PTC 起动器，起动方式为电阻分相式，内埋式热保护继电器串联在电动机电路中。

PTC 起动器串联在起动绕组上，在常温下 PTC 元件的电阻值只有 20Ω 左右，不影响电动机的起动。由于电动机起动电流很大，PTC 元件在大电流的作用下，温度迅速上升，至一

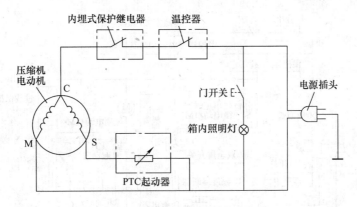

图 7-10　PTC 起动式冰箱电气电路

定温度如 100℃后，PTC 元件的电阻值升到几十千欧，这时 PTC 元件相当于开路，使电动机起动绕组脱离工作。

（3）直冷式双门电冰箱电路

如图 7-11 所示为采用定温复位型温控器的直冷式双门电冰箱电路。温控器直接控制冷藏室温度，间接控制冷冻室温度。不论停机温度的高低，当冷藏室蒸发器温度达到 5℃左右时，才复位开机。电路特点是在温控器触点两端并联接入化霜电热器，根据起停周期进行自动化霜。当温控器触点闭合时，电热器被短路，压缩机正常运转，制冷过程开始。当温控器触点断开时，电流即通过电热器、压缩机电动机回路进行化霜。这种化霜方式又称为周期性化霜，是自动化霜控制电路中最简单的一种。此外，电冰箱在低室温中运行时，电热器还对冷藏室起到温度补偿作用，防止冷藏室温室太低或停机时间过长，造成冷冻室温度升高。

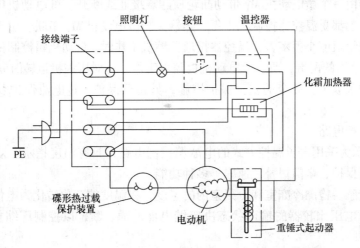

图 7-11　直冷式双门电冰箱电路

2. 间冷式双门全自动化霜电冰箱电路

（1）压缩机控制电路

如图 7-12 所示为一种间冷式双门电冰箱电路，该电路的电气元件主要包括温控器、化霜定时器、热过载保护器、压缩机、PTC 起动器及运行电容。

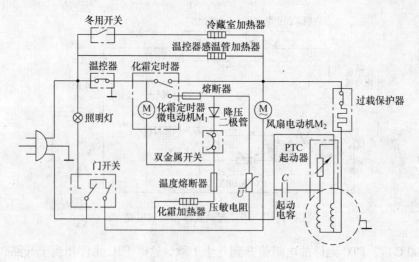

图 7-12　间冷式双门电冰箱电路

压缩机控制电路是指从电源插头→温控器→化霜定时器→过载保护器→压缩机→PTC 起动器及电容器→电源插头的一条回路。

压力式温控器装在冷藏室中，自动调节箱内温度，冷冻室的温度依靠手动调节风门大小来控制。

（2）自动化霜控制电路

自动化霜控制电路是指从电源插头→温控器→化霜定时器→熔断器→降压二极管→双金属开关→温度熔断器→化霜加热器→电源插头这一条回路。

化霜定时器由一个微电动机 M_1 带动凸轮使触点接通或断开。微电动机串联在温控器之后，与压缩机一起都受温控器控制，化霜加热器又与微电动机 M_1 串联。由于化霜加热器的阻值比电动机绕组阻值小很多，在温控器接通压缩机工作时，自动化霜控制回路的电压都加在微电动机 M_1 绕组的两端，所以微电动机也随着工作，并对压缩机运转时间开始计时。

化霜电路中采取了较齐全的安全保护措施，如超热保护、过电流保护及过电压保护电路等。

（3）电子温控电路

图 7-13 所示为采用电子温控方式的电冰箱控制电路，具有温度指示、双温双控、瞬间断电压缩机延时保护、敞门报警、速冻等多种功能。

通过温度传感器检测冷冻室和冷藏室内的温度，将温度的变化转化为电信号，与设定电压进行比较，由电压比较器的输出状态决定继电器的通、断，以控制压缩机（或电磁阀）的工作方式。

1）电源部分。220V 交流电经电容 C_9 降压，$VD_{16} \sim VD_{19}$ 桥式整流，电容 C_{10} 滤波，稳压管 $VD_{20} \sim VD_{22}$ 稳压，得到的直流6V电压供温度传感器使用；24V电压供温控板和显示板使用。电路中的 R_{42}（水泥电阻）起短路保护作用；RV（氧化锌压敏电阻）起过电压保护作用。

2）温度调节。电位器 RP_1（带开关）用于调节冷藏室工作状态及设定温度。接通时，冷藏室工作，继续旋转可设定温度；电位器 RP_2 用于设置冷冻室温度，旋到最大位置并接

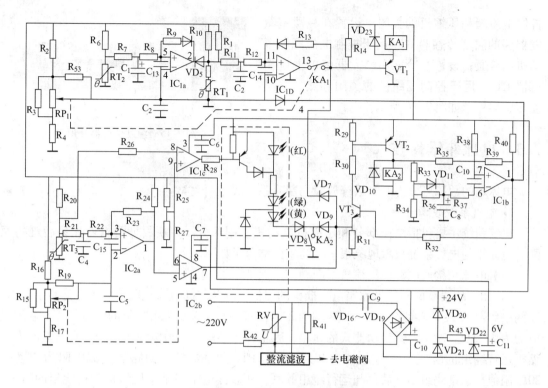

图 7-13 电子温控冰箱控制电路

通开关，为不停机（速冻）状态。

3）延时电路。当 IC_{1b} 的 7 脚电压高于 6 脚时，1 脚输出高电平，压缩机运行。此时 VT_2 饱和导通，VT_2 集电极电压约 24V，通过 R_{33}、VD_{11} 对电容 C_8 充电，6 脚电压不断升高，因 7 脚电压约 24V，1 脚为高电平，保证了压缩机运行。当电源瞬间断电，压缩机停机时，VT_2 截止，7 脚电压因电阻分压下降，而 C_8 电压不能突变，6 脚电压高于 7 脚，1 脚输出为低电平，压缩机不能运行。必须等 C_8 通过 R_{34}、R_{36} 放电后，6 脚电压低于 7 脚电压时，压缩机才能再次起动运行，放电时间为（6 ± 1.5）min，即为压缩机两次运行之间的间隔时间。

电子温控电路的电冰箱制冷系统与其他电冰箱的不同之处，在于系统中增加了电磁阀，如图 7-14 所示，配合电子温控电路，达到了利用单压缩机实现双温双控的目的。

（4）显示板

显示板上有 3 只发光二极管：绿色为电源指示；黄色为速冻指示；红色为报警指示（冷冻室下降到 -11℃ 以下时熄灭）。

（5）温度传感器

设置在冷藏室空间的温度传感器 RT_1 用于

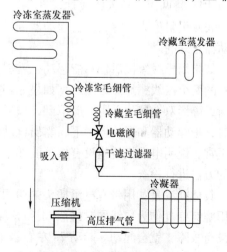

图 7-14 带电磁阀的制冷系统

控制电磁阀和压缩机的关闭；设置在冷藏室蒸发器旁的温度传感器 RT_2 用于控制电磁阀和压缩机的接通；设置在冷冻室蒸发器旁的温度传感器 RT_3，用于控制压缩机的关闭和接通。温度传感器外形如图 7-15 所示。

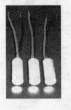

图 7-15　温度传感器外形

7.3　电冰箱维修技术

电冰箱的故障可分为电气系统故障和制冷系统故障两大类。

1. 电气系统故障分析

电气系统主要包括温控部分和压缩机电动机控制部分。判断故障要本着先易后难的原则。电冰箱的电气系统故障现象很多，简单归结分析如下。

（1）电冰箱接通电源后压缩机不起动

1）用万用表欧姆档测量冰箱电源插头的阻值，各绕组间直流电阻值如下：运行绕组 C、M 两端约 10.5Ω；起动绕组 C、S 两端约 22Ω；而运行和起动绕组阻值的和即 S、M 端的阻值约为 32.5Ω。对于重锤起动器式的冰箱，因重锤起动触点未通电而未接通，回路阻值为压缩机运行绕组的阻值，一般为 $10\sim20\Omega$，对于 PTC 起动冰箱，回路的直流电阻为起动器 20Ω 阻值与起动绕组串联后再与运行绕组并联，所以其电阻略小于压缩机运行绕组的阻值。通过测得的阻值来判断电路的工作状态，阻值偏大时，要检查温度控制器、过载保护器、压缩机电动机以及线路和触点接触情况；阻值偏小时一般是短路，主要检查压缩机电动机及其线路。

2）要进一步判断还要对冰箱通电检查。通电前先检查温控器开关是否正常。

如果温控器内的开关都正常，而通电后压缩机不起动，可用一根导线短接重锤式起动器的两个静触点，注意导线短接时间不要太长，以不超过 2s 为宜。如果短接后冰箱能起动，说明起动器有故障，重锤式起动器长期起动易使触点烧坏，测量时拆下起动器，用万用表 $R \times 1$ 档，将两表笔插入接线柱插孔内。起动器正着放时相当于正常运转状态，即未接通，万用表测量阻值为无穷大；将起动器倒过来时相当于起动状态，万用表指示为 0Ω。则说明起动器是好的。

如果用导线短接后仍不能起动，就需要检查保护器。可用短接的方法检查保护器，将保护器的两个接线铜片短接起来，如果冰箱能够起动运转，说明保护器有故障，可能是电热丝烧断或碟形双金属片受阻不能下翻，如果冰箱仍不能起动，则是压缩机或起动器有问题。检查时，把起动器和保护器拆下，露出电动机的 3 根接线柱。测每两根接线柱之间的电阻值，如正常，说明电动机绕组没有故障。如不正常，不要急于拆开压缩机，可以采用直接接通电源的方法进行检查。

具体办法是：用带有电源插头的两根电源线接在 M、C 接线柱上，也就是运行绕组上，再用螺钉旋具作为导线同时碰触 M 和 S 端，然后把插头插入电源插座，如果电动机和压缩机没有故障，就会起动。起动 2s 左右，就要把螺钉旋具移开，电动机进入正常运转。如果检查压缩机能起动运转，说明电动机没有故障，故障发生在电动机外部，可能是外引线折断，或接线柱接触不良，也可能是环境温度过低等。若短接后仍不起动，则是压缩机的内部故障，主要是电动机绕组匝间短路。若起动绕组的阻值比正常值小，一般即可判断为起动绕组匝间短路，需更换压缩机。

（2）电冰箱接通电源后压缩机运转不停

1）检查温控器。如发现温控器已旋转到强冷位置，致使微动开关动、静触点在低温下不能分离，就会出现冰箱运转不停、箱内温度过低的现象，只要重新调节合适的温度就可以了。若温控器不是在强冷位置，则要把温控器拆下，使线路断路，如果这时冰箱不运转，说明故障在温控器里，如果把温控器的触点断开，冰箱仍运转不停，说明线路存在短路现象。

2）检查线路。打开压缩机旁边的接线盒，拆出通往冰箱内部的导线，这时如果冰箱不运转，说明箱内导线有短路现象；如果冰箱仍然运转不停，说明压缩机起动器盒内有短路现象。

（3）压缩机起动频繁

压缩机起动频繁主要是电路存在过电流引起的。

1）起动继电器失效，压缩机起动后，其触点不能释放，使起动绕组不能断开，整机运行电流可比正常运行电流高5倍以上。

2）压缩机电动机绕组绝缘不良或绕组匝间短路，使运行电流增大。

3）检修过程中，由于购不到原配元器件，代用时不匹配。如代用的起动继电器或过载保护器与压缩机不匹配，起动继电器的吸合电流或过载保护器的动作电流过小，易使压缩机频繁起动。

2. 制冷系统故障分析

（1）电冰箱不制冷

电冰箱运转不停，但是不制冷，冷凝器不热，蒸发器不凉。这种故障一般出现在制冷系统。

可能原因是制冷剂泄漏，或者冰堵、脏堵，或是压缩机有故障。由于制冷系统是封闭的，所以可通过观察管路表面有无油污、用手触摸各部分的温度、耳听运行声音来检查。

1）检查管路表面是否有油污。仔细检查冷凝器、过滤器、毛细管、蒸发器；吸气管、压缩机外壳及管路结合处。如果发现有油污，说明制冷剂泄漏。

2）检查压缩机的温度。用手摸压缩机，如果压缩机的温度不太高，说明管路畅通，没有堵塞现象，而可能是高压缓冲管破裂、活塞穿孔、排气阀同吸气阀短路等。

如果压缩机的温度很高，特别是高压排气管部位很烫手，说明压缩机超负荷运转，管道发生堵塞；但究竟是冰堵还是脏堵，则需要检查压缩机开机时的情况。

3）检查压缩机开机时的情况。切断电冰箱的电源，打开箱门；使制冷系统各个部件恢复到室温。然后接通电源，电冰箱起动运转。如果开始时蒸发器结霜较好，冷凝器发热，低压吸气管发凉；由冰箱上部能听到气流声和水流声，但过一会儿，蒸发器结霜融化，只在毛细管同蒸发器结合部位结有少量霜；冷凝器不热，低压吸气管不凉，用耳朵贴近电冰箱上部听不到声音，说明出现了冰堵。这时如果用热毛巾敷在毛细管同蒸发器的结合处，又能重新制冷，则进一步证实是冰堵。

如果开机的时候不见蒸发器结霜，冷凝器不热，低压气管不凉，用耳朵贴近电冰箱上部听不到声音，则可以初步认为发生了脏堵。

（2）电冰箱制冷效果差

1）检查使用情况。首先要了解环境温度。如果高于 43℃，制冷效果差一些是正常的。如果环境温度不高，要打开箱门检查。如果箱内食品太多，特别是放入了温度高的食品，食品释放出大量的热量；或者打开箱门次数太多，外界热空气不断进入箱内，或者未及时化霜等，所有这些都会使电冰箱长时间运转不停，制冷效果差。

2）检查箱门。电冰箱箱门关闭不严，热空气会从缝隙处不断进入箱内。这可能是磁性门封条失去磁性、老化变形，或是箱门翘曲造成的。

3）检查制冷系统。由于制冷系统仍能工作，因此，可能是制冷剂部分泄漏、部分冰堵或部分脏堵，也可能是压缩机内部故障。检查的顺序是首先观察管路表面有无油污，如果有油污，说明制冷剂部分泄漏；如果管路表面没有油污，可检查开机时的情况。

如果开机时制冷正常，蒸发器结霜良好，在电冰箱上部能听到气流声和水流声，但过了一会儿制冷效果变差，只能听到微弱的气流声和流水声，说明是部分冰堵。

如果开机时制冷效果就差，用耳朵贴近冰箱上部只能听到微弱的气流声和水流声，这可能是脏堵或压缩机内部故障。

如果制冷系混入空气，或者制冷剂充加过多或不足，都可能影响制冷效果。

制冷系统中充加过多的制冷剂，会使过多的制冷剂在蒸发器内不能很好蒸发，液体制冷剂返回压缩机中，这样压缩机的吸气量减少，制冷系统低压端压力升高，又影响蒸发器内制冷剂的蒸发量；造成制冷能力下降。遇到这种情况，必须及时将多余的制冷剂排出制冷系统。

制冷系统充加的制冷剂过少时，会使蒸发器的蒸发表面积得不到充分利用，制冷量降低，蒸发器表面部分结霜，吸气管温度偏高。遇到这种情况，可以补充适量的制冷剂。

（3）压缩机起动运行正常但完全不制冷

1）制冷系统制冷剂严重泄漏或堵塞。这两种情况都使制冷系统无制冷剂循环，使电冰箱不制冷。

2）压缩机故障。表现为压缩机不停机，机壳烫手，机内有"吱吱"声。可能是机内排气管断裂、阀片破裂、高压密封垫击穿等，使得制冷剂只在机内高低压腔窜流，无法进入制冷系统。

7.4 电冰箱故障维修实例

故障现象 1：海尔金统帅 BCD—175F 型电冰箱通电后，虽冷藏室照明灯亮，但压缩机不运转。

故障分析：测量其工作电源，电压为 220V；切断电源后，测量压缩机起动绕组、运行绕组，其阻值均在正常范围内。切断温度控制器和照明电路，直接起动压缩机，压缩机运转且箱内制冷正常。用万用表 $R \times 1k$ 档测量温度控制电路和照明电路的对地直流电阻，其值为 $2M\Omega$，基本符合正常值范围。判断故障产生的原因是电源导线有接头，绝缘电阻值降低，造成供电电源不足。此故障是由于用户违章，接了不合格的电源线所造成的。

故障维修：拆下电源导线，用万用表测量其阻值在 $0.5M\Omega$ 以上，正常值应为无穷大，更换新的电源导线后，压缩机起动运转，恢复正常。

故障现象 2：海尔金统帅 BCD—195F 型电冰箱制冷运转正常，但外壳漏电，且不定时跳闸。

故障分析：开机后，压缩机运转正常，制冷效果一般。用试电笔测试外壳，试电笔的发光管发出较亮的光，说明机壳漏电较为严重。经检查发现，电源插座专用接地线未接。但在正常情况下，即便没有接好专用接地线，也只会存在感应漏电，不会存在严重的漏电现象，由此说明，该电冰箱某个部件的绝缘性能已严重下降。先断电，然后断开压缩机各接线柱，用万用表检测压缩机电动机起动绕组、运行绕组与机壳之间的绝缘阻值，均属正常；再将压缩机与主控板线路断开，用绝缘电阻表测相线、零线与机壳之间的绝缘电阻，发现相线与机壳存在严重漏电电阻，且当电阻上升到一定值时又突然下降；将线路上各元器件断开，当断开到冷藏室温度控制器时，绝缘阻值恢复正常，判断为温度控制器漏电。卸下温度控制器，其内部受潮严重。

故障维修：卸下温度控制器，用电吹风将其吹干后，用绝缘电阻表检查其绝缘阻值，正常，装上温度控制器后，恢复整机线路，试机，漏电故障被排除。

故障现象 3：海尔金统帅 BCD—205F 型电冰箱冷藏室照明灯亮，但压缩机不工作。

故障分析：现场检测，起动运转时压缩机漏电。在测量起动电容前，先将起动电容的两极短路，使其放电后，再用万用表的 $R \times 100$ 档和 $R \times 1k$ 档检测。如果表笔刚与电容器两接线端连通，指针即迅速摆动，而后慢慢退回原处，则说明起动电容的容量正常，充放电过程良好。这是因为万用表的欧姆档接入瞬间，其充电电流最大，以后随着充电电流的减小，指针逐渐退回原处。

测量起动电容的方法：

1）测量时，如果指针不动，则可判定起动电容开路或容量很小。

2）测量时，如果指针退到某一位置后停住不动，则说明起动电容漏电。漏电的程度可以从指针所指示的电阻值来判断，电阻值越小，漏电越严重。

3）测量时，如果指针摆到某一位置后不退回，则可判定起动电容已被击穿。

故障维修：更换同型号的起动电容后，故障被排除。

故障现象 4：海尔 BCD—259DVC 型数字变频电冰箱不制冷。

故障分析：现场通电，电冰箱有电源显示，压缩机运转。凭经验判定，此故障的原因是制冷剂泄漏。经全面检查，发现毛细管有砂眼，使制冷剂漏光从而造成不制冷。

故障维修：将砂眼断裂处处理干净，用一段长度约 35mm，内径大于毛细管外径约 0.5mm 的纯铜管与毛细管套接在一起。套接时，用老虎钳将套管两端口压偏，使外套纯铜管紧紧压贴在毛细管外径上，调好火焰焊接，经常规操作故障被排除。

故障现象 5：海尔 BCD—259DVC 型数字变频电冰箱不制冷，荧光显示屏显示故障代码。

故障分析：现场通电试机，压缩机运转良好，用手摸过滤器冰凉。初步判断该故障产生的原因是过滤器堵塞。

故障维修：放出制冷剂，在过滤器的出口处断开毛细管时，明显可见随制冷剂喷出的油很多，说明管路油堵。起动压缩机，使油尽量随制冷剂排出，并用拇指堵住过滤器出口端，堵不住时再放开，冷凝器里的油便随强气压排出，反复数次，冷凝器里的油便可排净。更换过滤器，按常规操作后，故障被排除。

故障现象 6：海尔 BCD—239/DVC 型变频太空王子电冰箱制冷效果差。

故障分析：检测压缩机，运转良好；显示屏无故障代码显示；手摸低压吸气管，温度低，初步判定制冷系统制冷剂不足。

故障维修：从工艺管放出制冷剂，焊接加气锁母连接管，重新抽真空，按技术要求加制冷剂后故障排除。

7.5　空调器的结构

依据不同的分类标准，空调器有很多种分类方式。

1. 按结构形式分类

（1）窗式空调器

窗式空调器是将压缩机、通风电动机、热交换器等全部安装在一个机壳内，主要是利用窗框进行安装。

（2）分体式空调器

分体式空调器是将压缩机、通风电动机、热交换器等分别安装在两个机壳内，分为室内机组和室外机组。分体式空调器又可分为壁挂式、立柜式、吊顶式、嵌入式、小型中央空调等。

2. 按主要功能分类

1）冷风型（单冷型）。只能制冷，而不能制热，可降温去湿。

2）热泵冷风型。在冷风型的基础上增加了一个电磁换向阀，既能制冷降温，又可制热取暖。

3）电热冷风型。这种机型是在冷风型机上加装了电热丝，热量由风扇吹向室内。这种供热方式耗电多，比热泵冷风型制热效率低。

分体式空调器整机结构如图 7-16 所示。

3. 空调器制冷系统主要部件

空调器制冷系统主要由压缩机、蒸发器、冷凝器和节流器件等组成，此外，还包括一些辅助性元器件，如干燥过滤器、气液分离器（储液器）、电磁换向阀等。空调器制冷系统如图 7-17 所示。

（1）全封闭压缩机

目前房间空调器主要采用全封闭转子式旋转压缩机以及往复活塞式的连杆式压缩机。转子式旋转压缩机通过汽缸容积变化压缩制冷剂气体来达到制冷的目的，旋转式压缩机泵体浸在机壳内的润滑油中，储液器是为了防止液态制冷剂流入压缩机而在蒸发器和压缩机之间安装的气液分离器。压缩机外形与结构如图7-18所示。

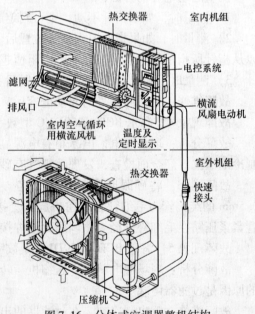

图 7-16　分体式空调器整机结构

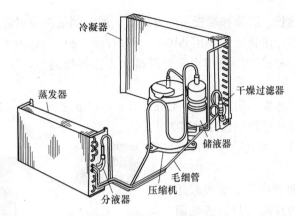

图 7-17　空调器制冷系统组成

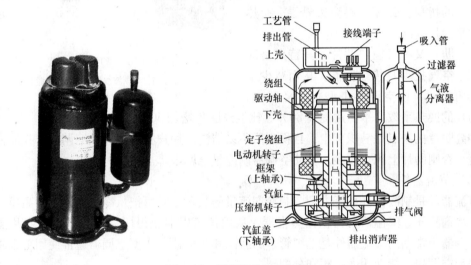

图 7-18　压缩机外形与结构

（2）换热器

　　蒸发器、冷凝器统称为换热器，是空调器的核心部件之一。制冷剂在换热器中通过状态的改变来吸收或放出热量，实现热量的转移。换热器由铜管、翅片和端板组成，它包括室内换热器（蒸发器）和室外换热器（冷凝器）。如图 7-19 所示。

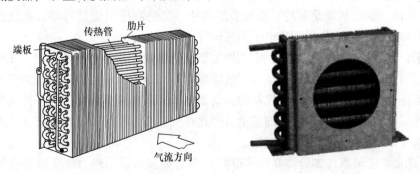

图 7-19　换热器外形

换热器一般由传热管、肋片和端板三部分组成，通常都是在纯铜管上胀接铝肋片，组成整体肋片管束式。其中传热管通常采用 $\phi10mm \times 0.7mm$、$\phi10mm \times 0.5mm$、$\phi9mm \times 0.5mm$ 的纯铜管弯成 U 形管，U 形管口再用半圆管焊接。传热管排列方式为等边三角形或等腰三角形。

肋片的材料为纯铝薄板，肋片片距一般在 $1.2 \sim 3.0mm$ 之间。蒸发器的肋片由于有凝露不断流下，所以蒸发器的片距应比冷凝器的片距大。

肋片形式有平肋片、波纹肋片和冲缝肋片 3 种，如图 7-20 所示。

目前我国房间空调器换热器大多采用波纹形铝肋片。它比平肋片刚性好，传热面积比平肋片增加约 9%。同时肋片上的波纹增强了空气的扰动，破坏了层流边界层，换热系数比平肋片提高了 20%。

冲缝肋片又称开窗口肋片。其特点是冲缝增加了空气扰动及传热性能，从而减少了换热器的面积，使空调器小型化、轻型化。冲缝肋片的换热系数比平肋片提高 80%，比波纹肋片增加 30%。

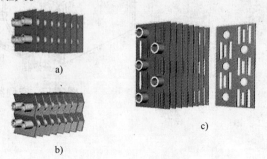

图 7-20　常用肋片形式
a）平肋片　b）波纹肋片　c）冲缝肋片

冲缝肋片的缺点是易积灰尘，且积尘后不易清洗。用户在选用此类空调器时，应注意工作环境，否则肋片上积尘过多，会使空调器制冷量急剧下降。

（3）节流器件

节流器件是制冷循环系统中调节制冷剂流量的装置。它可把从冷凝器出来的高压、高温液态制冷剂降压、降温后，再供给蒸发器，从而使蒸发器获得所需要的蒸发温度和蒸发压力。空调器中常用的节流器件是毛细管、膨胀阀和分配器。小型空调器通常使用毛细管，而大、中型空调器一般使用膨胀阀和分配器。

1）毛细管。毛细管是制冷系统用以调节制冷剂流量的一个关键部件。单冷型空调器中制冷系统只用一根毛细管，而热泵型空调器中因制冷、制热工况不同，换热器不同，因此不能用同一根毛细管，一般配以两根或两根以上的毛细管，分别与各自对应的蒸发器、冷凝器的有关部分相连。维修这类空调器时，每根毛细管相互位置不能搞错，否则会因不匹配而使空调器的制冷量下降。

2）膨胀阀。膨胀阀既是制冷系统的节流器件，又是制冷剂流量的调节控制器件。它主要包括热力膨胀阀、热电膨胀阀和电子膨胀阀等。

近年来，空调器技术发展迅速，空调器更新换代很快，新品种不断推出，如变频式热泵型冷热两用空调器就是其中的代表。为了适应精确、高速、大幅度调节负荷的需要，以便使制冷循环维持在最佳状态，微电脑控制的速动型电子膨胀阀应运而生。电子控制膨胀阀可以根据不同的工况，控制系统制冷剂的流量，因此在变频技术空调器、模糊技术空调器、多路系统空调器等系统中，得到广泛的应用。

3）分配器。空调器（如分体立柜式空调）中的蒸发器采用热力膨胀阀进行节流时，大多将制冷剂分成多路进入蒸发器中，而要将膨胀阀出来的制冷剂均匀地分配到各条通路内，必须使用分配器。

分配器由一个分配本体和一个可装拆的节流喷嘴环组成。节流喷嘴环的出口有一圆锥体，各条流路的液体沿圆锥体分开流出，圆锥的底部有许多均匀分布的孔用于连接蒸发管。制冷剂由入口经节流喷嘴环而进入分配体，再经圆锥体分别进入各分路孔，然后进入蒸发器各分路蒸发管中。

（4）辅助器件

1）干燥过滤器。为了避免毛细管微小孔径的堵塞，常在冷凝器出口、毛细管的入口之间接一只过滤器，高压液体制冷剂经过过滤器后，再流入毛细管。有的空调器将干燥器与过滤器分开安装，其作用不变。干燥过滤器的构造和电冰箱的相似，如图7-21所示。

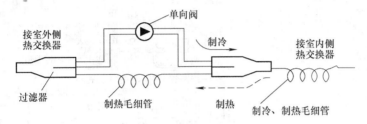

图 7-21　干燥过滤器的构造

2）气液分离器。为了防止液态制冷剂进入压缩机，引起液击，制冷量比较大的空调器均在蒸发器和压缩机之间安装气液分离器。普通气液分离器的结构如图7-22所示。从蒸发器出来的制冷剂进入气液分离器后，制冷剂中的液态成分因本身自重而落到筒底，只有气态制冷剂才能由吸入管吸入压缩机。气液分离器筒底的液态制冷剂待吸热汽化后，亦可吸入压缩机。这种气液分离器常用于热泵型空调器中，接在压缩机的回气管路上，以防止制冷运行与制热运行切换时，把原冷凝器中的液态制冷剂带入压缩机。

旋转压缩机的气液分离器与压缩机组装在一起，其结构很简单，即在一个封闭的筒形壳体中有一根从蒸发器来的进气管及一根通到压缩机吸入口的出气管，两管互不相连，筒形壳体内还设有过滤网。这种气液分离器还兼有过滤和消声两种功能。

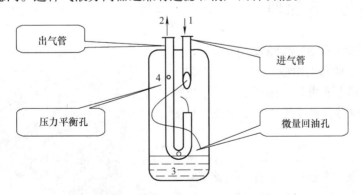

图 7-22　气液分离器的结构

3）电磁换向阀。电磁换向阀的外形与结构原理如图7-23所示。由压缩机排出的高压蒸气从4管进入换向阀气室。气室内活塞Ⅰ和活塞Ⅱ上都设有气孔。在未接通电源的情况下，弹簧1将阀芯A和阀芯B推向左端，使E管和C管接通，这时活塞Ⅱ外侧的高压气体从C

管经过阀芯流入 E 管，进入压缩机吸气管 2。而活塞 I 外侧的高压气体经 D 管到阀芯 A 处被堵塞，于是形成活塞 I 外侧的压力高于活塞 II 外侧的压力，从而将活塞连同滑块推向左端，使管道 1 和 2 连通。高压气体从 4 管流入 3 管进入室外换热器，冷凝成液体后，经过毛细管、蒸发器进入管道 1，流经管道 2 回到压缩机的吸气口。这是制冷过程。

当换向阀电磁线圈接通电源后，由于电磁力的作用将阀芯 A 和 B 吸向右端而压缩弹簧 1，于是 C 管上端口被阀芯 B 堵塞，活塞 I 外侧和 D 管中的高压气体经 E 管流入 2 管，形成活塞 II 连同滑块推向右端，使管道 3 和 2 连通。从 4 管来的高压气体则流入 1 管进入冷凝器（室内换热器）冷凝成液体。这时，原室内的蒸发器变成了冷凝器，于是产生了制热效果。

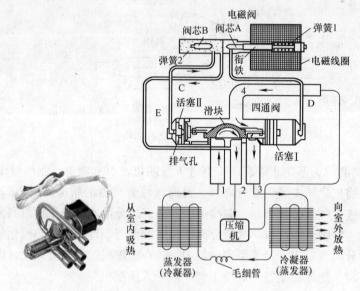

图 7-23　电磁换向阀的外形与结构原理

7.6　空调器的工作原理

1. 冷风（单冷）型空调器的工作原理

（1）冷风型空调器的组成

冷风型空调器主要由制冷循环系统、空气循环系统、控制与电器保护系统 3 部分组成。如图 7-24 所示。

1）制冷循环系统。主要由压缩机、蒸发器、冷凝器、干燥过滤器和毛细管连接成闭路系统，在压缩机不停地运行中，制冷剂不断地蒸发，冷凝循环，完成制冷作用。

2）空气循环系统。主要由风扇电动机、离心风扇、轴流风扇、空气过滤网、排气挡板和出风栅等组成，它们的作用是驱使空气循环，更新

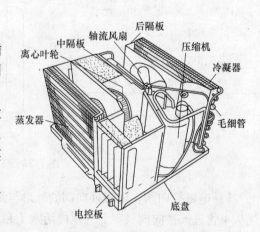

图 7-24　冷风型空调器组成

室内空气，为蒸发器、冷凝器提供热交换的气流，调节室内的温度等。

3）控制及过载保护电器。主要由温度控制器、过电流与温度保护器等组成，它们在系统中起控制、指挥作用，在出现异常状态时起保护作用。

冷风型空调器工作过程如图 7-25 所示。

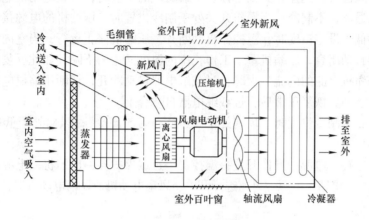

图 7-25　冷风型空调器工作过程

（2）热泵冷风型空调器制冷工作原理

图 7-26 是热泵冷风型空调器制冷时制冷剂的流动路线，制冷剂蒸气由压缩机排出，经过换向阀进入冷凝器换热冷凝后，流经毛细管进入蒸发器吸热汽化，制冷剂蒸气再经过换向阀进入压缩机的吸气口，由压缩机进行压缩再循环。结果从室内换热器送出的是冷风，即制冷。

（3）热泵冷风型空调器制热工作原理

图 7-27 为热泵冷风型空调器制热时制冷剂流动路线，由压缩机排出的高压高温蒸气，经过换向阀进入室内换热器（冷凝器功能），冷凝散热后经毛细管流入室外换热器吸热汽化，制冷剂蒸气再经过换向阀进入压缩机的吸气口，经压缩进行再循环。结果是从室内换热器送出的是热风，即制热。

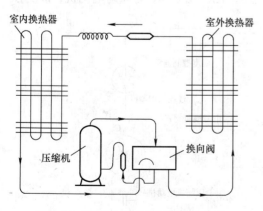

图 7-26　热泵冷风型空调器制冷流程

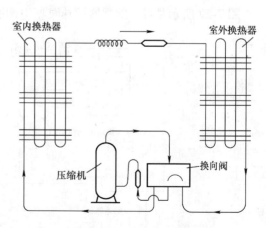

图 7-27　热泵冷风型空调器制热流程

2. 空调器电路分析

(1) 冷风型空调器的电气系统

冷风型空调器的电路可分成风扇电动机线路和压缩机线路两部分，如图7-28所示。当操作开关置于通风位置，选择开关处于强、中或弱风的位置时，风扇电动机电源接通，风扇运转，空调器只通风，不制冷；当操作开关处于制冷位置时，压缩机的电源接通，压缩机运行。当室内温度低于设定温度时，温控器自动断开，压缩机停止运行；当室内温度高于设定温度时，温控器自动闭合，压缩机重新工作，室内温度又逐渐下降，如此反复进行。当室外温度过高，或压缩机电路的电流过大时，过载继电器自动断开，切断压缩机电源，以保护压缩机的电动机。当外界恢复正常后，过载继电器自动合上。

当操作开关打至制冷位置时，风扇处于高速档，为"高冷"；风扇处于低速档，为"低冷"。

压缩机供电电路：电源→操作开关→温控器→过载保护器→压缩机→电源。

风扇电动机供电电路：电源→风速选择开关→风扇电动机→风扇电动机保护装置→电源。

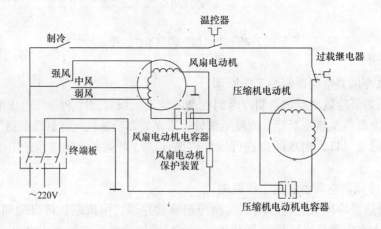

图 7-28　冷风型空调器的电路

(2) 分体式热泵型空调器的电气系统

图7-29所示是带有除霜器的热泵型空调器的电路图。图中 MF 为风扇电动机；M 为压

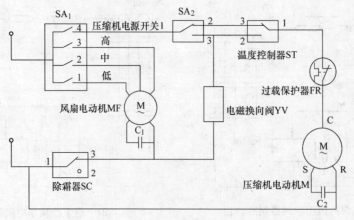

图 7-29　热泵型空调器的电路

缩电动机；C_1、C_2 是运转电容器；SC 为除霜器；YV 为电磁换向阀；FR 为过载保护器；SA_1 是工作选择开关，SA_2 是制冷制热选择开关；ST 为温度控制器。

3. 微电脑控制空调器电路

（1）微电脑控制空调器的特点

微电脑控制机构主要由传感器、放大器、微电脑和继电器组成。传感器把检测到的信号经放大器放大送入微电脑处理后，再输出到控制继电器等执行机构，进而控制压缩机的工作状态，如图 7-30 所示。

为使微电脑控制的空调器进行多功能自动控制，常配有温度、湿度、化霜、安全保护等传感器以及键盘输入和遥控操作系统，并由显示器显示。微电脑主体通常是一片大规模集成电路，包括了输入、输出接口电路，功放电路，存储电路和中央控制器等构成的计算机系统，以完成各种数据的转换、处理和输出。

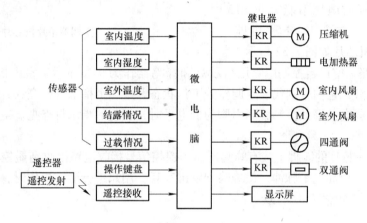

图 7-30　微电脑控制空调器结构框图

（2）典型控制电路分析

春兰 KFR – 20W 型分体式壁挂机，具有制冷、制热和除湿等功能。主控制电路采用 NEC 公司的 μPD75028 四位单片机，附加几个与非门电路和驱动集成块来共同完成空调器的控制。

1）电源部分。220V 交流市电电源经 3A 熔丝管到达电源变压器后，由变压器二次侧输出 9V 和 13.5V 交流电压，分别经整流、滤波和三端稳压器 7805、7812 稳压，输出 +5V 和 +12V 直流电压。其中，+5V 电压作为 μPD75028 芯片工作电源，+12V 电压给驱动电路和继电器等供电，如图 7-31 所示。

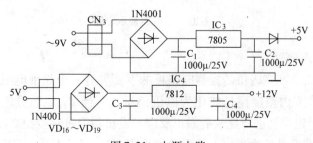

图 7-31　电源电路

2）单片机芯片工作保证电路。μPD75028 单片机芯片的正常工作必须具备 3 个条件，即适合的电源、正确的时钟振荡和复位信号。电路中，电源提供的 +5V 电压，加到芯片的相关引脚（16 脚、19 脚、21 脚和 20 脚），作为芯片工作电源。芯片的 14、15 脚外接 4.19MHz 振荡晶体，提供相应频率的时钟振荡。芯片即在这个频率的统一协调下，执行相应的指令。芯片的 13 脚为复位端（$\overline{RESET}$）。电源刚接通时，由于外接电容 C_{11} 两端电压不能突变，13 脚为低电平，完成复位清零功能。μPD75028 单片机芯片如图 7-32 所示。

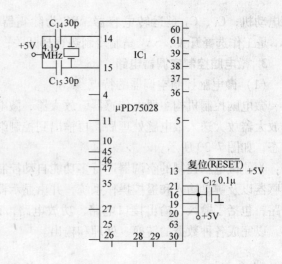

图 7-32 空调器单片机芯片

3）显示电路。空调器控制电路用指示灯和蜂鸣器作为状态显示。室内机面板上有红、黄、绿 3 个指示灯，它们分别代表空调器的工作状态。这 3 个指示灯的亮灭，分别由 IC_1 的⑩脚、⑪脚和④脚电平高低控制，当引脚为低电平时，相应的指示灯点亮。空调器显示电路如图 7-33 所示。

在 μPD75028 芯片的⑤脚上接有蜂鸣器。当遥控信号接收电路接收到遥控器发出的信号时，⑤脚便输出一个高电平脉冲，使蜂鸣器发出声音。用户进行遥控操作时，听到蜂鸣器的"嘀"声，表示此次遥控操作有效。

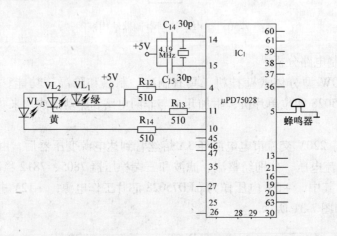

图 7-33 空调器显示电路

4）控制信号处理电路。

① 自动温度控制。在室内机的控制电路板的下面装有一个热敏电阻 TR_2（502AT），负责检测室内温度，将室内温度高低转化为电压信号，再经 R_{19} 电阻分压，反馈给芯片的㉖脚。芯片将室温与设定温度进行比较后做出反应，发出指令进一步控制压缩机的工作。

② 自动化霜。在室外机冷凝器上装有热敏电阻 TR_1（502AT）。当空调进行制热时，检

测室外热交换器的温度。空调制热运行，当室外温度降至 - 3℃左右，室外机热交换器上将结霜层。这时 TR_1 将其阻值变化转变为电压变化，再经 R_{20} 分压传至芯片的㉕脚，机组便启动除霜功能。当冷凝器上的霜全部化完，温度升至6℃以上时，控制电路停止化霜，芯片发出指令，压缩机再次起动继续进行制热。

③ 压缩机控制。当芯片发出开机指令时，㊱脚输出高电平，送到反相器 IC_2 的⑦脚，经过 IC_2 反相，从⑩脚输出低电平。这样压缩机控制继电器 Y_6 线圈通电，将 K_6 触点吸合，压缩机得电而起动。当遇到某种原因要压缩机停止工作时，芯片的㊱脚输出低电平，IC_2 的⑩脚输出高电平。这样压缩机控制继电器 Y_6 线圈将失去12V电压，K_6 触点断开，压缩机因无220V供电而停机。

④ 室外风扇控制。当芯片控制需要室外风扇运转时，芯片㊱脚输出高电平，IC_2 的⑪脚由原来高电平变为低电平，室外风扇继电器 Y_2 动作吸合 K_2，室外风扇得电而运转。反之，芯片的㊱脚为低电平，IC_2 的⑪脚为高电平。室外风扇继电器 Y_2 线圈失电，同时 K_2 断开，室外风扇因220V供电中断而停止运转。

⑤ 高压保护控制。电路设有高压自动保护控制功能。在室外机的高压排气管处接有一个高压保护开关KP，用来防止制冷系统压力过高损坏管路，促使压缩机停机。当系统管路中压力过高时，开关KP闭合，晶体管 VT_3（17026）基极得高电压促使 VT_3 饱和导通。芯片的㉗脚变为低电平。这一电压信号，经芯片内部处理后，芯片发出指令，控制压缩机停机。

⑥ 应急工作开关。在室内机面板的右下角部位，装有两个拨动开关 SW_1、SW_2，是应急工作开关（强迫运行开关）。当 SW_1 拨至调试位置时，为强制制冷状态，整机电路不再受遥控信号的控制，此开关一般为检修时备用，不可长期使用。当 SW_2 拨至自动状态时，整机内将不受遥控器的控制，而是自动检测室温，自动控制工作状态。

4. 变频空调器

变频空调器采用由变频压缩机、电子膨胀阀、室内外换热器和风机系统构成的可变容量制冷系统，该系统主要完成三大调节功能，即压缩机功率调节、制冷剂流调节和热交换器能力的调节。其中压缩机功率调节由变频器完成，制冷剂流则由电子膨胀阀调节，而热交换能力由风扇调节。

变频空调器采用变频调速技术，它与传统空调相比，最根本的特点在于它的压缩机转速不是恒定的，而是随运行环境的需要而改变，即压缩机转速连续可调，并根据室内空调负荷而成比例变化。当需要急速降温（或急速升温），室内空调负荷加大时，压缩机转速就加快，空调器制冷量（或制热量）就按比例增加；当房间到达设定温度时，压缩机随即处于低速运转，维持室温基本不变。

目前，变频方式有两种：交流变频方式和直流变频方式。

（1）变频器工作原理

变频器是将电网供电的工频交流电变换为适用于交流电动机变频调速用的电压可变、频率可变的交流电的变频装置。交流变频的原理是把220V交流电转换为直流电源，为变频器提供工作电压，然后再将直流电压"逆变"成脉动交流电，并把它送到功率模块。同时，功率模块受电脑芯片送来的指令控制，输出频率可变的交流电压，使压缩机的转速随电压频率的变化而相应改变，这样就实现了电脑芯片对压缩机转速的控制和调节。

1）交流变频。采用交流变频方式的空调器压缩机要使用三相异步电动机，才能通过改变压缩机供电的频率，来控制它的转速。交流－直流－交流变频器的工作原理框图如图7-34所示。

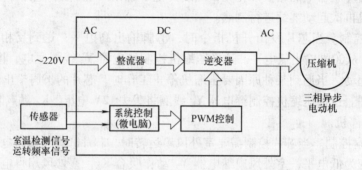

图 7-34　交流－直流－交流变频器原理框图

① 整流器。整流器的作用是把交流电整流为直流电。在变频技术中，整流器可采用硅整流元件构成不可控整流器，也可以采用晶闸管元件构成可控整流器。

② 逆变器。逆变器的作用是把直流电逆变为频率、电压可调的交流电。在现代交流调频系统中，逆变器使用的功率元件有普通的晶闸管（STR）、门极关断（GTO）晶闸管、大功率晶闸管（GTR）和绝缘栅双极性晶体管（IGBT）等。

③ 控制回路。控制回路是根据变频调速的不同控制方式产生相应的控制信号，控制整流器及逆变器中各功率元件的工作状态，使逆变器输出预定频率和预定电压。

控制器有两种控制方式，一种是以各种集成电路构成的模拟控制方式；另一种是以单片机、微处理器构成的数字控制方式。

2）直流变频。直流变频空调器同样是把交流市电转换为直流电源，并送至功率模块，模块同样受电脑芯片指令的控制，所不同的是模块输出的是电压可变的直流电源，驱动压缩机运行，控制压缩机排量。由于压缩机转速是受电压高低的控制，所以要采用直流电动机。直流电动机的定子绕有电磁线圈，而采用永久磁铁作转子。当施加在电动机上的电压增高时，转速加快；当电压降低时，转速下降。利用这种原理来实现压缩机转速的变化，通常称为直流变频。

（2）变频空调器的控制系统

变频空调器的控制系统采用新型电脑芯片，整个系统电路结构如图 7-35 所示。从图中可以看出，变频空调器的室内机和室外机中，都有独立的电脑芯片控制电路，两个控制电路之间有电源线和信号线连接，完成供电和相互信息交换（即室内、室外机组的通信），控制机组正常工作。

变频空调器工作时，室内机组电脑芯片接收各路传感元件送来的检测信号：遥控器指定运转状态的控制信号、室内温度传感器信号、蒸发器温度传感器信号（管温信号）、室内风扇电动机转速的反馈信号等。电脑芯片接收到上述信号后便发出控制指令，其中包括室内风机转速控制信号、压缩机运转频率的控制信号、显示部分的控制信号（主要用于故障诊断）和控制室外机传送信息用的串行信号等。

同时，室外机内电脑芯片从监控元件得到感应信号：来自室内机的串行信号、电流传感器信号、电子膨胀阀温度检测信号、吸气管温度信号、压缩机壳体温度信号、大气温度传感信号、变频开关散热片温度信号、除霜时冷凝器温度信号等 8 种信号。室外电脑芯片根据接收到的上述信号，经运算后发出控制指令，其中包括室外风扇的转速控制信号、压缩机运转的控制信号、四通电磁阀的切换信号、电子膨胀阀制冷剂流量控制信号、各种安全保护监控信号、用于故障诊断的显示信号、控制室内机除霜的串行信号等。

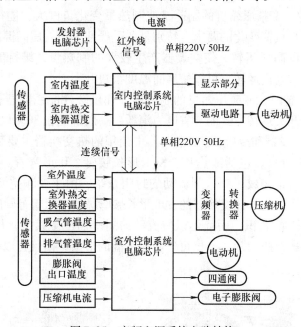

图 7-35　变频空调系统电路结构

（3）变频空调器的制冷系统及其特有部件

变频空调器的制冷系统一般由变频压缩机、室内与室外换热器（冷凝器、蒸发器）、电子膨胀阀、电子换向阀、除霜电磁阀等部件组成，如图 7-36 所示。

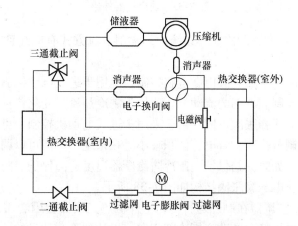

图 7-36　变频空调制冷系统组成

1）变频压缩机。变频空调器中使用的变频压缩机，其转速是随供电频率而变化的，所以压缩机的制冷量或制热量均与供电频率成比例地变化。这样，压缩机可以在较低的转速下，在较小的起动电流下起动。之后，依靠连续运转时转速的变化，使其制冷量或供热量发生变化，以便和房间负荷相适应。因此，变频空调器起动后，能很快地达到所要求的房间温度，之后又能使室内温度变化保持在较小范围。

变频压缩机的优点如下：

① 在频率变化时，变频压缩机的制冷量或制热量变化范围大，能很好地适应空调房间因室外气温变化时引起负荷变化的要求。特别是冬季严寒季节，房间温度低、散热量大的情况下，变频压缩机可以高速运转，使空调器产生较大的制热量，维持舒适的供暖室温。此外，变频压缩机起动后高速运转，可以使房间温度很快升高。

② 在低频率下运转时，变频压缩机的制冷能效和供暖性能系数显著提高。因此，变频压缩机比传统压缩机开关运转方式能节省电力消耗，一般节能在30%以上。

2）热交换器（蒸发器和冷凝器）。空调器中使用的热交换器主要采用平面散热片型的热交换器，如图7-37所示。包括散热片、发卡形长腰管、U形弯管。这样不但结构坚固，空气压力损失小，同时也构成了制冷剂流动的封闭系统。由于变频空调器的制冷（热）量变化范围大，因此，室、内外热交换器的发卡形长腰管、U形弯管等管路全部采用内螺纹钢管，不仅可以增大热交换面积，而且可以使流动的制冷剂产生紊流，从而提高了热交换效率。散热片采用翅片式覆膜铝片，不仅可以防止水滴的形成，而且可以提高热交换器的换热效率。

图7-37　热交换器外形

3）电子膨胀阀。空调器制冷循环系统中，常用节流方式有毛细管节流和电子膨胀阀节流两种。

变频空调器采用的电子膨胀阀由微电脑控制，利用步进式电动机驱动，在整个系统中可以非常精确并流畅地控制制冷剂的流动量，适用于制冷剂流量变化快且变化范围大的制冷系统中。它与原有的热力式膨胀阀不同，由于采用步进式电动机控制，可以非常精确地控制阀体的开度，并且开关调节快速、省电、体积较小。在系统中不但可以调节制冷剂的流量，而且可以实现多种保护，如防冻结保护、制冷防冷凝器温度过高保护、防过载保护、防压缩机排气温度过高保护等。电子膨胀阀结构如图7-38所示。

4）除霜电磁阀。空调器在制热运行时，室外机热交换器会因着霜而影响换热效果。普通定速空调器是通过电子换向阀改变制冷剂流向，以达到除霜的目的；而在变频空调器系统中加入除霜电磁阀后，可以在不改变换向阀状态的情况下，达到除霜的目的。原理是当微电脑通过传感器检测判定室外热交换器结霜时，除霜电磁阀打开，从压缩机中出来的高温高压气态制冷剂一部分不经过室内热交换器直接回到室外热交换器，这些制冷剂带来的热量会除

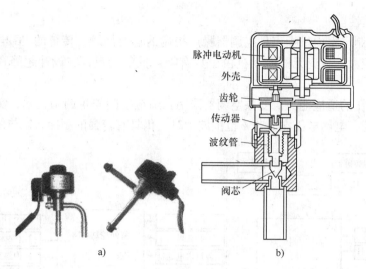

图 7-38　电子膨胀阀结构

掉热交换器上的霜。空调器除霜电磁阀外形如图 7-39 所示。

　　由于变频压缩机可以通过改变压缩机转速，在较大范围内调节空调器的制冷（热）量，加之电子膨胀阀对流量的精确控制，目前在空调器的一拖多技术中广泛采用变频系统。图 7-40 所示为变频一拖二空调器的制冷系统。

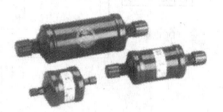

图 7-39　空调器除霜电磁阀外形

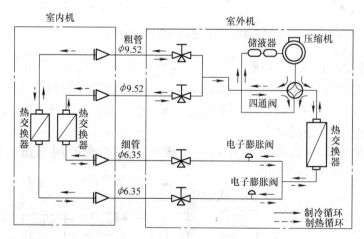

图 7-40　变频一拖二空调器的制冷系统

5. 电气控制系统

（1）变频空调器电气控制系统的特点

典型的变频空调器电路控制框图如图 7-41 所示。

1）控制方式。空调器由于其使用环境参数的不确定性、人的舒适性要求的不确定性等因素，采用零点自适应模糊控制策略，既解决了温度控制稳定精度问题，又保证了空调控制的舒适性与快速性。

2）噪声控制。室内机噪声是空调器噪声控制的首要问题。传统的 PG 电动机和抽头电动机往往噪声较大，直流无刷电动机由于具有噪声低的特点，在设计超静音运行的室内机时，常被采用。

3）电网电压的适应能力。变频空调器采用自适应空间矢量调制技术，实现压缩机电动机运行电压补偿，电网电压在 ±20% 范围波动时，仍具有较强的制冷、制热能力。

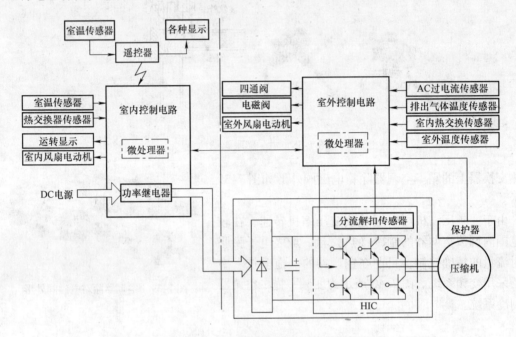

图 7-41　变频空调器电路控制框图

（2）变频空调器控制单元组成

变频空调器室内控制单元硬件由 3 部分组成：室内机 CPU 主控板、室内风扇电动机驱动及开关电源控制板、遥控接收及显示控制板。室外控制单元由两部分组成：室外机变频控制主回路和室外机 CPU 控制板。

图 7-42 所示为一种较先进的变频空调微电脑主控板控制框图，主控芯片选用 U87C196MC 16 位专用微处理芯片。

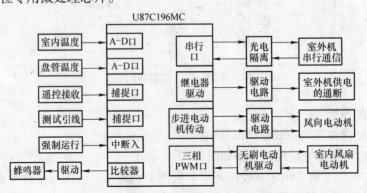

图 7-42　变频空调微电脑主控板控制框图

7.7 空调器维修技术

1. 不能起动

空调器不能起动的原因有以下几点。

1) 压缩机抱轴或电动机绕组烧坏。压缩机机械故障，使压缩机卡住无法转动；电动机绕组由于过电流或绝缘老化，使绕组烧毁，都会使压缩机无法起动运行。

2) 起动继电器或起动电容损坏。起动继电器线圈断线，触点氧化严重；起动电容内部断路、短路或容量大幅度下降，都会使压缩机电动机不能起动运行，导致过载保护器因过电流而动作，切断电源电路，空调器无法起动。

3) 温控器失效。温控器失效，触点不能闭合，压缩机电路无法接通，故压缩机不起动。

2. 不能制冷

1) 主控开关键接触不良。空调器控制面板上的主控开关若腐蚀，引起接触不良，则空调器不能正常运行。

2) 起动继电器失灵。起动继电器触点不能吸合，压缩机不通电，空调器当然就不制冷了。

3) 过载保护器损坏。过载保护器若经常超载、过热，其双金属片和触点的弹力会不断降低，严重时还可能烧灼变形。

4) 电容损坏。压缩机电动机通常都配有起动电容和运行电容。风扇电动机只配有运行电容。起动电容损坏，则电动机通电后无法起动，并会发出"嗡嗡"的怪声。遇到这种情况时，应立即关闭电源开关，以免烧坏电动机绕组。

5) 温控器损坏。温控器是空调器中的易损器件，用一段导线将温控器上的两个接线柱短路，若压缩机运转则故障出在温控器。

6) 压缩机损坏。压缩机是空调器的"心脏"，压缩机损坏是最严重的故障，压缩机卡缸或抱轴，轴承严重损坏，电动机绕组烧毁，都可能引起压缩机不转。

7) 其他原因。如离心风扇轴打滑，回风口、送风口堵塞，设定温度高于室温等，都会造成空调器不制冷。

3. 不能制热

冷热两用空调器能在制冷、制热间转换，若间隔在 5min 以上却不能制热，则可以从以下几个方面进行检查。

1) 温控器制热开关失效。冷热两用型空调器的温控器上均设有控制热运行状态的开关，该开关失效，空调器无法转入制热运行。

2) 电磁四通阀失效。其滑块不能准确移位，热泵型空调器就无法进行冷热切换。

3) 化霜控制器失效。化霜控制器贴装在热泵型空调器室外侧换热器的盘管上，它通过感温包的感温，来接通或切断电磁阀的线圈，使空调器在制冷与制热间切换。所以化霜控制器损坏，空调器不制热。

4) 电热器损坏。电热型空调器电热元件损坏，使空调器不能制热。

4. 风机运转正常但既不能制冷也不能制热

1）压缩机损坏。

2）制冷管道堵塞。尤其是毛细管和干燥过滤器，若被杂质污染或混入水分，则会产生脏堵和冰堵。

3）制冷剂不足。若制冷剂泄漏或充入量严重不足，会严重影响压缩机的制冷和制热运行。

4）电磁阀失效。

5）制冷系统中混入过量空气，使制冷剂循环受阻，制冷效率降低。

5. 制冷（热）量不足

1）风机叶轮打滑。风机叶轮打滑，风量减小，因而空调器的制冷（热）量也随之减小。

2）运行电容失效。运行电容失效，电路功率因数降低，工作电流增大，电动机损耗增加，转矩变小，转速降低，空调器制冷（热）量也就下降。

3）温控器失灵。温控器上如果积尘多，使其动作阻力增大，动作迟滞，进而使压缩机不能及时接通电源，于是空调器的制冷（热）量就小了。

4）压缩机电动机绝缘性能降低。压缩机电动机绕组浸在冷冻油中，若其绝缘强度降低，会使冷冻油变质，从而使制冷剂性能恶化，压缩机能效比降低；绝缘强度下降严重，还可能造成电动机绕组局部短路，使空调器制冷（热）量下降。

5）连接管道保温不好。若分体式空调器室内、外机组之间的连接管道外面的保温护层脱落，则冷（热）量散失加剧。

6）制冷剂轻微泄漏、充入量不足或过多。制冷管道有少许脏堵，毛细管处发生轻微冰堵，都会造成制冷量或制热量不足。

6. 压缩机"起"、"停"频繁

除电源方面的原因，如供电线路负荷过重，电源电压不稳定，电源插头、插座的接线松动等外，本机故障原因还有以下几点。

1）过载保护器动作电流偏小。触头跳脱过早，从而造成压缩机非正常性停机。

2）起动继电器动、静触头接触不正常。若电动机转速基本正常后，起动继电器的动、静触头还粘住，则会造成电动机过热，从而引起保护性动作。

3）温控器感温包偏离正常位置。这可造成温控器微动开关非正常"开"、"关"。

4）电动机轴承缺损或缺油，引起电动机过热，并引起压缩机频繁停机。

5）压缩机的电动机绕组局部短路或制冷系统压力过高，引起压缩机频繁"关"、"开"。

7. 噪声大

1）轴流风扇叶轮顶端间隙过小，风扇运行噪声增大。

2）制冷剂充入量过多，液态制冷剂进入压缩机产生液击，有较大的液击噪声。

3）风机内落入异物或毛细管、高压管与低压管安装不牢固，会发生撞击声、摩擦声等。

8. 压缩机运转不停

1）温控器失灵。温控器动作机构卡住、触点粘连等，无法及时切断压缩机电源。此外，若温控器感温包的安装位置离吸风口太远，起不到真正的感温作用，则温控器也不能准确地感温动作。

2）电磁阀失灵。

3）风道受阻。进、出风口或风道内部受阻，影响蒸发器表面冷、热空气的交换。

7.8 空调器故障维修实例

故障现象1：海尔 KFR – 25GW 空调器整机不运转。

故障分析与维修：首先，判断是遥控信号接收部分有故障，还是主板有故障。按应急开关，若空调器运转正常，则说明故障点在遥控器或遥控器接收头 PD_1；若仍不工作，则应检查 IC_2 的 20 脚电压，正常时开机瞬间为低电平，后转变为 +5V 高电平；若无此变化电压，则应检查 IC_2、R_{10}、D_2、C_{10}、C_6 等是否损坏，若正常，再检查晶振 CX_1 及两只电容是否损坏，如果都正常，则是 IC_1 损坏。

故障现象2：海尔 KFR – 25GW 空调器开机后运转灯即灭，机器不工作。

故障分析与维修：首先，测电源电压若大于 198V，应检查是否过电流保护。断开压缩机工作电源线，开机若正常，则大多数为压缩机起动电容、压缩机绕组不良，压缩机卡缸；若仍不工作，再检查是否是 CT_1、D_3、VR_1 损坏，使过电流保护值减小。此外热敏电阻 PIPE/HT 的阻值变小等，也是原因之一。

故障现象3：海尔 KFR – 25GW 空调器内风机运转不正常。

故障分析与维修：主要检查 CPU 的 17 脚的运转脉冲是否正常，一般为 CN_7 未插好，风机霍尔元件损坏等。

故障现象4：海尔 KFR – 25GW 空调器不制热。

故障分析与维修：首先检查遥控器的设定是否正确，若设定温度偏高，不制热是正常的；若设定正常，首先检查室内机是否发出了制热运行指令，再查室外机是否收到这个运行指令；若室外机已收到指令而不运转，主要查压缩机及运行电容；若室内机未发出指令或发出了室外机未收到，则检查继电器 RL_1 和反向器 IC_3 及压缩机运行控制端2。

若室外机运转而机器不制热，应检查四通阀是否换向，重点检查 CPU 的 4 脚和 RL_2，检测四通阀线圈是否有 220V 电压，线圈阻值是否正常（25、27 型为 $1.3k\Omega$，32、35 型为 $1.1k\Omega$）。此外，室外内机管温度与室温相近或略高于室温，则可能是机器少氟、压缩机排气不良或四通阀串气等。先检测机器内平衡压力值（正常情况下，0℃时约为 0.4MPa，10℃时约为 0.6MPa，30℃时约为 0.8MPa），压力值偏小，则是机器少氟，应先检漏，再充氟。待平衡压力正常时，再测工作压力（正常制热时为 1.6 ~ 2.0MPa），工作压力偏低时，也可能存在缺氟，或单向阀关闭不严、四通阀串气、压缩机排气不良；工作压力过高，则可能为氟多、管路堵塞、室内机通风不良等原因造成。

故障现象5：海尔 KFR – 25GW 空调器制热效果不好。

故障分析与检修：检测压缩机在最高频率工作时，管路高压侧压力正常。故障特征：在设定温度为 30℃ 的情况下，用钳形电流表测量室外机运转电流为 13A。空调器运行 5min 后，进入降频运转，电流下降到 6A，制热效果比较差，这表明制冷系统内制冷剂不足。检查管路没有发现泄漏情况，试为空调器补充制冷剂后，制热功能恢复正常。

故障现象6：海尔 KFR – 25GW 空调器电源指示灯不亮。

故障分析与检修：由于电源指示灯不亮，初步判断故障在电源电路。开机检查主机电源继电器能正常吸合。检查电源基板 AC－1 和 AC－3 插脚，发现 AC－3 插脚无电压。沿电路检查插座 3P－1 和滤波磁环，发现滤波磁环已损坏开路。更换滤波磁环后，电源指示灯点亮，试机，故障排除。

故障现象 7：海信 KFR—40GW/BP 空调器变频柜机工作 1h 左右，整机保护。

故障分析与检修：测室内机各路输出电源均正常。拆开室外机，发现机内结满了霜，风扇的扇叶已被折断，测管温传感器只有几十欧的变化范围。更换一只管温传感器后，机器工作正常。变频空调传感器较易损坏，检修时，应首先对其进行检查。一旦损坏，应更换同型号的热敏电阻，不能随便代换，否则会造成系统工作紊乱。

故障现象 8：海信 KFR—35GW/BP 空调器室外机不工作。

故障分析与检修：接通电源，只有电源指示灯闪烁，定时、运行指示灯均不亮。这种空调器采用直流变频双转子压缩机。在工作时，变频器的电子传感器测得的数据，送至电脑芯片后，经分析处理后发出指令，控制压缩机在 15～150Hz 范围内运行。若压缩机或功率驱动模块及传感器有故障，则室外机不工作。经检查压缩机及 HIC 模块电阻值均在正常范围，判断故障原因在室内机温度传感器 DTN－7KS106E。拆下传感器，常温（25℃）下用万用表测量这只热敏电阻的阻值为无穷大，而正常应为 58kΩ。更换这只作为传感器的热敏电阻后，故障排除。

故障现象 9：海尔 KFR—50LW/BP 空调器变频柜机新装机不能起动，键控和遥控均无反应。

故障分析与检修：通电后，空调器电源灯不亮。查接线无误，电源、变压器、熔丝管、12V 和 5V 供电均正常，测主板显示板的插座各电压正常。测量显示板插头电压，各脚均为5V，说明通向显示板的接地线开路。顺着地线检查果然发现该线的外皮未剥净，就被卡进接线槽内。剥去塑料外皮重新卡线后，整机工作正常。这种故障是厂家装配失误造成的，修变频空调器时如能理解电路原理，排除这类"小毛病"，可免往返换机，费时费力。

故障现象 10：海信 KFR—35GW/BP 空调器室内机不送风。

故障分析与检修：空调工作时面板的电源指示灯亮，但没有冷风送出。将室内机电源开关置于"OFF"位置，5s 后蜂鸣器响 3 声，面板指示灯增色亮。从自检结果得知，故障出在室内风扇电动机上。检查风扇电动机各绕组间的直流电阻值，发现红、蓝引线间的电阻为无穷大（正常应为 6.18kΩ，说明风扇电动机已烧坏。取下风扇电动机，修复后装机。将电源开关拨到"DEMO"位置，清除自诊断显示。再将电源开关置于"ON"与"DEMO"的临界位置，面板上运行指示灯无反应，说明诊断内容已清除。试开机运转，故障排除。

7.9 制冷系统维修基本操作

1. 管道加工技术

电冰箱、空调器维修常需进行管道加工，管道加工主要包括切管、扩口和弯管等。

（1）切管

1）割管器结构。当制作换热器或修复制冷管道时，需要截去适当长度的管道。而割管器就是切断纯铜管或铝管等金属管的专用切断工具。割管器可切管径的范围是 3～25mm，小型割管器可对直径为 3 ~ 12mm 的管子进行切断操作。它由刀片、滚轮、支架、调整旋钮和螺杆等组成，其结构如图 7-43 所示。在实施切管时，将欲切断的管子放在管子割刀的导向槽内，夹在刀片与滚轮之间，并使割刀与管子垂直，再旋紧手柄，让割刀刀片接触铜管。然后将割刀旋转，在旋转割刀的同时旋转手柄进刀，大约每旋转两周进刀一次，而且每次进刀不宜过深。过分用力进刀会增加毛刺，或将铜管压扁。故在进刀时，进刀速度要慢，用力要小。

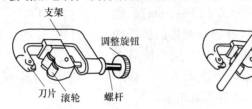

图 7-43 割管器结构

2）切管使用方法。首先取管径为 3 ~ 12mm 适当长的一段纯铜管作为被加工对象。具体步骤如下：

① 旋动调整旋钮，使刀片与支撑滚轮的距离与所选管径相一致。

② 将被加工的铜管放置在刀片与滚轮之间，此时管子的侧壁要紧贴两个滚轮的中间。

③ 调整旋钮使刀片的刀口与被加工的铜管垂直夹紧。

④ 旋动调整旋钮使刀片的刀刃切入管壁，同时均匀地将割管器整体环绕铜管旋转一周。

⑤ 顺时针调整旋钮 1/4 圈，使割刀再次进一步切入管壁，然后再转动割管器。依次重复进行直至铜管被切断。

⑥ 对切断铜管的管口进行修整，使其无毛刺和缩口现象，表面应光滑整齐。

（2）扩口

管子的焊接、全接头连接和半接头连接都需要对管口进行扩口，管子的扩口加工包括扩喇叭口和扩杯形口两种。

1）扩喇叭口。胀管器是用于铜管扩口的专用工具，扩口的形状有"喇叭口"和"圆柱形口"两种形式。喇叭口的形状用于螺纹形状的密封，而圆柱形口的形状用于相同管径两管子的连接，即一根管子插入到另一根管之中后焊接的连接。胀管器主要由夹具、弓形架、顶压螺杆、夹具紧固螺母和胀管锥头或胀头等组成。圆柱形扩口其配套的系列胀头对于不同管径的扩口深度和间隙都已经做成标准件，一般管径小于 10mm 时，扩口深度约为 6 ~ 10mm，间隙值为 0.06 ~ 0.1mm 夹具被制成对称的两半，一端用销子联接，另一端用紧固螺母和螺栓固定，两半对合后按不同的管径制成螺纹状，其目的是便于更紧地夹紧被加工对象。孔的上沿制成 60° 的倒角，以便扩出喇叭口，其结构如图 7-44 所示。在实际操作时，将

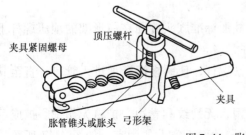

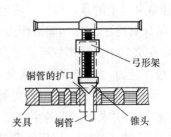

图 7-44 胀管器

被扩铜管放置在相应管径的夹具孔内，拧紧夹具上的紧固螺母后可将铜管牢牢夹住，通过拧动顶压螺杆使铜管口被加工成形。

2）扩杯形口。采用扩管冲头，它是冲胀铜管杯形口的专用工具，结构如图 7-45 所示。扩管冲胀杯形口时，应先将铜管夹于与扩口工具相同直径的孔内，铜管露出的高度为 H（稍大于管径 D 约 1~2mm）。然后选用扩口内径等于 D（0.1~0.2mm）规格的扩管冲头，并涂上一层润滑油，再插入铜管内，用手锤敲击扩管冲头。敲击时用力不要过猛，每次敲击后，必须轻轻地转动扩管冲头，否则冲头不容易取出来。

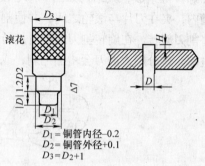

$D_1 =$ 铜管内径-0.2
$D_2 =$ 铜管外径+0.1
$D_3 = D_2 + 1$

图 7-45　扩管冲头

3）扩口使用方法。首先截取一段直径为 5~10mm，长为 50mm 的铜管作为备料。操作过程如下：

◆扩喇叭口

① 将备料加热（烧红）后常温冷却，即进行退火处理。

② 用锉刀将铜管的胀扩口挫平修整。

③ 把铜管放置在相应管径的夹具孔中，铜管应露出喇叭口倒角高度的 1/3，如图 7-46 所示。拧紧夹具上的紧固螺母，将铜管夹紧。

④ 将涂有冷冻油（起润滑作用）的锥头旋固在弓形架的顶压螺杆上，把弓形架固定在夹具上，让锥头顶住管口。

⑤ 缓慢轻力（避免将管口胀裂）地旋紧螺杆，使螺杆渐渐地进入管口，直至其成为喇叭口。喇叭口应圆正光滑且无裂纹。

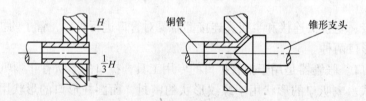

图 7-46　铜管露出夹具高度尺寸

◆扩圆柱形口

① 将备料加热（烧红）后常温冷却，即进行退火处理。

② 用挫刀将铜管的胀扩口挫平修整。

③ 把铜管放置在相应管径的夹具孔中，铜管口露出夹具表面的高度应大于铜管直径 1~3mm。拧紧夹具上的紧固螺母，将铜管夹紧。

④ 将涂有冷冻油（起润滑作用）的圆柱形标准胀头旋固在弓形架的顶压螺杆上，把弓形架固定在夹具上，让圆柱形标准胀头顶住管口。

⑤ 缓慢轻力（避免将管口胀裂）地旋紧螺杆，使螺杆渐渐地进入管口，直至其成为圆柱形口。圆柱形口应圆正光滑且无裂纹。

4）扩口的要求。扩出的喇叭口应当光滑，无裂纹和卷边，扩口无伤疵。扩成后的喇叭口既不能小，也不能大，以压紧螺母能灵活转动而不致卡住为宜。如图 7-47 所示的都是不

铜管切割不良　　厚度不等　　　扩口用圈杆上表　　切屑粉末等造成的
造成的偏心　　　　　　　　　　面贴合不良造成　　内表面伤疵
　　　　　　　　　　　　　　　的角度不良

扩口部尺寸小　　扩口部尺寸大　　打毛刺加工不良　　打毛刺过分所造
　　　　　　　　　　　　　　　　　　　　　　　　成的缺口

图 7-47　不合格的喇叭口形状

合格的喇叭口形状。在操作中若遇到这些形状的喇叭口，都应割掉后重新加工，以保证喇叭口连接质量。

（3）弯管

1）弯管器。手动弯管器是用来弯制管径在 20mm 以下铜管的专用工具。当管径在 20mm 以上时，必须用弯管机。手动弯管器主要由弯管角度盘、固定杆和活动杆等组成。操作时将被加工的管子放入带导槽的固定轮和固定杆之间，然后转动活动杆即可完成加工程序。弯曲半径应大于被弯曲管径的 5 倍，其外形及结构如图 7-48 所示。

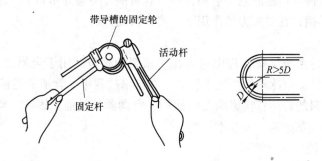

图 7-48　弯管器外形及结构

2）弯管使用方法。取一段直径在 20mm 以下，长度为 200~300mm 的纯铜管，作为加工工件。具体操作步骤如下：

① 将铜管加热（烧红）后常温冷却，即进行退火处理。

② 将退火处理的铜管放入带导槽的固定轮与固定杆之间，用活动杆的导槽套住铜管。

③ 用一只手握住固定杆手柄使铜管被紧固，另一只手握住活动杆手柄顺时针方向缓慢均匀转动（避免出现裂纹），同时观察弯转角度与固定轮刻度的对应值，直至达到弯转角度的要求。

④ 将弯曲成形的铜管退出弯管器。

（4）封口

1）封口钳。封口钳是用于截断并密封管路的某一处，以便检修、装拆制冷部件的专用工具。封口钳分为钢管夹扁和手动夹扁两种形式。手动夹扁器可加工直径为 4mm 以下的铜管，而大直径铜管应用钢管夹扁器。操作时只要将被加工管路放到钳口处，紧握封口钳的两个手柄合掌用力即可完成操作，其外形与结构如图7-49所示。

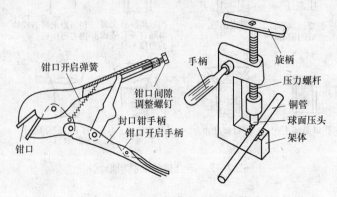

图7-49　封口钳外形与结构

2）封口钳使用方法。分别取管径为4mm和10mm，长度为150mm的铜管两段，作为备料。操作过程如下：

① 根据被加工管壁的厚度调整钳柄尾部的螺钉（钢管夹扁器应调整旋柄），应使钳口间隙小于铜管壁厚的2倍（过大密封不严，过小铜管易折断）。

② 将铜管置于钳口头部。

③ 合掌用力紧握封口钳的两个手柄，钳口就将铜管夹扁并密封。

④ 拨动开启手柄，在弹簧力的作用下，钳口自动开启。

2. 焊接技术

焊接技术在制冷系统维修过程中占有相当重要的地位。用于金属之间的焊接方法有熔焊、压焊、钎焊3种。电冰箱气焊属于钎焊。在维修过程中，管道的连接和修补多采用焊接的方法，而焊接质量的好坏直接影响着电冰箱、空调器的性能。因此，焊接技术是电冰箱、空调器维修人员必须掌握的一项基本技能。

（1）焊接设备使用安全常识

焊接设备中的压力容器是比较危险的，因此在使用过程中，必须了解使用要求和特性，否则可能会引起爆炸等恶性事故。

1）氧气钢瓶。氧气的性质活泼并极易与其他物质发生反应引起爆炸。氧气瓶内最高充气压力为14.7MPa。通常引起燃烧和爆炸的原因是：瓶内或瓶口处有油脂物质，使其和高压氧气发生剧烈反应造成内部高压引起爆炸；当氧气瓶与高温热源接触，也会使内部压力升高发生爆炸；另外，氧气泄漏、流速过快等都会引起同样事故。氧气瓶一般涂成"天蓝色"，并且标有"氧气"字样。

2）乙炔气瓶。乙炔气瓶内部装的并不是高压乙炔气体，而是使乙炔溶解于丙酮液体中，然后将丙酮液体分布在瓶内填料的细孔中。乙炔气瓶主要由瓶体、阀门、瓶帽、瓶口、石棉、瓶底、活性碳填料和丙酮溶液组成，如图7-50所示。乙炔气瓶在使用和存放时应禁止敲击、剧烈振动，与明火作业处相距不得小于10m，并远离高温和电器设备。乙炔气瓶要直立并扣牢，绝对禁止卧放。

3）操作场地的防火常识。由于焊接场地有很多装有易燃易爆气体的压力容器。因此，在实施各种维修操作时，防火是首要问题，必须严格按照操作规范进行维修工作。有必要掌握各种防火常识，提高防范意识。制冷设备应放置于通风良好的地方，周围不得有易燃易爆之物；维修场地和电冰箱内部不得存放易燃物，如无水酒精、无水氯化钙等；焊接操作前应仔细检查各种容器是否有泄漏，周围是否有易燃易爆物品；焊炬不得存放于易燃、腐蚀性气体及潮湿的环境当中。必须保证每台维修设备有单独的供电线路以确保用电的安全；维修场地应配有必要的灭火器及消防砂。

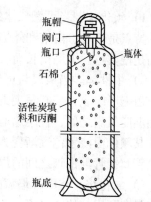

图 7-50　乙炔气瓶内部结构

（2）氧气 – 乙炔气焊接

1）氧气 – 乙炔气焊接的使用方法。电冰箱、空调器管道的连接和修补主要采用的是氧气 – 乙炔气焊接方法，氧气 – 乙炔气的焊接设备如图 7-51 所示。

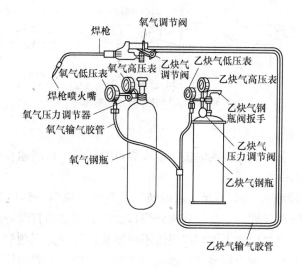

图 7-51　氧气 – 乙炔气焊接设备

2）用不同颜色的输气管道连接焊枪和氧气 – 乙炔气的减压阀，然后关闭焊枪上的调节阀门。

3）分别打开氧气 – 乙炔气钢瓶上的阀门，调节减压阀，使氧气输出压力为 0.5MPa 左右，乙炔气输出压力为 0.05MPa 左右。

4）钎焊时，首先打开焊枪上乙炔气的调节阀，使焊枪的喷火嘴中有少量乙炔气喷出，然后点火。当喷火嘴出现火苗时，缓慢地打开焊枪上的氧气调节阀门，使焊枪喷出火焰。并按需要调节氧气与乙炔气的进气量，形成所需的火焰，即可进行焊接。

5）钎焊完毕后，应先关闭焊枪上的氧气调节阀门，再关闭乙炔气调节阀门。若先关闭乙炔气的调节阀门，后关闭氧气调节阀门，焊枪的喷火嘴会发出爆炸声。

（3）焊接火焰的调节

焊接操作时，根据不同的被焊接材料应采用不同的火焰温度。根据可燃气体和助燃气体进入焊炬比例的不同，焊接火焰可分为 3 种类型。

1）碳化焰。当可燃气体的含量超过氧气时，其焊接火焰就是碳化焰，如图7-52a 所示。它的特点是焰心、内焰和外焰三层分明，其中焰心呈白色，外围略带蓝色。内焰为淡白色，外焰是橙黄色。火焰苗长而柔软，温度约为2500℃，适用于焊接小直径的铜管或钢管。

2）中性焰。当氧气与可燃气体的比例在 1.1:1 时，可得到中性焰，如图7-52b 所示。它也由三层组成，焰心呈尖锥形，并发出耀眼的白色光。内焰颜色是蓝白色；内焰是整个中性焰温度最高之处，在距焰心尖锥头部 2～4mm 处的温度最高，达 2700℃ 左右。外焰由里向外其颜色由淡紫色逐渐变为橙黄色。中性焰各层的轮廓分明且燃烧充分，因此适合于铜管与铜管及钢管与钢管之间的焊接操作。

3）氧化焰。将中性焰氧的比例再增加一些就形成氧化焰，其外观如图7-52c 所示。氧化焰只有两层，焰心呈青白色且短而尖。外焰略带紫色，火焰挺直并发出剧烈的噪声，形状也比较短，氧化焰温度约为2900℃。由于氧化焰中氧的比例较大，具有很强的氧化性，因此该焰不宜直接进行焊接操作。

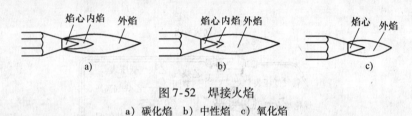

图 7-52　焊接火焰
a）碳化焰　b）中性焰　c）氧化焰

（4）焊接质量分析

如果焊接方法不正确，就会造成焊接缺陷或焊点泄漏等严重问题。下面就一些焊接缺陷的表现形式和产生原因进行分析。

1）漏焊。所谓漏焊是指焊接不足一圈的情况，其产生原因是焊接管接口处有油污，为避免该现象的发生，应在焊接前完全彻底地将焊口擦净。用砂布打磨好的焊口不要用手再触摸；另外一个原因是焊接时加热不均匀或温度不够所致，解决此问题的方法是在点涂料之前使管口均匀加热。其次是正确恰当地选择焊料和焊剂。一般讲，焊接铜管时，如果选用铜磷焊料则可不加焊剂。但如果是铜管与钢管对焊应使用非防腐蚀性焊剂。

2）开焊。焊接后出现开焊现象，其原因是焊料未完全凝固时，被焊接管路就出现碰撞或振动所致。当然也有可能是被弯曲的管路仍残留有弹性，焊接时管口受热被弹力拉动而使管路移动造成开裂。因此弯曲管路时应注意消除弹性力对焊口的影响。

3）熔蚀。当焊口被过高温度长时间加热后就会出现金属熔化现象即熔蚀，一旦出现熔蚀，必须重新扩口并再次实施焊接。

4）焊口表面粗糙或有气泡。焊口表面出现凸凹不平的原因是焊料不足或加热不均造成的；如果表面粗糙、不圆滑、不光洁，并且有斑驳氧化层，说明焊料过热或焊接时间过长所致；出现气孔的原因是接口不洁，管内有残留气体，焊料点涂位置不当等所致。

5）堵塞。焊接时如果接口间隙过大，焊料将沿缝隙流入接口内部，当温度降低后焊料则停流在接口处，造成堵塞。

（5）注意事项及要求

1）在焊接设备连接好后，应对所有接口处进行检漏，确认无泄漏后方可使用。

2）根据两连接管的材质正确选择焊条，在焊接过程中要注意焊枪火焰不要烧到电冰箱其他部位，必要时用铁板隔开。

3）开启氧气瓶时，应先将瓶阀拧开半圈（以便出现危险时能迅速将其关闭），确认无危险时继续开到需要位置。

4）焊接时观察被加热部位颜色确定温度，因温度过高会焊堵或焊化管路。

5）焊接操作时，在焊料没有完全凝固时，绝对不可移动或振动被焊接管道。要注意毛细管焊接时不能直接加热毛细管。

3. 检漏技术

电冰箱、空调器的制冷系统，都是由压缩机、冷凝器、干燥过滤器、毛细管和蒸发器等部件，用管道串联成的一个全封闭系统。一旦焊接不良或制冷管道被腐蚀，或搬运、使用不当等都可能造成制冷系统中循环流动的制冷剂泄漏。制冷系统泄漏是电冰箱、空调器等制冷设备最常见的故障。因此，必须掌握制冷系统的检漏技术。

检查制冷系统是否存在泄漏，常见的有观察油渍检漏、卤素灯检漏、电子卤素检漏仪检漏、肥皂水检漏和水中检漏等几种方法。

1）观察油渍检漏。制冷系统泄漏时，一定会伴有冷冻油渗出。利用这一特性，可用目测法观察整个制冷系统的外壁，特别是各焊口部位及蒸发器表面有无油渍存在。若怀疑泄漏处油渍不明显，可放上干净的白布，用手轻轻按压，若白布上有油渍，说明该处有泄漏。

2）卤素灯检漏。卤素检漏灯是以工业酒精为燃料的喷灯，靠鉴别其火焰颜色变化来判断制冷剂泄漏量的大小。其作用原理是利用氟利昂气体与喷灯火焰接触即分解成氟、氯元素气体，氯气与灯内炽热的铜接触，便产生氯化铜，火焰颜色即变为绿色或紫绿色。但这种方法不能满足家用电冰箱、空调器检漏的要求，只能用于设有储液器的大型冰箱或冷库的粗检漏。

3）电子卤素检漏仪检漏。电子卤素检漏仪是一个精密的检漏仪器，主要用于精检，灵敏度可达每年 14～1000g，但不能进行定量检测。

电子卤素检漏仪的构造如图 7-53 所示。由于电子卤素检漏仪的灵敏度很高，所以不能在有烟雾污染的环境中使用。做精检漏时，必须在空气新鲜的场合进行。检漏仪的灵敏度一般是可调的，由粗检到精检分为数档。在有一定污染的环境中检漏，可选择适当的档位进行。在使用中严防大量的制冷剂吸入检漏仪。过量的制冷剂会污染电极，会使检测灵敏度降低。检测过程中，探头与被测部位之间的距离应保持在 3～5mm，探头移动速度应低于50mm/s。

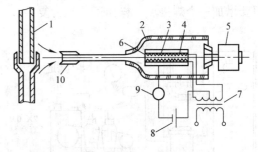

图 7-53　电子卤素检漏仪的构造

1—测漏处　2—电子管外壳　3—外筒（白金阴极）
4—内筒（白金阳极）　5—风扇　6—加热丝
7—变压器　8—阴极电源　9—微安表　10—探嘴

4）肥皂水检漏。肥皂水检漏就是用小毛刷蘸上事先准备好的肥皂水，涂于需要检查的部位，并仔细观察。如果被检测部位有泡沫或有不断增大的气泡，则说明此处有泄漏。

肥皂水的制备：可用 1/4 块肥皂切成薄片，浸在 500g 左右的热水中，不断搅拌使其溶化，冷却后肥皂水即凝结成稠厚状、浅黄色的溶液。若未制备好肥皂水而需要时，则可用小毛刷蘸较多的水后，在肥皂上涂搅成泡沫状，待泡沫消失后再用。

用肥皂水检漏，方法简便易行。这种检漏方法可用于制冷系统充注制冷剂前的气密性试验，也可用于已充注制冷剂或在工作中的制冷系统。在还没有用其他方法进行检漏，或虽经电子卤素检漏仪、卤素灯等已检出有泄漏，但不能确定其具体部位时，使用肥皂水检漏，均可获得良好的检测结果。所以，一般维修中常用肥皂水检漏。

5）水中检漏。水中检漏是一种比较简单而且应用广泛的检漏方法。常用于蒸发器、冷凝器、压缩机等零部件的检漏。其方法是在被测件内充入 0.8 ~ 1.2MPa 压力的氮气，将被测件放入 50℃ 的温水中，仔细观察有无气泡产生。若有气泡产生，则说明有泄漏。

4. 抽真空及充灌技术

（1）制冷系统的抽真空

在检修电冰箱、空调器制冷系统时，必然会有一定量的空气进入系统中，空气中含有一定量的水蒸气，这会对制冷系统造成膨胀阀冰堵、冷凝压力升高、系统零部件被腐蚀等影响。由此可见，对系统检修后，在未加入制冷剂前，对系统抽真空是十分重要的。而抽真空的彻底与否，将会影响系统正常运转。

1）低压单侧抽真空。低压单侧抽真空是利用压缩机上的工艺管进行的，而且可利用试压检漏时焊接在工艺管上的三通修理阀进行。低压单侧抽真空操作简便，焊接点少，减少泄漏孔。缺点是制冷系统的高压侧中的空气必须经过毛细管抽出，由于毛细管的流阻很大，当低压侧中的残留空气的绝对压力已达到 133Pa 以下时，高压侧残留空气绝对压力仍会在 1000Pa 以上。虽然反复多次使制冷系统内的残留空气减少，却很难使制冷系统的真空度达到低于 133Pa 的要求。低压单侧抽真空示意图如图 7-54 所示。

2）高、低压双侧抽真空。高、低压双侧抽真空能使制冷系统内的绝对压力在 133Pa 以下，对提高制冷系统的制冷性能有利，故近年来被广泛采用。高、低压双侧抽真空方法示意图如图 7-55 所示。高、低压双侧抽真空是在干燥过滤器的进口处加一工艺管，与压缩机上的工艺管用两台真空泵或并联在一台真空泵上同时进行抽真空。这种抽真空的方法克服了毛细管的流阻对高压侧真空度的不利影响，能使制冷系统在较短的时间内获得较高的真空度。但要增加一个焊接点，操作工艺较为复杂。

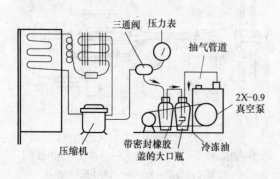

图 7-54　低压单侧抽真空

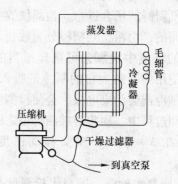

图 7-55　高、低压双侧抽真空

3）二次抽真空。二次抽真空的工作原理是先将制冷系统抽空到一定的真空度后，充入制冷剂，使系统内的压力恢复到大气压力或更高一些。这时，起动压缩机，使制冷系统内的气体成为制冷剂蒸气与残存空气的混合气。停机后，第二次再抽真空至一定的真空度，系统内此时残留的气体为混合气体，其中绝大部分为制冷剂蒸气，残留空气所占比例很小，从而达到残留空气减少的目的。但是，二次抽真空的方法会增加制冷剂的消耗。

在修理电冰箱时，如果现场没有真空泵，则可利用多次充、放制冷剂的方法来驱除制冷系统中的残留空气。一般充、放 3~4 次，即可使系统内的真空度达到要求，但要多消耗制冷剂。对于空调器，由于充注的制冷剂较多，所以一般不采用此种方法。

在抽真空时还应合理地选用连接工艺管与三通检修阀之间的连接管的管径。若管径选得过小，则流阻太大，从而使制冷系统的实际真空度同气压表上所指的真空度相差较大。若管径选得过大，则最后封口时就比较困难，通常选用 $\phi 4 \sim 6mm$ 的无氧铜管作为连接管比较合适。

（2）制冷剂的充注

电冰箱和空调器在抽真空结束后，都应尽快地充注制冷剂。最好控制在抽真空结束之后的 10min 内进行，这样就可以防止三通检修阀阀门漏气而影响制冷系统的真空度。准确地充注制冷剂和判断制冷剂充注量是否准确的方法有定量充注法和综合观察法。

1）充注要求。无论电冰箱或空调器，制冷剂的注入量都应满足其铭牌上的要求。如果制冷剂充注量过多，就会导致蒸发器温度增高，冷凝压力增高，使功率增大，压缩机运转率提高；还可能出现冷凝器积液过多，自动停机时，液态制冷剂在冷凝器末端和过滤器中的蒸发吸热，造成热能损耗。这些因素将使电冰箱或空调器性能下降，耗电量增加。若制冷剂充注量过小，则会造成蒸发器末端的过热度提高，甚至蒸发器上结霜不满，也会使空调器的运转率提高，耗电量增大。制冷剂的充注量一定要力求准确、误差不能超过规定充注量的 5%。

2）定量充注法。定量充注法就是利用专用的制冷剂加液器按电冰箱或空调器铭牌上规定的制冷剂注入量充注制冷剂。如图 7-56 所示将管道连接好，连接处不得有泄漏现象。先将阀 D 关闭，打开阀 E，让制冷剂钢瓶中的制冷剂液体进入量筒中。量筒的外筒为不同制冷剂在不同压力下的重量刻度。选择合适的刻度，使制冷剂液面上升到铭牌规定数值的刻度，然后关闭阀 E。若量筒中有过量的气体致使液面无法上升到规定刻度时，可打开量筒上的阀 F，将气体排出，使液面上升。再起动真空泵进行抽真空，使电冰箱或空调器的制冷系统和连接管道中的残存气体排出，达到要求后关闭阀 B 和阀 C。然后打开阀 D，量筒中的制冷剂便通过连接管道，经过阀 A 而进入已进行抽真空的制冷系统中。若设备要求充注的制冷剂量较大，而量筒刻度无法满足时，可以分两次或三次充入，只要充入的总量与铭牌上的要求注入量相符即可。

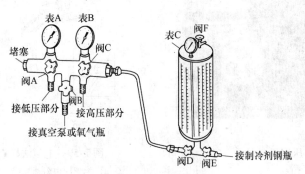

图 7-56　定量充注法

3）综合观察法。在维修中常采用综合观察法。它是在没有制冷剂定量的情况下，充注一定量的制冷剂后，结合观察三通检修阀上气压表指示的压力值，以及电冰箱或空调器的工作电流和电冰箱、空调器的结霜情况来判定制冷剂充注量是否适量。

技能训练一　电冰箱起动器、过载保护器检测

1. 实训工具、仪器和设备

万用表、螺钉旋具、绝缘电阻表、钢丝钳、尖嘴钳、电冰箱等实训工具。

2. 实训目标

1）能够熟练进行电冰箱压缩机起动器、过载保护器拆装。

2）会使用相关仪器检测压缩机的好坏。

3）能够检修电冰箱常见故障。

3. 实训内容

（1）起动器拆装、诊断和修理

重锤式起动器和保护器与压缩机端子连接，位于压缩机附件盒内，如图 7-57 所示。拆装前需先撬开附件盒固定卡子，取下附件盒后再进行拆装。拆卸前一定要拔掉电冰箱电源。

1）起动器拆装。首先拔下电冰箱电源→撬开压缩机附件盒→记下起动器在压缩机上的安装位置→拔下或撬出起动器。安装时，起动器两孔对准压缩机起动端子 S 和运行端子 M→均匀用力向里压，以防止损坏起动器或压缩机接线柱。

图 7-57　起动器和过载保护器

其次用万用表测量压缩机三端子之间电阻确定，方法如图 7-58 所示，先找出中线，然后测量中线与其他两端子间电阻，阻值大者为起动端子，阻值小者为运行端子。多数压缩机顶端子为公共端子 C，下部靠近管口的是运行端子 M，另一个是起动端子 S。

2）起动器诊断。起动器损坏除压缩机不运转外，多伴有过载保护器断续通断而发出的"咔咔"声。

① 重锤式起动器诊断。电阻法检查重锤式起动器如图 7-59 所示。此类起动器主要是触

图 7-58　压缩机三端子

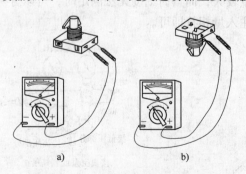

图 7-59　电阻法检查重锤式起动器

a）倒置时电阻通　b）正置时电阻无穷大

点烧蚀，造成接触不好。反复测正置、倒置电阻几次，正常时每次正置应断开、倒置接通。如果有一次正置不断开，或倒置不接通均判断为该起动器损坏。

② PTC 起动器诊断。损坏后主要表现是爆裂、失效。拆下用手晃动内部有"哗哗"碎片声，说明 PTC 元件已开路，测量值过大或过小均说明起动器已损坏。

③ 电容起动器诊断。电容起动器损坏多为击穿。拆下电容后，用万用表的 $R \times 100\Omega$ 档测量引脚电阻。测量瞬间阻值小然后逐渐上升到近于无穷大，说明其正常；如果阻值近于零，说明电容击穿。用数字表电容档测量无容量，说明电容已失效。

3）起动器损坏处理。起动器损坏后换同规格起动器。因起动器属于易损件，容易购买，且价格低，没必要修理。对于重锤式起动器触点不良，往地上磕几下有的触点会恢复原位置，应急修理可用此法试试。

（2）过载保护器拆装、诊断和修理

在压缩机正常运转时，过载保护器应始终处于常通状态，当压缩机过电流或过热时自动转为断开状态，从而起到保护目的。

1）过载保护器拆装。如图 7-60 所示，拔掉电冰箱电源→撬开压缩机附件盒→记住接线方法→拔下或撬下过载保护器即可。如图 7-61 所示，安装时，安装接线插到压缩机公共端子 C 上→过载保护器一定要插入到附件盒并固定在卡槽内，必须贴紧压缩机外壳，这样才能正确检测压缩机温度。一般压缩机端子 C 位于顶端，对于特殊压缩机，只能通过万用表测试找出。

图 7-60　过载保护器的拆卸方法

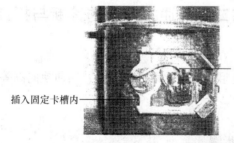

过载保护器
插到压缩机
公共端子上

插入固定卡槽内

图 7-61　过载保护器的安装方法

2）过载保护器诊断。过载保护器损坏多是因内部触点接触不良、接触电阻变大或电阻丝断引起的。前两者会导致误保护而发出断续的"咔咔"声，后者压缩机得不到工作电压而不能工作。

诊断方法如图 7-62 所示，观察到过载保护器内部电阻丝烧断或常温下双金属片触点变形均为损坏。正常时，常温下的过载保护器的阻值为 $1 \sim 5\Omega$，否则说明它已损坏。

3）过载保护器损坏处理。与起动器一样，

图 7-62　电阻法诊断过载保护器

过载保护器也属于易损件，由于它的价格低，所以损坏后一般更换同规格起动器即可。不能用熔丝或金属短接替代，否则失去保护功能。

（3）通电判断起动继电器是否损坏方法

1）接通冰箱电源，将温控器置于"不停"位置，将手背触及压缩机外壳，如能感到微微振动，则表明压缩机运转；感觉不到微微的振动，则表明压缩机没有运转。而在数秒钟后就听到压缩机处有"叭嗒"一声，这是热保护器碟形金属片动作、切断了电路，待几分钟后又"叭嗒"一声，热保护器碟形金属片冷却后复位，如此循环往复，压缩机外壳温度很高。一般正常的情况下热保护器是不动作的，造成其动作的原因，有电源电压太低，起动继电器损坏、压缩机电动机有问题等，使整机电流过大，使热保护器动作，其中最常见的为起动继电器损坏。

2）用万用表测一下电源电压，该电压应在国标规定允许的187～242V范围内，如电压正常，再打开压缩机侧面的电气附件盒，就可以看到与压缩机连接的起动继电器。找一根20cm长的电线，一端接在电动机运行绕组有M字样的插接头上、另一端接在电动机起动绕组有S字样的插接头上，连接好后，开启冰箱电源，如压缩机电动机立即起动运转，此刻马上拉掉该连接线，如压缩机电动机一直运转工作，那就可以排除压缩机电动机故障的可能性。故障出在起动继电器上。找到了故障的部位，就可以动手拔下该起动继电器。用万用表测量起动继电器两插孔阻值。正常的情况下，电磁线圈朝下，阻值为无穷大，将起动继电器翻转180°。电磁线圈朝上、阻值为零，如后者阻值也无穷大，可以判断该起动继电器已损坏，应进行更换。把好的起动器装回到压缩机电动机上，开启电源试机，一般都能正常起动、运转。

技能训练二　四通换向阀的诊断与拆装

1. 实训工具、仪器和设备

万用表、螺钉旋具、绝缘电阻表、钢丝钳、尖嘴钳、四通换向阀等实训工具。

2. 实训目标

1）能用万用表检测四通阀。

2）掌握四通换向阀的检修步骤。

3）能够更换四通换向阀。

3. 实训内容

（1）检查四通阀

1）检查四通阀供电电路。对照具体机型的控制电路图，确定四通阀的电磁线圈在制冷状态通电，还是在制热状态通电，大多数空调器是在制热运行时才对四通阀线圈通电。

然后，调整空调器控制面板上的温度控制器，使电磁线圈保持在通电状态。将万用表拨到直流电压250V档，测量电磁线圈接线端电压，如果万用表没有读数或者测量值与额定值相差很大，则重点检查温度控制器的供电部分。

2）检查电磁线圈。在确认四通阀供电正常后，可检查电磁线圈是否正常。最直接的办法是在线圈通电时，应该能听到控制阀内铁心被吸引运动时产生的"咔嗒"声，同时还能听到主阀中制冷剂流动方向改变发出的"呲呲"的声音。

如果听不到铁心移动的声音，怀疑换向阀不工作时，可用万用表的欧姆档检查电磁线圈的好坏。断开线圈与控制系统的接线，测量电磁线圈的直流电阻值，正常时应在 $1 \sim 1.5 \text{k}\Omega$ 之间。如果测出线圈电阻值很小或是无穷大，表明线圈内部有短路或断线，必须更换。

如果环境嘈杂，通电后听不到铁心被吸动的声音，还有一种办法检查线圈有没有吸引力。松开电磁线圈的螺钉，在给线圈通电的同时，试着将线圈拉离控制阀。如果电磁线圈是好的，在轻轻拉动的时候，应该能感觉到线圈与铁心之间的电磁吸引力。这时，将电磁线圈的一端与控制回路断开，还可以听到主阀再次换向的声音。

3）检查主阀和控制阀。通过检查进、出主阀的制冷剂管路的温度，可以判断主阀是否正常工作。空调器正常运行时，主阀和压缩机排气口之间的制冷剂管路摸起来应该是热的，主阀与压缩机吸气口之间的制冷剂管路的温度则相对较低。当四通阀工作在制冷循环状态时，主阀与室外机热交换器盘管间的连接管和压缩机的排气温度相同（较热），主阀与室内机热交换器盘管间的连接管路和压缩机的回气温度相同（较冷）。

在制热循环状态时，由于主阀位置移动，制冷剂的流动方向改变，因此主阀和室内、室外热交换器盘管间两条管路的温度也与制冷时相反。需要强调的是，检查主阀位置是否正确，一定要在每一种状态下，检查两条管路的温度。

（2）更换四通阀

1）选用适当的焊把，将中性火焰调到立刻能焊接的程度，用湿毛巾把四通阀包好。

2）先焊上端高压管口，高压管焊好，冷却后再焊下面的 3 根管子中间的吸气管。

3）再焊冷凝器进口和蒸发器出口。

注意事项：

底部侧面的管子焊接难度较大，要仔细调节火焰强度，"看准焊口、火到即焊"，手法要快。先焊管口的多一半，迅速更换四通阀外面包裹的湿毛巾，防止芯内温度过高，使尼龙滑块变形。毛巾又不能太湿，以免水滴从没有焊接的管口进入制冷系统。整个管口焊好后，要立即回烤焊口，保证焊接牢固，不漏气。整个焊接过程不应超过 20min，争取焊一根成功一根，避免管口焊完后，试压时焊口全冒泡。反复补焊，最容易把尼龙滑块烤坏变形。

（3）拆装四通阀的注意事项

空调器修理中，更换四通阀的技术要求比较强，操作时要注意下面一些事项。

1）四通阀与压缩机排气口相连接的管口温度可能相当高，检测和拆卸时要做好安全防护工作。

2）在更换或焊接四通阀时，必须事先移走相关管路内的制冷剂，在重新灌注制冷剂之前，应将系统抽真空。

3）安装四通阀要小心取放，避免磕碰撞击，防止阀体变形或压扁毛细管，造成滑块被卡，不能正常换向等故障。四通阀的管口打开后，要及时安装焊接，并注意防止水分、灰尘及各种杂物进入阀体内。

4）四通阀必须水平地安装在制冷系统中振动最小的位置，如果是拆旧换新，不要任意改变安装部位。

5）焊接管路前，先卸下电磁线圈。焊接时应保持阀体的充分冷却，使阀体的受热温度不超过 120℃。

（4）四通阀损坏的常见原因

1）制冷系统有泄漏，致使系统中高压、低压压力差减少，四通阀换向困难。

2）压缩机温度过高。由于制冷剂泄漏，压缩机得不到很好冷却，会在超热状态运行，这不但影响压缩机寿命，而且高热的制冷剂会使四通阀内部零件变形，造成活塞移动失灵。

3）四通阀供电电压太低，致使线圈磁力不足，不能很好地驱动控制阀铁心。

4）冷冻油变质。冷冻油在压缩机内长时间高温运转，如果质量低劣会很快失去润滑作用，并产生碳化物，这些细微的固体颗粒进入制冷剂中，很容易使控制阀的毛细管发生脏堵，造成四通阀换向困难、动作慢。

注意：空调器检修中，遇到四通阀损坏，不能"头痛医头"地一换了之。如果不弄明白故障是怎么形成的，不找到故障的原因，必然会给日后留下隐患。例如，在拆换四通阀时，如果放出的制冷剂中混有变质的冷冻油，而且油稀，有难闻的臭味，能看到浓黑色沉淀物，那就必须同时彻底更换冷冻油，否则新换的四通阀还会再次脏堵损坏。

（5）四通阀故障检修举例

例1：四通阀轻微卡滞的排除。

牌号	格力 KFR–35GW 型	检修部位	四通阀
故障现象	制冷正常，但不能制热		

分析检修：空调器只能制冷，不能制热，是四通阀故障的典型表现。故障原因是阀内活塞被杂物卡住，不能按指令移位，妨碍了制冷剂换向流动。

对四通阀活塞卡滞故障，不要贸然拆换，而应该先用"强迫移动"的方法试一试，看能不能简单排除。具体方法是，用一个电源插座，将220V交流市电引到室外机上方，拔下空调器电源插头和四通阀的两根端子引线，将四通阀引线直接插进电源插座，直接向四通阀电磁线圈供电，强迫吸动滑块。这样反复通断电4~5次，当听到"唔咯"的声音时，说明滑块已经能够正常移动。由于卡住滑块的杂物是随机出现的，所以卡滞消除后，四通阀一般能继续使用下去，有可能以后不再出故障。

方法与技巧：检修时，如果引入220V电源有困难，也可以利用室外机接线端子上的电源。用遥控器开机，空调器设定制冷状态，3min后室外机接线端子上有电，便可以用端子板上220V电压直接对四通阀加电试验。

例2：四通阀失效的应急处理。

牌号	扬子 KFR–27GW 分体机	检修部位	四通阀
故障现象	整机能起动运转，但制冷、制热效果都差，也不能切换		

分析检修：检修时，能听到四通阀中有"嘶嘶"的声音。这台空调器是早年产品，已经使用多年，阀体中活塞封闭不严，制冷剂"窜气"，所以发出声音。切换制冷、制热功能时，虽然滑块能正常移动，但由于严重磨损，不能确保制冷剂正确流向，所以不能正常工作。

考虑到空调器本身已经很旧了，实际使用中也很少制热运行，更换新四通阀的意义不大。征得用户同意后，采用舍弃四通阀的应急办法，使空调器恢复制冷功能。

方法与技巧：用气焊焊下四通阀上下4根铜管，另做两个U形管，分别将空调器的排气管和冷凝管相连，蒸发器的出口管和压缩机的吸气管相连。这样"甩掉"四通阀后，空调器仍有完整的制冷管路系统，经过打压、检漏、抽空、充氟，空调器即可恢复制冷。

【思考与练习】

1. 简述检测电磁换向阀方法。
2. 电冰箱、空调器故障检修时应注意哪些事项？
3. 分析海尔金统帅 BCD—205F 型电冰箱冷藏室照明灯亮，但压缩机不工作故障现象。
4. 分析海信 KFR—35GW/BP 空调器室外机不工作故障现象。
5. 将直径为 φ8mm 的铜管，截取 730mm，将其弯成蛇形，如图 7-63 所示。

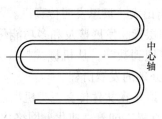

图 7-63　制作蛇形铜管

第 8 章 传 真 机

科学技术和社会经济的发展使人们对信息的需求变得越来越迫切，传真机作为一种现代通信与办公自动化的手段，满足了信息交流的高效、轻松、快捷的要求。传真机集计算机技术、通信技术、精密机械与光学技术于一体，在公用电话网或其他相应网络上，将静止图像、文件、报纸、相片、图表及数据等信息做远距离的实时传送的具有信息传送速度快、接收副本质量好、通信保密程序高和传真通信费用低等优点，在办公自动化领域中占有极其重要的地位。

- 1843 年美国物理学家亚历山大·贝恩发明传真机。
- 传真机的发展经历了基础探索、发展普及和多功能化 3 个主要阶段。
- 其传真技术也走过了从模拟到数字，从机械式扫描到固体化电子扫描，从低速传输向高速传输，从单一功能到综合处理的发展历程。
- 传真机真正进入大众化阶段是在文件传真三类机出现之后短短几十年的时间。
- 目前，以 G4 为代表的传真机正朝着高速化、网络化、综合化、一体化、智能化、小型化的方向发展。
- 传真机种类繁多，其分类方法也多种多样。
- 按照信号的形式可以把传真机分为模拟和数字两种。
- 按色调分，黑白传真机、彩色传真机及相片传真机。
- 按传送的内容分：文件传真机、用户传真机、报纸传真机及气象传真机等。

8.1 传真机的种类

1. 按用途分类

（1）文件传真机

文件传真机是一种利用市内或长途电话交换网，在任意两个电话用户之间进行文字、图像资料传送的设备，是用途最广泛、用量最大的传真机。文件传真机的发展经历了一个性能技术指标由低到高的发展过程。

根据国际电报电话咨询委员会（CCITT）建议，将目前已应用与开发的文件传真机分为四类：即一类机、二类机、三类机（G3）与四类机（G4）。

一类机：又称 6 分钟机，属于早期产品，目前已淘汰。这类传真机收发兼用，采用滚筒扫描方式，主要表现为速度慢、体积小、设备粗糙和价格低廉的特性。

二类机：又称 3 分钟机，在标称 4 线/mm 的扫描密度下，其标准传输速度是 3min 传送 1 页 A4 规格的文稿，属于中速机。

三类机：又称 1 分钟机，三类机采取在调制前采用频带压缩技术和减少冗余编码技术，大大减少了传真的数据量，可在 1min 内发送 1 页 A4 文稿，属于高速机。与 G1、G2 不同的是 G3 传真机是数字传真机，其功能较强，具有多种通信方式，既可进行人工收发、自动收发、定时收发、预约通信、连续预约收发、查询、中继等，也可以进行复印。三类机是目前应用最广泛的传真机。

四类机：它利用专用数据网进行传真。在传输前，它对发送前的报文信号采取了减少信号冗余度的处理，并采用适合专用数据网的传输控制程序，可以实现无错码接收。它能以64kbit/s 的速率进行数据通信，可在 15s 内传送一页 A4 幅面文稿，是一种高速度、高质量的传真机。

目前文件传真三类机已被广泛用于通信、办公自动化和电子邮政业务中，甚至开始进入千家万户。把传真技术和计算机技术结合起来，将他们融为一体，可使之成为既有图文功能，又具采集、存储、处理功能的 PC – FAX（个人计算机传真机或称计算机传真机）。

（2）相片传真机

主要用于传送相片，大量应用于公安、武警、新闻出版等部门。相片传真机不仅能传送黑白相片，而且还能传送有灰度等级的相片，可以保证接收的照片的清晰和逼真。相片传真机一般用一个电话电路传送，扫描速度比文件传真机慢。

（3）气象传真机

气象传真机与短波定频接收机配套，利用无线电广播和气象卫星来发送和接收气象云图资料。它在气象、军事、航空、航海、渔业等方面具有重大作用。

（4）报纸传真机

报纸传真机是一种大滚筒式的高速传真机，它可以传送整版报纸，以便远离大城市的地方也能够就地制版、印版、发行传真版报纸，使全国各地都可以看到当天的重要报纸。目前，报纸传真机一般利用微波通路来传输。

（5）信函传真机

信函传真机是一种具有自动拆封装置，用于传送邮政信函传真业务的传真机。当地邮局把待寄信函自动拆封，自动送入信函传真机，把信函传送到对方邮局；对方邮局的传真机收到后，自动封好信函送出机外，以便投送给收信人。

2. 按记录方式分类

传真机按记录方式分类可分为热敏纸传真机和普通纸传真机。

（1）热敏纸传真机

热敏纸传真机是通过热敏打印头将打印介质上的热敏材料熔化变色，生成所需的文字和图形。热敏纸传真机发展的历史最长，使用的范围也最广，技术也相对成熟，具有价格便宜、轻巧美观等优点。

但是，功能单一的缺点比较突出，需要长期保存的传真资料还需要另外复印一次，文稿大小也不统一规范。热敏纸传真机一般具备液晶显示、自动接收、电话录音、多张输稿、自动切纸、无纸接收等功能，适合于传真量比较大或者是传真需求比较高但不需要扫描和打印功能的用户。

（2）普通纸传真机

普通纸传真机分为热转印式普通纸传真机、喷墨式普通纸传真机和激光式普通纸传真机3 种。

热转印式传真机从热敏技术发展而来，它通过加热转印色带，使涂敷于色带上的墨，转印到纸上形成图像。

激光式传真机是利用碳粉附着在纸上面而成像的一种传真机，其工作原理主要是利用一个机体内控制激光束的硒鼓，凭借控制激光束的开启和关闭，从而在硒鼓上产生带电荷的图像区，此时传真机内部的碳粉受到电荷的吸引而附着在纸上，形成文字或图像图形。

喷墨式传真机的工作原理与点矩阵式列印相似，是由步进电动机带动喷墨头左右移动，把从喷墨头中喷出的墨水依序喷布在普通纸上完成列印的工作。

喷墨及热转印式普通纸传真机价格适中，稿件便于保存，功能齐全，但接收的效果及分辨率较差，图像层次感较低。

激光普通纸传真机图像接收效果好，并可以与计算机联网打印，收发传真速度快，内存量大，但价格较高。

3. 按图像色调分类

传真机按图像色调分类可分为黑白传真机（文件传真机）、相片传真机和彩色传真机。

彩色传真机能够传送彩色图文。彩色传真机分为双色和多色传真机。最初双色的分辨率为 12dpi，用 9600bit/s 的速率传送 1 张 A4 文件大约需要 1min，目前市场上很少见到这类产品。

多色传真机在发送端把彩色图像分解成 3 种基色发送，在接收端把分解信号提取放大并还原成像，随着 ISDN 的建立和用户传输电路的宽带化及彩色编码的实现，使高速的彩色传真通信变得容易实现。彩色传真机采用 JPEG 压缩编码压缩图像，不但可以获得较高的压缩比，也可以获取较高的图像品质。

4. 按扫描方式分类

按照传真机采用的扫描方式不同，传真机可分为电荷耦合扫描传真机和接触式图像扫描传真机。由于 CCD 扫描方式通过一系列光学系统将图像聚焦到 CCD 上直接感光成像，故其成像质量较高，可十分方便地进行实物扫描。但由于 CCD 扫描的制造工艺和成像系统比较复杂，故其制造成本较高，体积也较大，因此 CCD 扫描传真机一般适用于中、高端用户。

CIS 扫描方式由于受本身感光材料的限制，其成像质量不是很高，对实物及凹凸不平的原稿扫描效果较差，一般面向低端用户。因此，当对具有图像的稿件进行复印和发送时，CCD 扫描方式优于 CIS 扫描方式，得到的图像更加清晰，层次更加丰富。

5. 按功能不同分类

按照传真机的功能不同，可分为简易型传真机、标准型传真机和多功能型传真机。简易型传真机具有简单的收发传真和复印功能。

标准型传真机除收发传真和复印功能外，一般还具有中/英文液晶显示、自动切纸、自动进纸、无纸接收、呼叫转移、来电显示、计算机接口等功能。

多功能型传真机集传真机、打印机、复印机三维于一体，除了具备标准型传真机的功能外，还增加了录音电话、呼叫转移等功能。

8.2 传真机的特性

1. 主要功能特性

（1）自动拨号功能

为了提高自动化程度，减少通话联络时间，中、高档的三类机通常可以采用以下几种拨号方式建立通信：单触键拨号、缩位拨号、自动重拨功能。

（2）无人值守功能

这是传真机通信的一大特点，对存在时差的国际间传真通信显得极为重要。无人值守分为收方无人、发方无人和收发方均无人3种情况。

（3）存储发送功能

中高档的三类机有较大容量的内存，用户可先将要发送的文件存入传真机的内存，进行一次编程操作后，将同一原稿自动依次发送到所要发送的所有传真机中，接收方可多达100多个，即一次发送操作，同一文件可传送到100多个不同的地点。这种文件顺序通信的方式称为顺序同报。

（4）存储接收功能（无纸接收）

传真机的大容量内存，除了能完成存储发送功能外，还可以在传真机记录纸用完时，将接收到的信息保存起来，待操作人员换上记录纸后，再打印出来。这样避免了记录纸用完而来不及更换时引起的信息丢失。无纸接收页数的数量取决于传真机内存的容量。

（5）复印功能

电话、发送、接收、复印是传真机的四大基本功能。其实，复印就是自发自收，有的传真机具有大容量存储器，能够进行多页复印，即一次操作能产生多个副本。

（6）自动缩小功能

传真机在接收时，为保证接收副本不丢失内容，在收、发双方传真机的配合下，可以将宽于记录纸原稿的内容自动缩小到接收方传真机的记录纸上。

（7）管理报告功能

由于传真机具有许多自动功能，为了便于用户了解自动传送的成功与否，在每次操作完成后，设备自动记录本次传送操作的详细工作情况和有关数据。

（8）自我诊断功能

中高档传真机上一般都有自我诊断功能。当机器因电路原因或本身故障而不能正常工作时，传真机将发出警告声，同时在显示屏上自动显示出故障代码。用户根据说明书提供的故障代码表，可以查出故障原因和主要处理方法。

2. 三类机和四类机的主要特点

（1）三类机的主要特点

1）话路上传送一页A4幅面文件，约需1min；

2）操作简单，传输多种文字、图像、照片等；

3）即时记录、存储，提高消息传输的实时性，易于实现通信的自动化；

4）可靠性强，个别信号的差错不会造成整个传真的差错。

虽然三类机传输的是数字信号，但是它将数字信号通过调制解调器转换成模拟信号后，再利用公共电话交换网传输。公共电话交换网虽然比较便宜，也存在着传输信道参数变化大、干扰大、持续时间长、利用率不高等缺点。

（2）四类机的主要特点

四类机是传真机技术发展的新一代产品，它以综合业务数字网（ISDN）为传输信道，支持并兼容三类机的通信功能，经过适当的调制处理也可用在公用电话交换网上。其特点主要有：传输速度高、功能强、接收质量好，并且可以完全数字化传送彩色图文，可以和数字网连接，还可以加上 modem 后在公用电话交换网中使用分辨率比三类机高，效果好编码方式为三类机编码的改进型，增强了可靠性。

3. 主要技术指标

目前市面上的传真机种类很多，不同种类的传真机具有不同的技术参数，但决定传真机性能高低的主要技术指标有：分辨率、传送时间、有效记录幅面和灰度级 4 项。

（1）扫描方式

传真机的扫描方式通常有滚筒式扫描和平板式扫描两种方式，其扫描方向也分为主扫描和副扫描两种形式。

（2）分辨率

分辨率又称扫描密度，是衡量传真机对原稿中细小部分再现程度高低的一项指标，可分为垂直分辨率和水平分辨率扫描点尺寸（也称像素），其大小取决于图像的类型和复制效果的要求。扫描点越小，复制出的图像越逼真，但传送的速度也越慢。垂直分辨率也称扫描线密度，是指每毫米扫描的行数，用字母 F 表示，单位为线/mm，目前 G3 FAX 垂直方向的扫描密度可分为标准 3.85 线/mm、精细 7.7 线/mm、超精细 15.4 线/mm。水平分辨率指水平方向上每毫米像素点数，目前 G3 FAX 水平扫描密度为 8 像素/mm。

（3）扫描线频率

是指每分钟能传送的扫描线条数，用 N 表示，单位为线/mm。

（4）扫描速度

扫描速度分为主扫描速度和副扫描速度。主扫描速度是指单位时间内对图像进行主扫描的次数，单位为次数/s。副扫描速度是指在单位时间内扫描点在副扫描方向上扫过的距离，用 Vx 表示，单位为 mm/s。

（5）传送时间

传送时间又称发送速度，是指传真发送一项标准 A4 尺寸的稿件所需要的时间，通常分为：23s、18s、15s、9s 和 6s 几种。发送时间的长短，取决于传真机所采用的调制解调器速度、电路形式及软件编程。

（6）灰度级

又称中间色调，它是反映图像亮度层次、黑白对比变化的技术指标。传真机具有的灰度级的级数越多，其所记录与传输得到副本的图像层次就越丰富、越逼真。

目前，传真机的灰度级有 3 种：16 级、32 级和 64 级。

（7）有效记录幅面

有效记录幅面与有效扫描宽度是决定传真机价格的一个主要因素，同等功能条件下，B4 幅面的传真机往往比 A4 幅面的价格高许多。

（8）合作系数

表示传真机之间的互通性，即发送图像和接收图像的长度尺寸符合一定比例的参数。

（9）频带宽度

传真信号的频带宽度 Bw 为最高频率 F_{max} 与最低频率 F_{min} 之差。

8.3　检修传真机的准备工作

1. 了解情况

维修机器前首先应认真询问操作者有关情况，如机器使用了多久，上次维修（保养）是在什么时间，维修（保养）效果如何，此次是什么情况下出现的故障。还要认真翻阅机器有关维修记录，注意近期更换过哪些部件和消耗材料，有哪些到了使用期限而仍未更换过的零部件。

2. 检查机器

情况了解清楚以后，即可对机器进行全面检查，除了机内短路、打火等故障外，都可接通机器电源，传真几张，以便根据其效果进行进一步分析。对于操作者提供的故障现象应特别注意，并在试机时细心观察。

3. 准备工具

在对机器进行检查的基础上，一般可对故障现象有个大致的了解，即可知道维修时需要哪些常用的专用工具，准备好将要使用的工具和材料后即可进行检查维修工作。

4. 机器故障自检

目前绝大多数传真机都装有彩色液晶显示面板，并设有卡纸等故障自检功能，一旦机器某一部件失灵或损坏，都能以字母数字告诉操作者。

8.4　传真机的基本结构和工作原理

1. 传真机的基本结构

G3 机主要有九大单元组成：自动给纸单元、光电转换与图像信号处理单元、编码译码单元、调制解调器、网络控制单元、记录头与记录纸、步进电动机驱动单元、操作及显示单元和主控制系统。

传真机发送系统在发送端，传真机内置的荧光灯作为光源照射到原稿图像上，对原稿图像或文件进行逐行扫描。原稿的各像素反射到电荷耦合器件上，CCD 将不同强度的发射光转换成相应的电信号，形成原始图像电信号。该信号经处理后形成图像数据。由于一幅图像的数据量很大，为了节省传输时间，采用编码电路将图像数据进行压缩，压缩后的图像数据还要经过调制，才能转换成数字信号发送到电话线路上进行传输。

传真机包括电子电路与机械结构两大部分，传真机的电路部分称为硬件设备，它包括电信号转换、数据压缩电路、调制解调电路、传感器电路、开关电源电路、液晶显示电路以及操作控制电路等。

传真机的机械结构可分为两部分：上部分为读取系统单元，下部分为记录系统单元。

2. 传真机的基本工作原理

传真通信和其他通信系统一样，由发送、接收以及通信线路 3 部分组成。如果要将一张原稿完整地由发送方传送到接收方，首先要将传真图像经发送方进行图像扫描、图像分解、数字化处理、编码并调制成模拟信号后，送往传输线路，经线路传送，到达接收方，再经过解调、译码、记录转换以及接收扫描，最后还原出与发送图像一致的图像信息。为了保证接收图像与发送图像一致，必须使接收扫描与发送扫描速度一致，接收扫描与发送扫描单元起始位置一致，即同步和同相。

如图 8-1 所示，传真机的基本工作原理可以归纳为 5 个环节：发送扫描、光电转换、传真信号的调制/解调、记录转换、接收扫描。

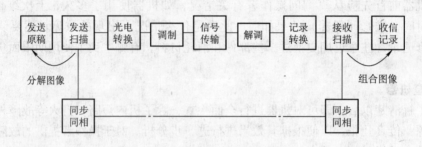

图 8-1　传真机的基本工作原理

（1）发送扫描

发送扫描是对发送图像进行从左到右、从上到下的扫描，把发送图像分解成许多微小像素，从而把二维图像信息转换成一维时间序列信号。发送扫描分为机械扫描和电子扫描两种方式。

（2）光电转换

光电转换是指把通过发送扫描分解的各个像素的深浅信息转变为不同强度的电信号的过程。具体的讲，就是把光射在发送图像上，原稿各像素的反射光依次投射到电荷耦合器件（CCD）上，CCD 再将不同强度的反射光转换成相应的电信号，从而形成图像的原始电信号。光电转换元件常使用光电倍增管、光敏二极管、电荷耦合器件或 CMOS 图像传感器等。

（3）传真信号的调制和解调

调制是指在发送端把通过光电转换得到的电信号再转换为线路传输频带内信号的过程；解调是指在接收端把由发送端送来的被调制的电信号复原的过程。

若以公用电话网作为传输线路时，调制方法有：低速机（也称 6 分钟机）采用调幅或调频的方法；中速机（也称 3 分钟机）采用调幅 – 调相 – 残余边带调制的方法；高速机（也称 1 分钟机）采用在数据传输中使用的多相相位调制或正交振幅调制的方法。为了减少传送图像信号的数据量，缩短传送时间，在调制之前往往需要对图像数据用编码电路进行压缩，以消除图像信号的冗余度。编码处理后的信号经解调后还要进一步解调处理，恢复图像信号。

（4）记录转换

为了把解调后的信号记录下来，需要将其转换为记录所需的能量，成为记录转换。记录能量包括光、电、热、磁压力。根据记录图像的再现能力，记录可分为黑白两值记录、半色调记录、图片全调记录、彩色记录。根据记录所需的处理，可分为直接记录和间接记录。其中间接记录需要显影、定影等后继处理。

（5）接收扫描

发送扫描的逆过程叫接收扫描，即把按时间序列传送过来的一维信号还原为二维图像信号。接收扫描也分为机械扫描和电子扫描两种方式。

（6）同步和同相

同步就是收、发两端的扫描速度保持一致；同相就是使收、发两端扫描单元的起始位置保持一致。同步可分为独立同步方式、电源同步方式、传输同步方式、自动同步方式。同相分为释放式和追赶式。

3. 传真通信过程

传真通信过程如图8-2所示。传真通信过程可分为5个阶段：阶段A—呼叫的建立；阶段B—报文前的信息交换过程；阶段C—报文传送过程；阶段D—报文传输后过程；阶段E—呼叫释放阶段。

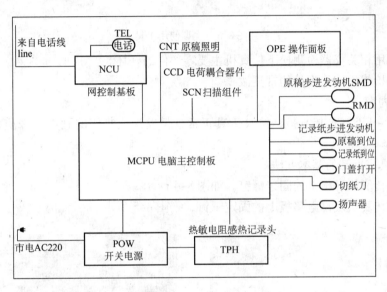

图8-2　传真通信过程

4. 传真–计算机通信

传真–计算机通信（PC–Fax）指由传真机、通信适配器、PC–Fax接口、相应软件和计算机组成的系统。该系统可实现传真机和计算机之间的通信和信息的传递，主要包括以下内容：

1）本地传真和远程传真输入计算机。

2）计算机录入和传真机之间的互通。

3）计算机利用传真机输出图文资料。

4）利用传真通信实现远程文件信息的计算机处理和传输。

5）传真加密通信（用计算机加密）传真机文件的打印和显示。

技能训练一　松下KX–FP82CN传真机故障检修（一）

1. 实训工具、仪器和设备

万用表、螺钉旋具、电烙铁、尖嘴钳、传真机等实训工具如图8-3所示。

2. 实训目标

1）能够熟练进行松下传真机的拆装。

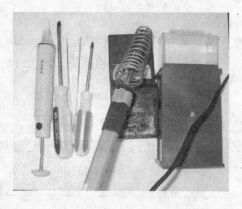

图 8-3　实训使用工具

2）会使用相关仪器检测松下传真机主要零部件的好坏。

3）能够检修松下传真机的常见故障。

3. 实训内容

松下 KX – FP82CN 传真机，接收传真正常，但发送或复印的副本文件质量有问题的故障分析与检修。

（1）传真机拆卸的基本方法

1）拆卸传真机底板上的固定螺钉，如图 8-4 所示。

2）拆卸传真机底部电路板上的固定螺钉，如图 8-5 所示。

图 8-4　拆卸底板上的螺钉　　　　　　　　图 8-5　拆卸电路板上的螺钉

3）撬开底部电路板上的连接插件，如图 8-6 所示。

图 8-6　撬开电路板上的连接插件

4）拔出连接插头，如图8-7所示。

5）拔出主控电路板的插件，如图8-8所示。

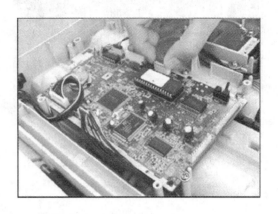

图8-7　拔出连接插头

图8-8　拔出主控电路板的插件

6）拧下主控电路板的固定螺钉，如图8-9所示。

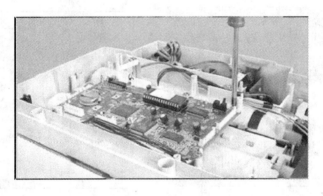

图8-9　拧下主控电路板的螺钉

7）取下主控电路板，注意主控电路板的固定卡勾，如图8-10所示。

8）扳动传真机前面板上的锁扣，如图8-11所示。

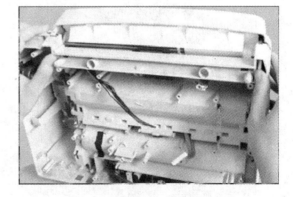

图8-10　取下主控电路板

图8-11　扳动传真机前面板上的锁扣

9）取下传真机的前盖板，如图8-12所示。

10）拧下前盖板的固定螺钉，如图8-13所示。

图8-12　取下传真机的前盖板

图8-13　拧下前盖板的螺钉

11）掀起传真机的前盖板，如图8-14所示。

12）扳动传真机操作显示面板的固定卡扣，如图8-15所示。

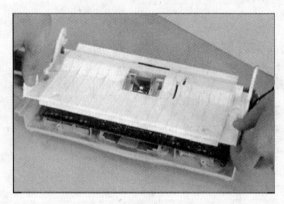

图8-14　掀起传真机的前盖板

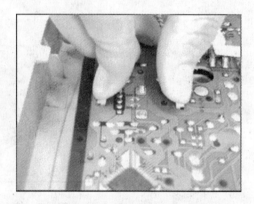

图8-15　扳动显示面板的固定卡扣

13）翻开传真机操作显示面板的电路板，如图8-16所示。

14）拆卸传真机打印头组件，分离传真机挡板和打印头组件的卡钩，如图8-17所示。

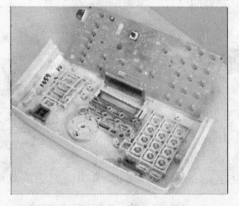

图8-16　翻开显示面板的电路板

图8-17　拆卸传真机打印头组件

15）取出传真机打印头组件的一端，如图8-18所示。

16）取出打印头组件的接线头，如图 8-19 所示。

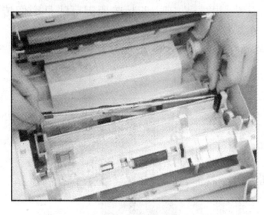

图 8-18　取出打印头组件的一端

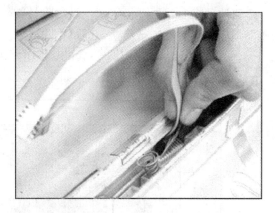

图 8-19　取出打印头组件的接线头

17）取出传真机图像扫描器，如图 8-20 所示。

（2）传真机安装操作

1）装入传真机图像扫描器。

2）组装传真机打印头组件。

3）组装传真机的前盖板。

4）安装主控电路板的插件。

5）安装传真机底板的固定螺钉。

（3）松下 KX－FP82CN 传真机，接收传真正常，但发送或复印的副本文件质量有问题故障分析与检修。

故障原因与排除：

如果传真机接收传真正常，这就表示传真机

图 8-20　取出图像扫描器

的打印头组件是没有故障的，故障原因可能存在于扫描器的光电传感器，所以应重点检查扫描组件。

打开传真机的前盖板后就可以看到图像传感器，如图 8-21 所示，松下 KX－FP82CN 的传感器是一个接触式的一体化传感器。

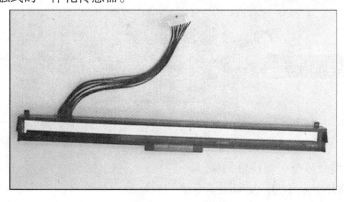

图 8-21　图像传感器

先仔细观察图像传感器上是否沾上灰尘，用棉球将其擦拭干净。

清洁干净后，再开机重试，看故障是否仍然存在，若存在则说明故障原因可能是图像传感器损坏，应对其进行更换，即可排除故障。

（4）松下 KX – FP82CN 传真机基本电路结构

1）主控电路板的基本结构，如图 8-22 所示。

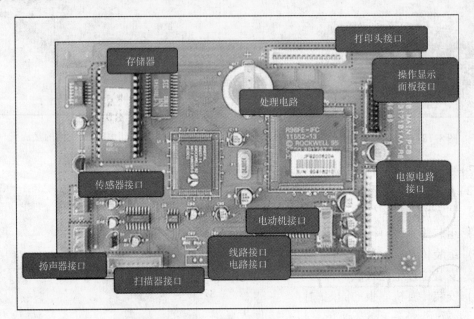

图 8-22　主控电路板的基本结构

2）线路接口电路，如图 8-23 所示。

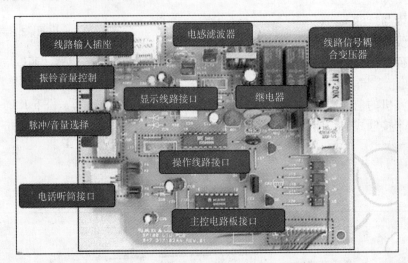

图 8-23　线路接口电路

（5）其他机型故障分析与检修

1）理光 FAX188 传真机，复印副本全黑的故障分析与检修。

故障原因与排除：根据故障现象分析，首先应检查 CIS 器件中的 LED 阵列是否点亮，可用 LED 阵列测试功能进行自检。依次按："FUNCTTON"功能键→数字"6"键→数字"1"键→数字"9"键（2次）→数字"5"键→"YES"键。接着再依次按数字"1"键→数字"0"键→"YES"键→数字"0"键→"START"键，此时 LED 阵列应点亮。但经查 LED 阵列不亮。接着检测有无 +24V 电压及 GLED 是否为低电平。用万用表检测主板上的连接器件 CN6 的第 9、10 脚，发现有 +24V 电压输出，而 9 脚 GLED 端却始终保持高电平。仔细检查驱动器 QA2R 的第 1、16 脚，发现第 1 脚在启动时能由低电平跃变至高电平，而第 16 脚始终保持不变。故判断驱动器损坏，更换 TD62003 后，故障排除。

2）松下 UF－200 传真机，按"START"键不能启动，不能手动操作收发文稿，但可自动接收的故障分析与检修。

故障原因与排除：根据故障现象分析，该机能自动接收传真，说明通信部分电路和对方设备均无故障。故应首先检查"START"按键是否正常，检查结果正常。然后通电进行自检，依次按下"FUNCTION"功能键→数字"7"键→"TEL/DIAL"键（4次）→"＊"键，机器进入设备测试方式。随后按数字"3"键→"START"键自行启动，自动打印出 RAM 数据和功能参数表。仔细察看功能参数表，发现其参数值已全部初始化为最初设定状态，此时传真机已自动复位。故判断机内设备用电源电路有故障，该电源电路主要包括 POW_1 电池组件、晶体管 VT_7、VT_8、复位开关 SW_2 等部件。该电路主要用于向 RAM 进行不间断供电，保证其数据参数和时钟信号不因断电而丢失。

根据分析，先用万用表检测 POW_1 电池组件电压是否正常，检查结果正常。再检测 SW_2 开关位置是否正常、接触是否良好，正常情况下 SW_2 开关位于"ON"档上。用万用表"$R×1$"档沿 SW_2 焊片分别测试印刷板线路的通断情况，测试发现，"ON"端焊片因长期处于潮湿环境中而霉断。更换之，重新设定功能值，故障排除。

技能训练二　松下 KX－FP82CN 传真机故障检修（二）

1. 实训工具、仪器和设备

万用表、螺钉旋具、电烙铁、尖嘴钳、传真机等实训工具如图 8-24 所示。

图 8-24　实训使用工具

2. 实训目标

1）能够熟练进行松下传真机的拆装。

2）会使用相关仪器检测松下传真机主要零部件的好坏。

3）能够检修松下传真机的常见故障。

3. 实训内容

松下 KX – FP82CN 传真机，在接受或复印时，出现记录纸卡纸现象的故障分析与检修。

（1）传真机拆卸的基本方法

拆卸过程同实训任务一。

（2）传真机安装操作

安装过程同实训任务一。

（3）松下 KX – FP82CN 传真机，在接受或复印时，出现记录纸卡纸现象的故障分析与检修

故障原因与排除：

传真机的记录纸卡纸故障一般是由于热敏打印机的色带薄膜有问题导致。如果色带薄膜转动到头后不能继续转动会造成记录纸卡纸。而且，如果色带薄膜发生变形，也会导致记录纸传输不流畅。

打开传真机前盖板，按动机器侧面的锁扣将上盖板扳开，如图 8-25 所示。

盖上机盖，开机重试，观察故障是否仍然存在。若存在，则再次将传真机的机盖打开，取出被卡的记录纸和色带薄膜。

然后，仔细检查色带薄膜，观察是否已变形或已转动到头。检查后分析发现薄膜由于使用时间过长而失效，从而导致记录纸被卡住，造成传真机不能正常传输。

更换新的薄膜后，装机重试，传真机恢复正常，故障排除。

图 8-25　打开传真机前盖板

（4）其他机型的故障分析与检修

1）SUNTECH STFAX188 传真机，经常出现以下现象：

① 按"FINE"键约 5s，待发出 5 次鸣叫后按"START"键时，不自检。

② 开机后按"START"键不启动。

③ 收发传真时，按"START"键，被呼叫用户听不到信号声（9600bit/s），不走纸；发送时户发出信号（9600bit/s）后，按"START"键无响应。

故障原因与排除：由于无现成图样资料，且出现的问题较多，这给维修工作带来一定困难。根据以往维修经验，可从以下 3 方面入手：

① 检查整机的装配质量，有无插件开路、接触不良、元器件虚焊等现象。

② 观察机内各元器件有无过热、冒烟、被烧坏现象。

③ 检测直流输出电压是否正常。

经仔细检查，发现该电路板焊接牢固，可靠，装配质量良好，无烧坏的元器件。检查机内电源工作状态，根据已知元器件的供电电压要求推算电源供电要求。如：74 系列 TTL 电路芯片需供 +5V 电压等。用万用表测试，发现主板上有 ±5V、–12V、±24V 等供电电压，但无 +12V 供电电压。断掉电源，测量主板的 +12V 电压端的对地电阻 R_{11} 为 90Ω，显然不是因短路引起无 +12V 供电电压。拆开机盖，直接用万用表测开关电源的直流电压输出，仍

无 +12V 供电电压。仔细检查后，发现滤波电容 C_{24}（2200μF/16V）上的印制电路板铜箔断裂，使得 +12V 电压开路而无直流输出电压。同时加热电容 C_{24} 两脚焊点，待焊锡熔化后使 C_{24} 电容紧贴于印制电路板上，焊好后，重新开机运行，故障排除。

2）OF – 17 传真机复印副件重叠印刷、切纸距离短。

故障原因与排除：拆下机盖，仔细检查，发现脉冲电动机组件传动部分的第一从动轮轴根部因长期使用磨损导致断裂。因该类传真机系日本生产，脉冲电动机组件等配件在市面上难于选购，且价格昂贵。根据脉冲电动机组件的传动部分主要由塑料部件组成的特点。采用胶粘剂粘接，并在断裂处内插钢钉以增加强度。待胶粘剂粘接 24h 充分凝固后，重新装机开机运行，故障排除。

（5）常见小故障排除方法

常见小故障排除方法见表 8-1。

表 8-1　常见小故障排除方法

常见故障现象	故障原因	处理方法
复印有黑横线	扫描器镜片不良	更换扫描器
复印全白，接收传真正常	扫描器镜片不良	更换扫描器
接收正常，传送不良	扫描器镜片不良	更换扫描器
复印有竖白条	扫描器有污物	清洁白色滚轴、扫描器镜片（用酒精）清洁白色滚轴、扫描器镜片（用酒精）
复印发白（淡）	热敏纸不好	更换热敏纸
显示机械错误	齿轮机架坏	更换齿轮机架
不切纸或切纸不断	切纸刀不良	更换切纸刀
原稿不能自动进纸	分页器、ADF 不良	更换分页器、ADF
不传送	电话线插错孔	分机线、电话线孔要注意区分
不传送	齿轮机架凸物不良	修理齿轮机架
不通话	手机不良	检查手机（或换手机）
不振铃（振铃声很小）	振铃开关没有打到"H"	将开关打到"H"
拿起手机没有传送	NCU 板或 M1 主板不良	首先更换 NCU 板，确认良好后再检查 M1
打电话显示电话正在使用中	NCU 板不良	更换 NCU 板（电话板）
传送好接收不良	打印头不良	更换打印头
无显示	电源没插好	检查电源有没有插好
无显示	电源板烧坏	若没问题就检查电源板
显示黑色方框	M1 主板或显示器不良	更换 M1 主板或显示器
没有免提没有手机音	NCU 板不良	更换 NCU 板（电话板）
接收传送慢	设置错误	重新设置
插上电源听到"咔咔"声	齿轮错位	调整齿轮
塞纸后切纸刀不能复位	切纸刀卡住	拔掉电源后再插上电源
切纸刀不能切纸	齿轮卡住	打开卷纸盖，若发现右边最上面一只小齿轮和下面齿轮粘合在一起，轻轻拔起即可（注：要先拔掉电源）

思考与练习

1. 松下 KX – FP146CN 传真机，接收传真正常，但发送或复印的副本文件质量有问题时，应如何检修？

2. 三星 SF – 341P 传真机，在接收或复印时，出现记录纸卡纸现象时，应如何检修？

3. 松下 KX – FT956CN 传真机显示卡纸，但里面却没有纸，传真纸出不来，应如何检修？

第9章 打 印 机

9.1 针式打印机

1. 检修打印机准备工作

（1）了解情况

维修机器前首先应认真询问操作者有关情况，如机器使用了多久，上次维修（保养）是在什么时间，维修（保养）效果如何，此次是什么情况下出现的故障。还要认真翻阅机器有关维修记录，注意近期更换过哪些部件和消耗材料，有哪些到了使用期限而仍未更换过的零部件。

（2）检查机器

情况了解清楚以后，即可对机器进行全面检查，除了机内短路、打火等故障外，都可接通机器电源，打印几张，以便根据其效果进行进一步分析。对于操作者提供的故障现象应特别注意，并在试机时细心观察。

（3）准备工具

在对机器进行检查的基础上，一般可对故障现象有个大致的了解，即可知道维修时需要哪些常用的专用工具，例如：镊子、电笔、烙铁、万用表、螺钉旋具、轴承等，常用的辅助材料还有清洁材料、清洁剂、有机溶剂、润滑剂等。还要准备好将要使用的工具和材料后即可进行检查维修工作。

（4）机器故障自检

目前绝大多数打印机都装有显示面板，并设有卡纸等故障自检功能，一旦机器某一部件失灵或损坏，都能以字母数字告诉操作者。作为机器的使用者，见到这些故障代码，应立即停机，关掉电源，请维修人员进行检修。如果是自己修理，则必须找到与所使用机器型号相同的维修手册或维修说明书，在书中查到故障代码所表示的内容，再检查相应的零部件电路板或电子元件。

2. 针式打印机的工作原理及结构

针式打印机工作原理如图 9-1 所示，针式打印机是利用直径 0.2～0.3mm 的打印针通过打印头中的电磁铁吸合或释放来驱动打印针向前击打色带，将墨点印在打印纸上而完成打印动作的，通过对色点排列形式的组合控制，实现对规定字符、汉字和图形的打印。打印头按击针方式可分为螺管式、拍合式、储能式、音因式和压电式。这里以 24 针打印机 LQ-1600K 和 AIz3240 的打印头为例说明其工作原理。图 9-2 是 LQ-1600K 打印头的工作原理图，它是拍合式打印头。在每根打印针的前面（从打印针的后面向前看）有一个环行扼铁，环行扼铁的四周排列着 12 个线圈和 12 根打印针（LQ1600K 打印头分为两层）。

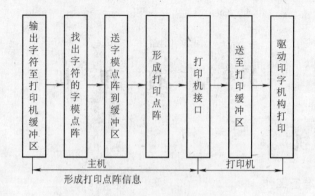

图 9-1　针式打印机工作原理图

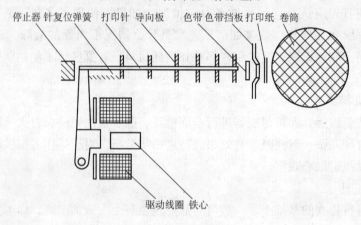

图 9-2　LQ－1600K 打印头的工作原理图

针式打印机实际上是一个机电一体化系统。它由两大部分组成：机械部分和电气控制部分。机械部分主要完成打印头横向左右移动、打印纸纵向移动以及打印色带循环移动等任务；电气控制部分主要完成从计算机接收传送来的打印数据和控制信息，将计算机传送来的 ASCⅡ码形式的数据转换成打印数据，控制打印针动作，并按照打印格式的要求控制字车步进电动机和输纸步进电动机动作，对打印机的工作状态进行实时检测等。在机械部分主要组件的功能和作用为：

（1）字车传动机构

在字车步进电动机的驱动下，载有打印头的字车沿水平方向的横轴左右移动，将打印头移动到需要打印的位置。字车传动机构一般由字车步进电动机、字车底座、齿形带（或齿条）、初始位置传感器等组成。

（2）输纸传动机构

在输纸步进电动机的驱动下，通过摩擦输纸或链轮输纸方式将打印纸移动到需要打印的位置上。输纸传动机构一般由输纸步进电动机、打印胶辊、输纸链轮、导纸板、压纸杆和纸尽传感器等组成。根据输纸方式的不同，在输纸传动机构的实现形式上分为卷绕式输纸方式（也称为普通输纸方式）和平推式输纸方式两种。

（3）色带传动机构

为了保证打印质量和清晰度，在打印头前的色带需要不断更换，色带传动机构通常采用换向齿轮使色带按照一定的速率和方向循环运动,该机构一般由换向齿轮组、色带盒组成。

（4）打印头

由一定数量的打印针按照单列或双列（个别的为3列）纵向排列,在打印数据的配合下实现字符、汉字和图形的打印。目前常用的打印头一般为9针和24针,均是通过薄膜电缆与控制电路连接。

3. 针式打印机使用注意事项

（1）使用环境要求

1）打印机使用环境应干净无尘,无酸碱腐蚀,不能安放在阳光直射或靠近热源（如暖火炉等）的地方;

2）放置打印机的工作台必须平稳,无振动;

3）打印机工作环境温度要求5～40℃,湿度要求30%～85%;

4）供电电源质量良好。

（2）使用注意要点

1）用户在使用打印机前,应仔细阅读本打印机的使用说明书,搞清各部分的连接关系以及使用注意事项。

2）各种打印机的使用方法不尽相同,如装纸、自检、换行、换页等操作。要清楚操作面板上各种按钮及其指示灯的作用。

3）各种打印机均设有打印头距离调节手柄,应根据纸张和色带的情况进行合理的调节,如果距离太大,则打印不清晰甚至打不出来。如果距离太小,易使打印针受力太大,易损坏色带和打印针。

4）注意保持打印机的清洁,每隔一段时间要清洁打印机外表、内部机械部分及电路板上的尘埃和污垢。

5）更换色带时,要注意色带的质量,禁止用胶布等物粘接色带。

6）需要插拔打印机和主机的连接电缆时,应关闭主机和打印机的电源,在通电的情况下,切勿用手移动打印头,以防止打印机受载太大而损坏。

7）打印机在打印时,切勿用手强行转动走纸辊或撕打印纸,以免损坏打印针。

8）打印机内部机械部分一般不必注油,但字车机构的导轨应定期用仪表油涂抹,以保持润滑,确保运行灵活。

9）尽量少使用蜡纸打印。若使用蜡纸打印,应去掉蜡纸中间衬垫,并调整打印头调节杆,使蜡纸和打印头距离合适。

10）每次关机后至少等5s后再开机。

（3）更换色带时注意事项

1）关掉打印机电源,拿掉打印机的防尘盖。如果打印机一直在打印,可能打印头很热,这时应等打印头冷却后再更换色带。

2）把打印头滑到打印机中间,取下色带盒。

3）打开色带盒,取出旧色带。

4）将新色带装入色带盒中,注意莫比乌斯带的180°反转处在色带盒中的位置。如新色带未散开，应先装色带盒的前部，最后将色带倒入色带盒中。如色带已散开，应先装色带盒的内部，再转动色带传动轮，将色带全部收入色带盒中。最后转动色带传动轮，观察色带运行是否流畅，避免绞带。

5）重新将色带盒装在字车上，用一个尖一点的东西将色带推到打印头和色带导轨之间。

6）盖上防尘盖，带安装完毕。

延长色带的方法：准备两个打印色带盒，用颜色较黑（新换的）的色带打印正式的文稿，用颜色较浅的（使用过的，但带基必须完好的，否则是会损伤针头）的色带打印非正式文稿或者蜡纸；养成根据纸张厚薄调节打印头到纸张之间距离的习惯。原则是能大则大，只要打印效果合乎要求。对于新色带，可适当调大距离，因为这时色较浓，可确保打印质量；在色带盒中色带出口位置用透明胶带固定两小块泡沫，把色带夹在两块泡沫之间，同时让泡沫吸一些质量较好的印刷油墨，这样可保持色带的湿润，延长色带的使用时间。

（4）打印机的清洁

1）定期清洁。要保证打印机能很好地运行，应每年彻底清洁几次。清洁时要对打印机中的某些光电传感器表面进行除尘。

2）定期上油。打印机中有很多机械传动部分，如字车的导轨，由于打印头经常在上面左右移动，有时会感到字车运行阻力增大，这时应擦除导轨上的污物，然后滴上一些仪表用油。

3）清洗打印头。打印机使用久以后，打印的字体会出现字迹模糊等现象，这是由于打印机使用过程中，打印头始终受到色油墨、纸屑以及打字蜡纸的蜡屑等物的污染，严重时会造成打印针滞针。这时应将打印头卸下，把打印头的针部在酒精中浸两三个小时，将脏物软化，再装入字车中，进行打印，看打印效果。如不行再浸泡。

技能训练一　EPSON LQ–1600KⅢ 针式打印机故障检修

1. 实训工具、仪器和设备
万用表、螺钉旋具、电烙铁、尖嘴钳、针式打印机等实训工具如图9-3所示。

2. 实训目标
1）能够熟练进行针式打印机的拆装。
2）会使用相关仪器检测针式打印机主要零部件的好坏。
3）能够检修针式打印机的常见故障。

3. 实训内容
故障现象：EPSON LQ–1600KⅢ 打印头故障分析与检修。

（1）打印机拆卸程序

1）先将防尘盖板上翻摘除，如图9-4所示。

2）将底部的导纸器向外抽出，应注意卡槽的扣脱情况，如图9-5所示。

3）将字车上的色带盒取下，捏住色带盒的两端直接拔出即可，如图9-6所示。

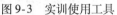

图 9-3　实训使用工具

图 9-4　将防尘盖板上翻摘除

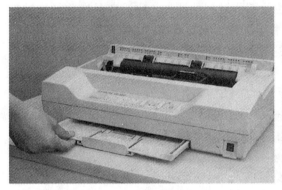
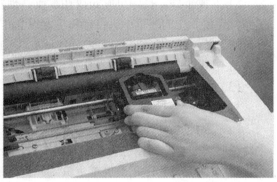

图 9-5　将底部的导纸器向外抽出

图 9-6　取下字车上的色带盒

4）机壳底部设有多个卡扣，可借助一字螺钉旋具一一撬开，在撬开卡扣的同时，应注意及时扒开上壳盖，以防止卡扣再次扣入，如图 9-7 所示。

5）将所有卡扣都撬开后，即可将上壳盖打开，这时打印机的内部结构全部呈现出来，如图 9-8 所示。

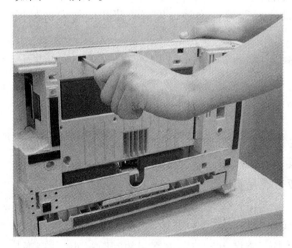
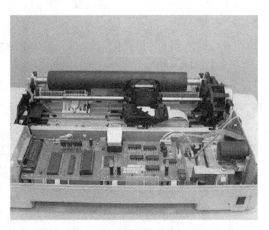

图 9-7　撬开卡扣

图 9-8　打印机的内部结构

（2）打印机的安装条件

为确保机器性能的安全和正常，在初次安装以及使用期间搬移打印机时，注意下列事项：

1）电源和接地要求。电源电压波动应在额定电压的 ±10% 以下。应尽量使用机器原装的三芯插头，与带地线的插座配合使用。

2）环境温度。机器使用环境的温度应在 5～35℃ 之间。温度过高对机器散热不利，影响机器寿命和打印质量；温度过低，一些器件的性能会受影响，预热时间也会延长。

3）环境湿度。室内相对湿度应在 20%～85% 之间，在过湿的环境下使用会缩短机器的寿命，并影响打印的质量。

4）通风问题。使用打印机时会释放一定量的有害气体和热量，对人体的健康不利。因此要求放置打印机的房间应通风良好，保持室内空气新鲜。

5）安放条件。打印机应安放在水或其他液体不能溅到的地方，应远离易燃物或腐蚀性气体，应在无尘的环境中。打印机应水平置于机台或桌面上，支撑物必须坚固，使之不会随机器的运转而晃动。机器背部应留 15cm 以上的空间做通风道，机器前面和左右两边应留有足够的空间，以便于机器的操作、更换消耗品和维修保养。

（3）打印机的安装步骤

打印机安装时应参考随机操作手册进行，一般需经过以下步骤：

1）去除包装，检查主机、零部件、消耗材料及备件，确保完整无缺，新机器要按操作手册说明逐一小心去掉包装物或紧固件后检查。

2）按照安放要求正确放置主机，并依次安装感光鼓，安装纸盒和副本盘。从显影盒中取出显影仓，然后将墨粉轻摇几次后装入显影仓（切记将封条和挡片拉出）。在安装纸盒时，应先取出纸盒的转动固定螺钉，然后放入纸张，调整纸盒间距。

3）机器试运行。经过通电、预热，若机器无异常显示或声音，即可打印。试运行测试的内容应包括：原样打印、连续打印和各送纸盒送纸能力测试等。

4）做好记录。试运行正常后，应装好后挡板和前门，并擦拭机器表面、清理现场，同时填写使用维修卡片，并附上一张复印品，存档备查。

5）安装自选附件。例如自动分页器、自动进稿器等，这些附件请按照相应技术材料说明正确安装。

（4）针式打印机打印头的故障分析和维修操作

1）打印头故障。

打印机最易出现的故障是打印字符时缺点，即某一根针或某几根针始终不能产生打印动作，打印的字符产生一条白线。

打印针在长期冲击的情况下，打印针头会出现磨损和折断。经常打印表格的打印机更容易发生打印针磨损的问题，如打印横线时，某一、二根针（一般为12、13针）在每一个点的位置都要击打，致使这一、二根针磨损并疲劳极易折断，这就造成了打印的字符在固定位置总是缺点。另外当打印针孔中有脏物时，也易卡住打印针。

产生断针可能有以下原因：使用了劣质色带盒和色带；色带安装不合理；长期打印蜡纸；大量使用制表符打印表格；操作者使用不当，使打印头与字辊之间的间隙过小，打印针打在字辊上的力量过大；在打印过程中，人为地转动字辊；打印时强行撕纸。

断针后可采用断针免维护程序《断针即时打 XP》。该软件支持 Windows 98/Me/NT/ 2000/XP 等操作系统和大多数应用软件，支持网络打印机。可自动检测打印机，并报告故障针号，还可自动剔除断针。

打印针头故障处理：取出打印头后，用棉花擦洗打印头前面的污墨，查看是否所有孔均有银白点，如个别孔无银白色，则为打印针磨损或断针。打开打印头后盖，压下所有打印针，如个别打印针未伸出，则为打印针断针。若有断针，则需要更换打印针。先用斜口钳，剪去新针的多余部分，再用油石将针顶端轻轻磨平即可。如个别打印针无法压下，则为打印针被卡住。应将打印头的头部在 95% 酒精中浸两三个小时，将脏物软化，再压打印针通之。

2）打印头控制与驱动电路故障。

每一根打印针均由对应的一路驱动电路通过线圈产生的电磁力驱动。如果打印针驱动线圈断线、打印头电缆断线和驱动电路损坏，都会使打印头上某一根针或几根针不能产生打印动作，打印时字符就会产生白线。

打印头驱动线圈故障处理：可用万用表测量打印头各驱动线圈的电阻，如发现个别线圈电阻偏小，则可能存在短路现象。如电阻很大，则可能开路。对损坏的线圈可以更换或用同径漆包线在原塑架上按原匝数绕制。

若因打印头电缆开路引起的打印头打印缺划故障，可用万用表测量电缆，如断线，应更换电缆线。如排除以上原因引起的故障，则可能为驱动电路损坏。

3）针头更换整个过程图示

① 按住字车的禁锢打印头的按钮，如图 9-9 所示。

② 将打印头卸下，如图 9-10 所示。

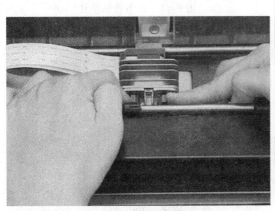 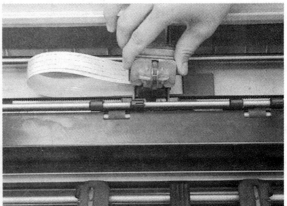

图 9-9　按住字车的禁锢打印头的按钮　　　　图 9-10　卸下打印头

③ 撬开打印头，如图 9-11 所示。

④ 打印头内部结构图，如图 9-12 所示。

⑤ 拆除外盖，如图 9-13 所示。

⑥ 取下禁锢垫片，如图 9-14 所示。

⑦ 摘除护盖板，如图 9-15 所示。

⑧ 摘除外围垫片，如图 9-16 所示。

⑨ 拿镊子更换打印针头，图 9-17 所示。

图 9-11　撬开打印头

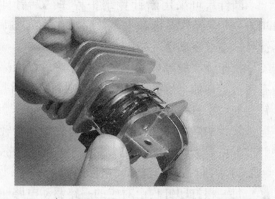

图 9-12　打印头内部结构

图 9-13　拆除外盖

图 9-14　取下禁锢垫片

图 9-15　摘除护盖板

图 9-16　摘除外围垫片

（5）针式打印机其他故障检修

1）字车结构故障。

打印头装在字车上由电动机通过齿形传动带（或其他方式）传动使其沿滑轨左右移动，同时还带动色带的转动。字车结构检修如图 9-18 所示，字车滑轨多为单轨，也有双轨的。随着打印机工作时间的增大，滑轨可导致变形、变脏、磨损等问题。实际使用中，若经常出现打印结果行首错位的问题，即为字车运行故障引起的。这是因为字车运行时，第一行行首位置正确，当字车返回时，不能返回到原始位置，第二行行首未能对上上行行首。出现故障的具体原因一般是打印头字车太脏，可用酒精清洗后擦干，再抹上少许仪表油即可。如果是滑杆磨损或变形，则必须要换新的滑杆。

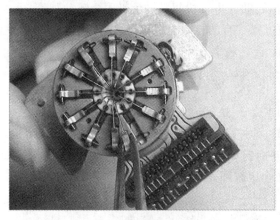

图9-17　更换打印针头

图9-18　字车结构检修

　　字车传动机构的轴承、齿轮损坏或齿轮上有脏物，可造成字车的起始位置改变、运行时抖动等问题。此时应立即关闭电源开关，用手轻轻左右移动打印头，仔细观察字车传动机构，看有无阻滞现象。

　　2）色带不能转动。

　　色带是通过齿轮传动的，这些齿轮大多是塑料制品，使用中齿轮会发生磨损，色带的运行就渐渐不正常了，当磨损严重时，则会发生色带轴不转动的故障。此时，可在断电状态下移动字车，看色带驱动轴是否转动。

　　色带盒问题也会造成色带运转不正常。色带盒内一般直接由色带传动轴带动一组压轮使色带移动，当压轮磨损后，可能造成色带移动不畅的问题。另外，在更换色带时，应选用同型号的色带。

　　判断是否是色带盒的问题，可取下色带盒，用手转动色带盒上的色带驱动轮，看色带是否移动。如不移动，应将色带全部抽出，重新卷入色带盒。还不行，则可能是色带偏长或色带盒内压轮磨损。色带盒内部结构图如图9-19所示。

　　3）走纸机构故障。

　　一般打印机都设有链轮走纸和摩擦胶辊走纸两种方式，以适应标准连续打印纸和普通纸的需要。

图9-19　色带盒内部结构

　　走纸机构故障表现为打印机不走纸、卡纸或走纸歪斜，有时且能听到噪声。当听到噪声时，要仔细判别噪声来源，走纸电动机的噪声为"嗡嗡"声，并且产生抖动，则是由于电动机缺相造成的；如果走纸机构的噪声为

"咔咔"声，可能是传动齿轮磨损严重而发出的。对于摩擦胶辊变形，引起的走纸不畅或走纸歪斜，则需要更换摩擦胶辊。

4）打印机出现接通电源不能做任何工作时的基本工作情况检修方法。

① 打印机电源开关未接通时，打开上盖板，用手移动字车，字车应平滑自如地移动。同时，色带应随着字车的往返运动而向一个方向转动（电动机驱动的色带不会转动）。

② 接通电源后，字车应自动复位到最左边位置（有的打印机字车再移动到中间），操作面板上的电源信号灯和纸尽信号灯（未装纸时）亮，装上打印纸时，纸尽信号灯应熄灭。

③ 装纸完毕后，按一下换行键，则走纸一行；按住换行键不放，则连续走纸，直到松开为止；接换页键，则走纸一页。

④ 检查打印机的自检功能，如果自检打印正常，即认为打印机部分基本正常。

⑤ 检查打印机的联机打印功能，接好打印机的连接电缆（断电情况下连接），打开主机和打印机电源开关，待主机起动后，调用文档进行打印，如果打印正常，则联机正确。

⑥ 如果联机打印不正确，则可以用替换法确定故障是在主机的打印机接口还是在打印机本身或打印机电缆故障或驱动程序不对。

（6）电路引起的故障检修

1）电源电路异常。

首先检查电源板上 220V 处的熔断器是否熔断，如熔断，则交流 220V 或直流 300V 处有严重短路；如未熔断，则为逆变器未工作，可能为起动电路坏等。电源电路检测如图 9-20 所示。

图 9-20　电源电路检测

2）字车控制与驱动电路故障。

首先检查字车电动机的四相驱动信号是否正常。若不正常，则应更换字车电动机驱动芯片或 CPU 芯片；若正常，再检修字车电动机。

3）走纸控制与驱动电路故障。

首先检查走纸电动机控制与驱动电路中控制电路信号是否正常，若不正常，应检修控制电路，更换门阵列电路芯片。再检查走纸电动机的四相驱动信号是否正常，若不正常，应检查更换驱动芯片或 CPU；若电路部分均正常，应检修走纸电动机。

4）接口故障。

最常见的硬件故障是打印机接口电路或主机打印接口上的某个芯片损坏，这种故障多半是由于带电拔插打印机电缆引起的。另外打印机电缆损坏，打印机驱动程序破坏或丢失、感染病毒等。特点是可以自检打印，但不能联机打印。换接到另一台计算机上打印可能正常。

另外打印机接口地址丢失，也会造成不能联机打印。打印机的基地址是由硬件电路决定的。在计算机中，并行口 LPT1 和 LPT2 的地址常用 378H 和 3BCH，它们存放在内存绝对地址为 408H 和 409H 的单元中，当某些病毒或 ROM BIOS 出现问题时，有时会出现打印口地址丢失现象。这时会造成不能联机，甚至在调用打印机时造成主机锁死。

（7）检测电路故障检修

字车初始位置检测电路一般采用光电传感器，并在字车底部安装一个挡板，用于检测字车移动时是否返回到左端初始位置。如挡板损坏，字车会一直往左走，并撞击左边。当光电传感器损坏时，字车将无法移动。

纸尽检测电路采用光电检测器和簧片开关等，用来检测打印机中是否装了打印纸。纸尽检测电路最常见的故障为检测不到打印纸，如为光电检测器，多半为检测器表面有灰所致。

打印头温度检测电路是用于检测打印头温度的。当打印头温度超过100℃时，字车只做往返运动而不打印，且"联机"指示灯闪烁。检测打印头温度的传感元件设在打印头内部。

9.2 喷墨打印机

1. 准备工作

喷墨打印机的准备工作与针式打印机类似，详见针式打印机任务一内容。

2. 喷墨打印机的结构与功能

（1）打印头

CANON 打印头与墨盒分一体式、分体式两种；HP 打印头与墨盒为一体式；EPSON 打印头与墨盒全部为分体式。

（2）清洁装置

该装置实现打印头的维护，包括密封和清洗。当打印头不打印时，将回到密封位置保证打印头处于密封状态，防止干涸、堵头。清洗打印头时，借助抽墨泵的抽吸，可将喷嘴中的墨水抽吸到泵中，通过废墨槽流至废弃墨水吸收海绵内。抽吸操作的目的是抽出喷嘴中的旧墨水，代之新鲜墨水，以去除旧墨水中的气泡、杂质、灰尘等，确保喷嘴内墨水流动畅通，进而保证高的打印质量；但日常打印过程中不宜过多使用手动清洗功能，这样一来只能消耗更多墨水从而减少打印量。

（3）小车装置功能

固定墨水和打印头，并实现喷头与逻辑板间的电路连接；小车装置具有驱动功能；实现横向打印，如图 9-21 所示。

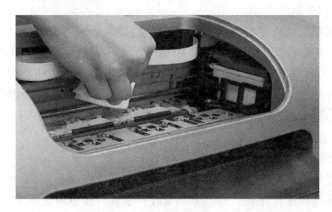

图 9-21　小车装置

（4）送纸装置

送纸装置是在打印过程中提供纸张输送的装置，在同步信号下，它与小车移动、喷嘴喷墨等动作同步，以完成打印过程。在输送纸张时，既可采用自动方式，也可采用手动方式，实现纵向打印功能。打印头传感器如图9-22所示。

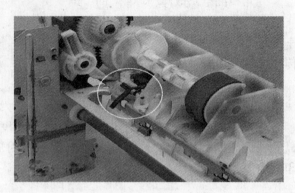

图9-22 打印头传感器

（5）墨盒的结构及其作用

海绵：贮存及传递墨水。

木棉芯：传递墨水，过滤颗粒。

滤网：过滤小气泡及杂物。

封口膜：密封出墨口，不能揭开或刺破。

密封圈：连接墨盒与打印头吸墨管，并保证其密封性能。

标签：用来密封导气槽，识别厂家品牌，装机前必须将黄色部分全部撕掉。

透气孔（注墨孔）、导气槽：将空气导入墨盒上部。

保护罩：密封出墨口，防止漏墨。

芯片：识别墨盒和存储打印信息的载体。

墨盒、打印头：墨盒与打印头一体式或分体式两种。

墨水：可加注填充墨水；有单色一体和多色一体墨盒，有染料（户内）和颜料（户外）墨水。

3. 使用喷墨打印机时的注意事项

（1）喷头的维护

喷墨打印机的喷头由很多细小的喷嘴组成，喷嘴的尺寸与灰尘颗粒差不多。如果灰尘、细小杂物等掉进喷嘴中，喷嘴就会被阻塞而喷不出墨水。应该做到：

1）不要将墨盒或喷头从主机上拆下并单独放置，尤其是在高温低湿状态下，墨水中所含的水份会逐渐蒸发，干涸的墨水将导致喷嘴阻塞。如果喷嘴已出现阻塞，应进行清洗操作。若清洗达不到目的，则更换新的喷头。如打印机长时间不用，应将墨盒取下，用一个废弃墨盒将内部的海绵取出洗净，并注入蒸馏水，放入打印机中运行清洗程序，直到蒸馏水清洗完，将喷头中的残墨清洗干净。

2）避免用手指和工具碰撞喷嘴面，以防止喷嘴面损伤或杂物、油质等阻塞喷嘴。

3）最好不要在打印机处于打印过程中关闭电源。先将打印机转到 OFF LINE 状态，当喷头被覆盖帽后方可关闭电源，最后拔下插头。否则喷嘴暴露于空气中会导致墨水干涸。

4）自行定义打印方式。经济模式是以降低打印质量为代价来节省墨水的，标准模式虽然打印效果令人满意但不省墨。大多数喷墨打印机机型均可以选择不同的打印浓度、自行调整打印浓度，从而达到节约墨水的目的。

（2）墨水盒及墨水的维护

1）墨水盒在使用之前应贮于密闭的包装袋中，温度以室温为宜。

2）不能将墨水盒放在日光直射的地方，安装墨水盒时注意避免灰尘混入墨水造成污染。对于与墨水盒分离的打印机喷头，不要用手触摸墨水盒的墨水出口，以免杂质混入。

3）为保证打印质量，墨水请使用与打印机相配的型号。

4）墨水具有导电性，因此应防止废弃的墨水溅到打印机的印制电路板上，以免出现短路。

（3）喷墨打印机的省墨方法

1）集中打印。喷墨打印机每启动一次，打印机都要清洗打印头和初始化打印机，对墨水输送系统充墨，显而易见会造成墨水的浪费。

2）使用经济模式。新型的喷墨打印机都增加了"经济打印模式（省墨）"功能，使用该模式可以节约差不多一半的墨水，并可大幅度提高打印速度。所以在打印样张或只是打印草稿时选用经济模式。

3）巧妙使用页面排版进行打印。现在的喷墨打印机都支持页面排版的方式来打印文件，使用该方式来打印可以将几张信息的内容集中到一页上打印出来。在打印样张时把这个功能和经济模式结合起来就能够节省大量墨水。

（4）打印任务完成之后的防护方法

确保打印头回到保护罩内；更换墨盒时，不能将打印头处于更换位置太久，应马上更换新墨盒；在无水酒精或热水中浸泡喷头喷嘴时，不能让电路板接触液体。

技能训练二　EPSON PHOTO 830U 喷墨打印机故障检修

1. 实训工具、仪器和设备

万用表、螺钉旋具、电烙铁、尖嘴钳、喷墨打印机等实训工具如图9-23所示。

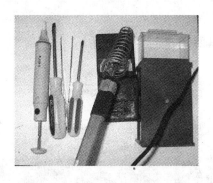

图9-23　实训使用工具

2. 实训目标

1）能够熟练进行喷墨打印机的拆装。

2）会使用相关仪器检测喷墨打印机主要零部件的好坏。

3）能够检修喷墨打印机的常见故障。

3. 实训内容

故障现象：喷墨打印机偏色、缺色的故障检修

（1）喷墨打印机的拆卸操作

1）喷墨打印机外部结构图，如图9-24所示。

2）打印机外壳拆卸，如图9-25所示。

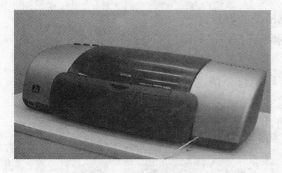

图9-24　外部结构图

图9-25　拆卸打印机外壳

3）拆卸打印头数据线，如图9-26所示。

4）取出墨盒，如图9-27所示。

图9-26　拆卸打印头数据线

图9-27　取出墨盒

5）拔出打印头与电路板连接的数据线，如图9-28所示。

6）卸下导轨固定弹簧，如图9-29所示。

图9-28　拔出打印头与电路板连接的数据线

图9-29　卸下导轨固定弹簧

7）抽出字车导轨，如图9-30所示。

8）拧出输出板两端的螺钉，如图9-31所示。

9）卸下输纸板，如图9-32所示。

10）拧下输出板背部的螺钉，如图9-33所示。

11）取下输纸器，如图9-34所示。

12）拧下电路部分外部防护罩的螺钉，如图9-35所示。

图 9-30　抽出字车导轨

图 9-31　拧出输出板两端的螺钉

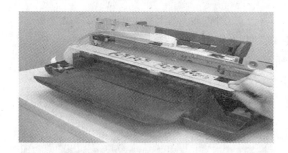

图 9-32　卸下输纸板

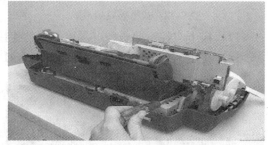

图 9-33　拧下输出板背部的螺钉

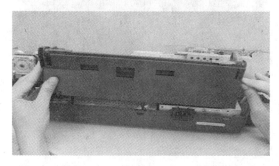

图 9-34　取下输纸器

图 9-35　拧下外部防护罩的螺钉

13）取下防护罩，如图 9-36 所示。

14）拔下数据线，如图 9-37 所示。

图 9-36　取下防护罩

图 9-37　拔下数据线

15）拔下纸张感应器与打印头字车初始位置的感应信号线，如图9-38所示。

16）拔下输纸驱动电动机信号线，如图9-39所示。

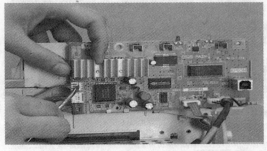

图9-38　拔下感应信号线　　　　　　　　图9-39　拔下驱动电动机信号线

17）拔下主控电路板与电源电路板的连接线，如图9-40所示。

18）拔出前置USB的连接线，如图9-41所示。

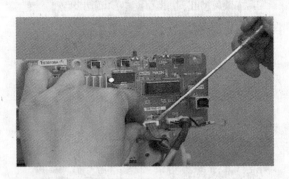

图9-40　拔下主控电路板与电源电路板的连线　　　图9-41　拔出前置USB的连接线

19）卸下主控电路板，如图9-42所示。

20）拆除电源电路，如图9-43所示。

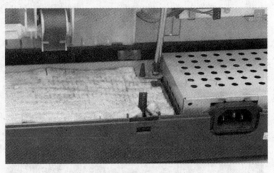

　　　　图9-42　卸下主控电路板　　　　　　　　　图9-43　拆除电源电路

21）拆除前置USB电路，如图9-44所示。

22）取出电源电路，如图9-45所示。

23）拆下电源电路，如图9-46所示。

24）拧下固定清洁机构的螺钉，如图9-47所示。

图 9-44 拆除前置 USB 电路

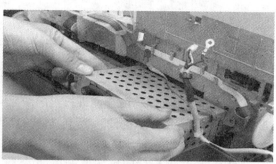

图 9-45 取出电源电路

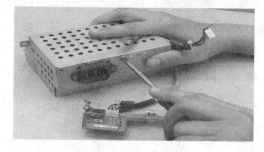

图 9-46 拆下电源电路

图 9-47 拧下固定清洁机构的螺钉

25）扣开帽在电源上的卡扣，如图 9-48 所示。

26）卸下机架的传输齿轮，如图 9-49 所示。

图 9-48 扣开帽在电源上的卡扣

图 9-49 卸下机架的传输齿轮

27）撬开底部的按扣，如图 9-50 所示。

28）卸下主体机架，如图 9-51 所示。

图 9-50 撬开底部的按扣

图 9-51 卸下主体机架

29）附着在主体机架上的帽单元和泵单元，如图 9-52 所示。

（2）打印机的安装

喷墨打印机的安装与针式打印机的安装类似，详见喷墨打印机任务一的喷墨打印机的安装说明。

（3）喷墨打印机偏色、缺色故障分析维修

使用喷墨打印机有时会发现打出的图片颜色与显示器上所显示的同一颜色相比，颜色偏淡或偏浓，还可能偏向其他相近颜色。

图 9-52　主体机架上的帽单元和泵单元

原因1：是因为打印机还原颜色的方式与显示器不一样造成的。显示器是以 RGB 三基色为基础，按不同比例加色的方法实现了自然界中五彩缤纷的色彩，而打印机是使用黑色，品红，中黄，靛青 4 种基本色，通过减色原理实现了照片的效果。

解决办法：重新设置显示器的色温和 RGB 三基色比例，使打印机期望打出的颜色与显示器相近或差别不大。

原因2：由于墨盒的墨水腔串色或墨盒喷头进入空气，导致某颜色的墨水暂时打不出，而引起偏色。

解决办法：连续清洗喷嘴几次，从而将墨盒中的空气排除，如果还不行，则可以放置喷头几小时后即可。如图 9-53 所示。

原因3：打印头的老化或损坏，引起喷嘴喷出的墨水不均匀，导致偏色。

解决办法：更换喷头。如图 9-54 所示。

图 9-53　清洗喷嘴

图 9-54　更换喷头

原因4：电脑的设置不对，也会引起偏色。

解决办法：重新设置电脑的介质类型或色彩。

打印机打出的图片中缺少某种颜色或偏色，最好检查一下墨水盒是否缺墨或只是某一种颜色的墨水没有了。如果更换墨水盒后仍然缺色，一般说明打印头已经堵塞，应及时进行清洗打印头。

（4）喷墨打印机的其他故障检修

1）墨型盒安装后显示"墨尽"。

原因1：墨盒安装不到位。

解决办法：重新安装墨盒。

原因2：打印头内的金属片老化或松动造成的接触不良。

解决办法：更换金属片。

原因3：使用断电方法更换墨盒。

解决办法：按更换墨盒正确步骤，在通电状态下重新操作一遍，只需打开护夹再合上锁定墨盒，然后清洗打印头。

原因4：传感弹片没复位。

解决办法：取出墨盒，用手或工具使传感弹片复位，重新操作装入墨盒即可。

2）新墨盒上机后打印不出墨。

原因1：墨盒安装不到位。

解决办法：重新安装墨盒。

原因2：未按说明撕掉标签。

解决办法：URANUS 系列墨盒，只需将墨盒上黄色标签完全撕去即可。

原因3：打印头内的金属片老化或松动造成的接触不良。

解决办法：更换金属片。

原因4：供墨口有小气泡引起。

解决办法：运用打印头清洗工具，清洗气嘴的喷嘴，若多次清洗仍不能改善，不要取出墨盒，在机内存放几小时，可能改善。

3）打印时出现横线、白线或图文色浅、色偏、模糊或打印不出。

原因1：未撕去标签，导气槽、导气孔仍处于封闭状态，空气无法进入墨盒。

解决办法：URANUS 系列墨盒，只需将墨盒上黄色标签完全撕去即可。

原因2：墨水管进入空气或打印头有杂质。

解决办法：启动清洗程序，清洗打印头。

原因3：墨水已用完。

解决办法：更换新墨盒或填充 URANUS 墨水。

4）安装一个新墨盒后，打印机不停地执行清洁循环。

原因：一个新墨盒第一次被安装后，可能需要几分钟时间使墨水系统充满和使打印机初使化，当墨水即将充满时，打印机控制面板上的指示灯不停地闪烁；在墨水系统仍未充满时，决不能关掉打印机；打印机不停地执行清洁循环，是充墨过程。

解决办法：正常情况下，等待几分钟即可。

5）安装一个新墨盒后，打印机不能初始化。

原因1：墨盒没有正确安装到支座上，引起接触不良。

解决办法：重新安装墨盒。

原因2：墨盒后面的电路接口没有与字车上的接口紧密配合。

解决办法：用一个柔软的干布蘸少许无水酒精擦拭电路接口处，然后重新安装新墨盒。

6）打印机打开后，没有任何反应或根本不通电。

原因：每台打印机都有过电流保护装置，当电流过大时，就会引起过电流保护将打印机熔断器烧坏。

解决办法：打开机壳，在打印机内部电源部分找到熔断器，看其是否发黑或用万用表测量一下是否烧坏。如果烧坏，换上一个与其型号相符的熔断器即可。

7）打印头阻塞。

原因1：打印头未回到保护罩内或未及时装入新墨盒，使打印头在空气中暴露太久而干结阻塞。

解决办法：连续进行几次清洗即可解决。

原因2：墨水酸性过重与外壳塑胶料起化学作用而产生凝固、结晶体等或有杂质造成堵塞。

解决办法：将喷头从打印机拆下，将拆下的喷头喷嘴，浸入无水酒精或热水中几小时。

原因3：打印头已损坏。

解决办法：更换打印头。

8）墨盒使用时间短。

原因1：经常执行打印头清洗程序，从而浪费了不必要浪费的墨水。实际上打印头清洗是靠水泵内的齿轮飞速旋转挤压空气的原理，将墨盒内的墨水往下抽，也就说每当清洗一次，则消耗一定量的墨水。

解决办法：只有当打印效果差时才去清洗打印头。

原因2：经常打印偏重于某种颜色的图片，使某种颜色的墨滴过早耗尽，打印头内芯片当计量某种颜色的墨水用尽，即使其他均有墨水，整个墨盒都不能使用。

解决办法：除了工作的必要，应当打些均衡颜色的图片，才能使得整个墨盒充分利用。

原因3：以高分辨率模式打印普通文件。分辨率的高低直接影响打印效果，分辨率越高，墨水消耗越快。

解决办法：打印普通文件，打印模式应选 360dpi；打印高质量图片，则打印模式应选 720dpi。

9.3 激光打印机

1. 准备工作

准备工作与针式打印机的准备工作类似，详见实训任务一。

2. 激光打印机的结构与功能

激光打印机是由激光器、声光调制器、高频驱动、扫描器、同步器及光偏转器等组成，其作用是把接口电路送来的二进制点阵信息调制在激光束上，之后扫描到感光体上。感光体与照相机构组成电子照相转印系统，把射到感光鼓上的图文映像转印到打印纸上，其原理与复印机相同。激光打印机是将激光扫描技术和电子显像技术相结合的非击打输出设备。它的机型不同，打印功能也有区别，但工作原理基本相同，都要经过：充电、曝光、显影、转印、消电、清洁、定影七道工序，其中有五道工序是围绕感光鼓进行的。当把要打印的文本或图像输入到计算机中，通过计算机软件对其进行预处理。然后由打印机驱动程序转换成打印机可以识别的打印命令（打印机语言）送到高频驱动电路，以控制激光发射器的开与关，形成点阵激光束，再经扫描转镜对电子显像系统中的感光鼓进行轴向扫描曝光，纵向扫描由感光鼓的自身旋转实现。激光打印机的工作过程如图 9-55 所示。

感光鼓是一个光敏器件，有受光导通的特性。表面的光导涂层在扫描曝光前，由充电辊充上均匀电荷。当激光束以点阵形式扫射到感光鼓上时，被扫描的点因曝光而导通，电荷由导电基对地迅速释放。没有曝光的点仍然维持原有电荷，这样在感光鼓表面就形成了一幅电

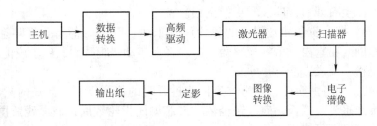

图 9-55　激光打印机的工作过程

位差潜像（静电潜像），当带有静电潜像的感光鼓旋转到载有墨粉磁辊的位置时，带相反电荷的墨粉被吸附到感光鼓表面形成了墨粉图像。

当载有墨粉图像的感光鼓继续旋转，到达图像转移装置时，一张打印纸也同时被送到感光鼓与图像转移装置的中间，此时图像转移装置在打印纸背面施放一个强电压，将感光鼓上的墨粉像吸引到打印纸上，再将载有墨粉图像的打印纸上送入高温定影装置加温、加压热熔，墨粉熔化后浸入到打印纸中，最后输出的就是打印好的文本或图像。

3. 使用激光打印机时的注意事项

（1）激光打印机的安放位置

尽量避免在不通风的房间安放激光打印机，不要让打印机的排气口直接吹在使用者的脸上。如果条件许可，最好让打印机直接把气排在室外。不要把打印机放在阳光直射、过热、潮湿或有灰尘的地方。

（2）使用中的注意事项

1）不要触摸定影器。如果刚使用完打印机，该部件的温度往往很高。

2）不要划伤或触摸感光鼓的表面。当从打印机中取出碳粉盒时，应把它放在一个干净、平滑的表面，而且要避免触摸感光鼓，因为人手指上的油脂往往会永久地破坏它的表面并会直接影响打印质量。不要把碳粉盒上下翻转。要尽量避免感光鼓暴露在光线下，也不要在（室内）光线下长时间地暴露感光鼓。

3）不要试图修理一次性的碳粉盒，这类碳粉盒不能被重新填充，即使被勉强填充了新的碳粉，其后在使用中也会造成碳粉泄漏。

4）在将碳粉盒从一个较凉的环境中移到一个较暖的环境中时，至少要在一小时内不使用它。不要触摸光束前的玻璃，否则会直接降低打印质量。

5）要求用专门的激光打印纸或复印纸，不能用普通纸打印。

（3）硒鼓加粉的方法

硒鼓加粉的方法（以 EP – K 硒鼓为例）可分为 4 个步骤，即分离硒鼓、更换鼓芯刮板、灌装墨粉和组装硒鼓。

1）分离硒鼓。打开激光打印机取出硒鼓放在桌子上，首先摘下硒鼓上的两个弹簧，斜口钳夹住一侧面金属销钉，向外用力拔出，两侧银色金属销钉拔出后可将硒鼓分成两部分，带有鼓芯一方是废粉收集件，带有磁辊一方是供粉件。取下硒鼓的过程要小心，不要用力过猛。

2）更换鼓芯和刮板、清理废粉。首先将感光鼓两侧的白色塑料卡子上的螺钉（每侧两个）拧掉，将白色塑料销子向外拔出，鼓芯就可以取出来。再把放电辊取出来，拧掉刮板上的两个螺钉取出刮板，把废粉全部清理干净，再把刮板、放电辊、感光鼓按拆前的状态恢复好（注意鼓芯及两端的白色塑料销子的方向不能反）。再轻轻地转动鼓芯数周，鼓面上应干干净净。若鼓面上有残粉，应及时更换刮板。

3）灌装墨粉。把供粉仓和磁辊上的墨粉清理干净。取出粉仓上的塑料盖，把 KT 墨粉摇一摇再慢慢地倒入粉仓内，盖好塑料盖，再轻轻地转动磁辊数周，磁辊应能均匀地吸附墨粉。在装入时墨粉不要溢出。

4）组装硒鼓。先将供粉件和废粉收集件按拆开时的位置复原，插好两侧金属卡销。硒鼓装好后，应推开感光鼓挡板，向上轻轻转动鼓芯侧面齿轮数周，鼓面残留墨粉即被清除，最后装好两个小弹簧即可使用。

技能训练三　HP Laser Jet 2200 激光打印机故障检修

1. 实训工具、仪器和设备

万用表、螺钉旋具、电烙铁、尖嘴钳、激光打印机等实训工具如图9-56所示。

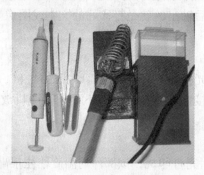

图 9-56　实训使用工具

2. 实训目标

1）能够熟练进行激光打印机的拆装。

2）会使用相关仪器检测激光打印机主要零部件的好坏。

3）能够检修激光打印机的常见故障。

3. 实训内容

故障现象：HP Laser Jet 2200 输出全张黑纸、白纸故障检修

（1）激光打印机拆卸操作

1）激光打印机外部机构，如图 9-57 所示。

2）激光打印机外壳拆装，如图 9-58 所示。

图 9-57　外部机构　　　　　　　　　图 9-58　拆装打印机外壳

3）取出硒鼓，如图 9-59 所示。

4）拔出感光鼓两端的钢销，如图 9-60 所示。

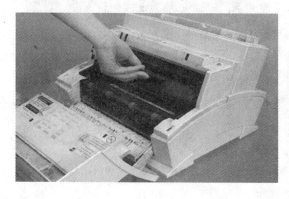

图 9-59　取出硒鼓　　　　　　　　　　　　图 9-60　拔出感光鼓两端的钢销

5）从墨盒上分离感光鼓及废粉仓，如图 9-61 所示。

6）拔下感光鼓前的挡板，如图 9-62 所示。

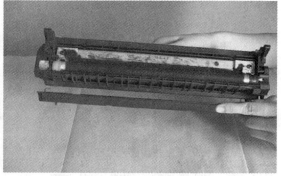

图 9-61　分离感光鼓及废粉仓　　　　　　　图 9-62　拔下感光鼓前的挡板

7）取下显影棍的定位凹槽，如图 9-63 所示。

8）取下显影棍，如图 9-64 所示。

图 9-63　取下显影棍的定位凹槽　　　　　　图 9-64　取下显影棍

9）搓动显影棍上的传动齿轮，如图 9-65 所示。

10）卸下挂墨板，如图 9-66 所示。

图 9-65　搓动显影棍上的传动齿轮

图 9-66　卸下挂墨板

11）拔出感光鼓的销钉，如图 9-67 所示。

12）卸下感光鼓，如图 9-68 所示。

图 9-67　拔出感光鼓的销钉

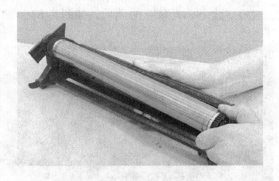

图 9-68　卸下感光鼓

13）清洁感光鼓，如图 9-69 所示。

14）取下充电辊，如图 9-70 所示。

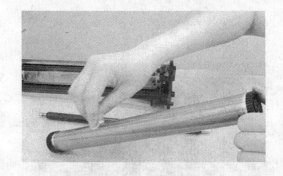

图 9-69　清洁感光鼓

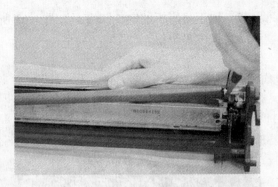

图 9-70　取下充电辊

15）清洁充电辊，如图 9-71 所示。

16）拧下固定刮墨刀的螺钉，如图 9-72 所示。

17）清除废粉仓中的墨粉，如图 9-73 所示。

图9-71　清洁充电辊

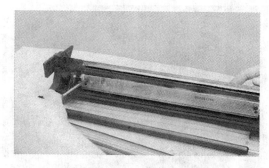

图9-72　拧下固定刮墨刀的螺钉

（2）打印机的安装

激光打印机的安装和针式打印机的安装类似，详见针式打印机任务一。

（3）激光打印机输出全黑纸的故障分析和检修

1）可能故障原因：

① 若激光器肯定是好的，则可能充电电极与栅网短路；激光感应器如图9-74所示。

② 扫描驱动电路逻辑错误；扫描驱动如图9-75所示。

③ 硒鼓组件放电不良。

④ 信号连线没有接好。

图9-73　清除废粉仓中的墨粉

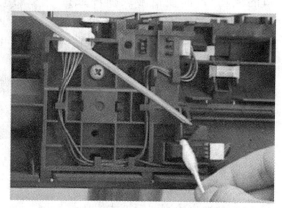

图9-74　激光感应器

2）检查部位及检修方法：

① 先更换硒鼓组件，看其故障是否消失，若是，则说明是硒鼓组件的问题，更换即可。出现整个页面全黑的现象，说明激光器肯定是好的。因此，可先更换一只新的硒鼓重新打印，如果故障消除，则足以证明硒鼓组件有问题，这时可检查感光鼓充电极、磁辊偏压电极和感光鼓消电极是否接触良好，如有哪一点接触不良，应找到并加以修复。感光鼓结构如图9-76所示。

② 接着检查充电电极丝与栅网是否短路或接触不良，若是，应更换修复或清洁。我们知道，硒鼓组件因机型不同绝大多数结构都不相同，但其工作原理却是一样的。对使用电极丝充电的硒鼓，如果电极丝绝缘座有焦煳现象，可用万用表欧姆档测量电极丝与栅网之间，看其是否短路，如果短路或电阻很小，清洁或更换绝缘座。另外，电极丝污染或移位也能造成此故障，这就要清洁或校正电极丝。

图 9-75　扫描驱动

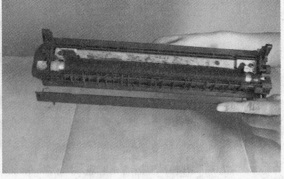

图 9-76　感光鼓结构

③ 若上述检查均完好，那么故障就可能是发生在扫描组件内的激光器高频驱动电路或逻辑电路上，就应检查扫描逻辑电路是否损坏，应更换扫描组件。扫描结构图如图 9-77 所示。

④ 有时由于一台打印机与多台计算机相连，使信号线经常拔插（我们是反对用一根信号线经常拔插的办法来连多台计算机的，因为这会很容易造成信号线脚和插口的损坏），而使信号线损坏或插不牢，致使一些信号无法传递，此时就会造成输出全黑样张的故障，所以在检查时可先检查信号线是否完好并插好，以免其他不必要的检修。

（4）激光打印机输出全白纸的故障分析和检修

1）可能故障原因：

① 粉盒内已无墨粉；

② 激光器机械快门没打开；

③ 激光束检测器污染或损坏；

④ 激光器损坏。

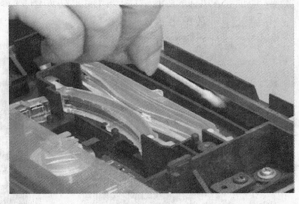

图 9-77　扫描结构图

2）检查部位及检修方法：

① 先更换新的粉盒看故障是否消失，在更换粉盒时应检查墨粉密封条是否拉出和墨粉是否已经用完。要注意将密封条拉出。如果密封条没有拉出或墨粉已用完，就会造成没有墨粉图像，但若是粉盒内墨粉用完的故障，现象是输出的样张首先是纵向中间部分逐渐变淡，有碳粉使用显示灯的机子则显示灯会不停地闪烁，提示机内粉盒中墨粉即将用完。接着逐渐使图文变淡的范围扩大，最后使全张的图像都不明显，而使全张都白的现象非常少见，且在图像变淡后经过较长的时间，因此，全张白故障基本上可以排除粉盒内无墨粉的原因。

② 检查激光器机械快门是否打开。为防止激光泄漏，扫描组件中有一个机械快门。当硒鼓装入打印机后，机械快门被顶开，激光束才能射到扫描镜上，再由扫描镜对感光鼓进行曝光。如果机械快门杠杆等损坏或硒鼓撞杆损坏，快门就无法打开，感光鼓就无法获得曝光信息，则输出的样张就会是一张白纸。这个问题的一般检修方法是用 502 胶修复快门杠杆或

硒鼓组件上的撞杆。

③ 检查激光束检测器是否被污染或损坏。激光束检测器在硒鼓组件内，是检测激光束扫描周期开始和终止的装置。当检测器因污染、视角偏移或者损坏而检测不到激光信息时，就没有信号反馈到 DC 处理器上，而使扫描驱动电路停止工作，从而输出白纸。检修的方法是清洁激光束检测器透镜或校正激光束检测器视角。如果不能排除，则应更换激光束检测器。

④ 经过上述检查均没有发现问题而故障依旧，则就检查激光器本身是否损坏，或者是激光驱动电路上出现故障，这就要检查和更换扫描组件或维修驱动电路。

（5）激光打印机其他故障分析与检修

1）打印机打印页前半部分无图像。

一台惠普激光打印机，在打印出的页面上时常出现前半部无图像，后半部打印出的是原稿的前半部，但图像正常，无变形。

故障现象表明是对位供纸不良造成的，正常情况下，当纸被搓到上下对位辊之间时，对位辊不是处于转动状态，而是处于短暂的停止状态，当控制器接到位于扫描器轨道上的对位传感器输出的对位信号后，对位辊旋转，纸即被送至旋转的感光鼓下，且送出纸的速度与感光鼓旋转的线速度相等，纸的前端与感光鼓上图像前端对准，再经转印、定影，即得到一张与原稿相同的打印页。

当打印纸被对位辊提前送出，若被送出纸的速度与感光鼓的线速度相等，则打印页便是前半部空白，无图像，而后半部则是原稿的前半部，并且图像正常，否则图像是变形的。

可见，其原因是对位传感器或控制器有问题，检查扫描器轨道旁机架上的传感器。

2）从软件发送打印作业时打印机无反应。

有一台惠普激光打印机，当激光打印机从软件发送打印作业时，若打印机无反应，其原因与检查排除方法如下：

① 电源线未与打印机连接或电源不通，检查电源及电源连接线，使其连接牢固。

② 打印机可能暂停工作，处于休眠状态。用软件恢复、唤醒打印机。

③ 打印机与计算机之间的连接电缆未连接好，重新将打印机与计算机之间的连接电缆连接牢固。

④ 连接电缆有缺陷。可将该电缆在正常的机器上进行测试，若经验证确有缺陷，应更换新电缆。

⑤ 软件中选择了错误的打印机，检查软件的选择菜单，选择正确的打印机。

⑥ 未配置正确的打印机端口，检查软件的配置菜单，确保访问正确的打印机端口。

⑦ 打印机发生故障应检修打印机。

3）打印出的页面整版色淡。

一台激光打印机，打印出的页面整版色淡。造成这种故障现象的原因有：

① 墨粉盒内已无足够的墨粉。应更换墨粉盒或添加墨粉。

② 墨粉充足，但浓度调节过淡。重新调节墨粉浓度，使其浓淡适宜。

③ 激光强度变弱，使感光鼓的感光强度不够。重新调节感光强度，使感光充足。

④ 感光鼓加热器工作状态不良。检查感光鼓加热器工作状态，确保其工作良好。

⑤ 高压电极丝漏电，充电电压低。检查高压电极丝有无与固定架相接等漏电现象，若

有应予以绝缘处理。

⑥ 转印电晕器转印电压不足。应检查电极丝与固定架之间的漏电现象。

4）输出纸部分卡纸。

一台惠普激光打印机，无论打印大张或小张纸，在输出纸部分均卡纸。上纸盒搓纸正常，只搓一张纸，而下纸盒则搓纸多张。

打开机器检查时，可以看到单张纸顺利通过输纸部件的两个夹纸辊但纸不再前进，而下纸盒在输纸部件的前夹纸辊处有多张纸被卡住，并停在该处。说明输纸部件的夹纸辊与输纸辊之间有空隙，纸得不到夹纸辊与输纸辊之间的摩擦，而导致纸张停止不前，产生这种现象的原因是因长期出现卡纸导致输纸部件夹纸辊架上的弹簧变形而失去弹性，致使夹纸辊的夹纸力不够，纸与输纸辊之间不能产生摩擦，纸虽能顺利通过夹纸辊，但不能继续前进。

思考与练习

1. EPSON LQ–1600KIII 针式打印机的针头损坏时，应如何检修？
2. HP1000 喷墨打印机出现偏色、缺色故障时，应如何检修？
3. 佳能 LBP7010C 激光打印机输出全张黑纸、白纸故障时，应如何检修？

参 考 文 献

[1] 张新德. 小家电维修金例 [M]. 北京：机械工业出版社，2002.

[2] 金国砥. 新颖小家电维修入门 [M]. 杭州：浙江科学技术出版社，2003.

[3] 辛长平. 家用电器技术基础与检修实例 [M]. 北京：电子工业出版社，2006.

[4] 李佩禹. 小家电维修技巧 [M]. 北京：电子工业出版社，2002.

[5] 韩雪涛，等. 传真机/扫描仪常见故障实修演练 [M]. 北京：人民邮电出版社，2007.

[6] 幸坤涛. 小家电与洗衣机修理从入门到精通 [M]. 北京：国防工业出版社，2004.

[7] 韩广兴. 快修巧修新型传真机/打印机 [M]. 北京：电子工业出版社，2008.

[8] 姜浩伟，等. 传真机使用与维修 [M]. 北京：国防工业出版社，2007.

[9] 林国钧. 传真机常见故障分析与排除 [M]. 北京：机械工业出版社，2002.

[10] 彭克发. 现代化办公设备的原理与维修技术 [M]. 北京：机械工业出版社，2004.